精通图像处理经典算法
（MATLAB 版）
（第 2 版）

杨　帆　王志陶　张　华　编著

北京航空航天大学出版社

内容简介

　　本书以 MATLAB 图像处理技术为主线,结合图像处理的典型算法和应用案例,按照从基础理论、算法分析到实际应用的过程进行讲解。不仅涉及数字图像的文件读/写、显示、类型转换、频域变换、几何变换、图像增强、图像去噪、图像分割、边缘检测、特征提取、图像配准、图像拼接、图像压缩、图形用户界面设计等技术,而且详细讲述可视密码共享、数字图像置乱、图像数字水印、红外图像识别、杂草图像识别、指纹考勤、PCB缺陷检测、人脸检测及微小目标检测等典型应用案例,同时还介绍了利用 MATLAB 和 C/C++ 混合编程实现图像处理的过程。书中配有全部例题及案例的完整源程序,读者可到北京航空航天大学出版社网站(www. buaapress. com. cn)的"下载专区"免费下载。

　　本书既可作为高等院校或培训机构的 MATLAB 图像处理教程,也可作为工程技术人员、学生课程设计、毕业设计及教师的参考用书。

图书在版编目(CIP)数据

　　精通图像处理经典算法:MATLAB 版 / 杨帆,王志陶,张华编著. -- 2 版. -- 北京 : 北京航空航天大学出版社,2018.2

　　ISBN 978 - 7 - 5124 - 2647 - 4

　　Ⅰ. ①精… Ⅱ. ①杨… ②王… ③张… Ⅲ. ①Matlab 软件－应用－数字图像处理 Ⅳ. ①TN911.73

　　中国版本图书馆 CIP 数据核字(2018)第 025948 号

版权所有,侵权必究。

精通图像处理经典算法(MATLAB 版)(第 2 版)

杨　帆　王志陶　张　华　编著

责任编辑　董立娟

＊

北京航空航天大学出版社出版发行

北京市海淀区学院路 37 号(邮编 100191)　http://www.buaapress.com.cn
发行部电话:(010)82317024　传真:(010)82328026
读者信箱:emsbook@buaacm.com.cn　邮购电话:(010)82316936
涿州市新华印刷有限公司印装　各地书店经销

＊

开本:710×1 000　1/16　印张:22.5　字数:506 千字
2018 年 2 月第 2 版　2018 年 2 月第 1 次印刷　印数:3 000 册
ISBN 978 - 7 - 5124 - 2647 - 4　定价:59.00 元

若本书有倒页、脱页、缺页等印装质量问题,请与本社发行部联系调换。联系电话:(010)82317024

第2版前言

MATLAB 由于具有丰富的矩阵运算、高效的数据处理能力和丰富的工具箱、强大的扩展能力和可靠性、编程简单和开发周期短等特点，已经广泛用于图像处理、系统仿真等多个方面。而数字图像处理以信息量大、处理和传输方便、应用范围广等一系列优点，已成为人类获取信息的重要来源及利用信息的重要手段。如何将 MATLAB 程序设计很好地应用到数字图像处理技术之中，在宇宙探测、遥感、生物医学、工农业生产、军事、公安、办公自动化等领域得到广泛应用，已成为广大学者及工程技术人员迫切需要和急需解决的关键问题。

本书以实际应用为背景，结合多年的教学与科研经验，深入浅出地讲述 MATLAB 在图像处理技术方面的应用。全书共有 10 章：

第 1 章为图像处理基础，一方面对图像处理的数学模型、研究内容、文件格式、颜色模型及 MATLAB 的界面环境、基本运算做简单介绍，另一方面对图像显示、类型转换、运算等基本操作及 MATLAB 在图像处理中的应用进行详细解读，为后面的学习奠定基础。

第 2～5 章主要对图像频域变换（傅立叶、离散余弦变换）、几何变换（位置、形状、复合）、图像灰度增强（灰度变换、直方图修正、高通滤波）、图像去噪（空域、频域、形态学）、图像分割（阈值、区域）、特征提取（形状、纹理、边缘、直线）、图像配准、图像拼接、图像压缩等算法进行分析，重点讲述 MATLAB 常用函数用法及编程实现算法的过程，并给出仿真结果及分析，为读者理解图像处理的经典算法及应用这些算法解决实际问题创造条件。

第 6 章为图像处理的图形用户界面设计，主要讲述操作界面的设计过程，包括菜单、工具栏、快捷键、对话框、信息栏、可执行文件生成等设计，解决图形用户界面设计的一些关键问题。

第 7～9 章给出了图像处理在信息隐藏（可视密码共享、图像置乱、图像数字水印）、图像识别（红外图像、杂草图像、指纹考勤仪）和图像检测（PCB 缺陷、人脸检测、微小目标检测）等多个方面的应用案例；给出了设计的全过程，为读者在图像处理中的开发应用提供真实的案例分析。

第 10 章通过实例介绍了利用 MATLAB 和 C/C++混合编程，使读者不仅能利用 MATLAB 进行图像处理，而且能在 C/C++环境下，利用 MATLAB 丰富的图像处理工具箱实现图像处理。书中配有全部例题及案例的完整源程序，便于读者学习和在实际开发中使用。

目前市场上有较多基于 MATLAB 图像处理的书籍,其中一部分书籍以讲解图像处理的基本方法、原理为重点,只是简单介绍 MATLAB 在图像处理中的一些简单算法及主要应用,存在应用性、实践性内容讲解不详细等问题。另一部分书籍以讲述智能算法(神经网络、模糊集、一群算法、支持向量机等)及其应用为主,对图像处理的基本原理、典型算法及应用存在讲述不细致、不系统、不规范,理论与实践相脱节等问题。编写本书的出发点是为了克服上述两种情况的不足,在对基础知识介绍够用的基础上,通过大量的例题及丰富的案例分析降低学习难度,使读者较快掌握图像处理的基本算法及界面设计,引导其较容易地应用 MATLAB 进行图像处理,解决有关图像处理方面的关键问题。在编写过程中力求做到以下几个特点:

①内容由浅入深,理论简洁,循序渐进,便于理解;

②例题经典量大,算法清晰,解释详尽,易于掌握;

③案例分析透彻,通俗易懂,可举一反三,学以致用。

本书既可作为学校或培训机构的 MATLAB 图像处理教程,也可作为工程技术人员、学生课程设计、毕业设计及教师的参考用书。

本书由杨帆、王志陶、张华、耿杏雨等编写,由杨帆统稿。在编写工作中得到了魏琳琳、王世亮、宋莉莉、户姗姗、唐红梅、张志伟等同志的帮助,在此表示感谢。

本书在编写和出版过程中,得到了北京航空航天大学出版社的热情指导和大力支持,对他们的辛勤劳动和无私奉献表示真挚的谢意。同时,对本书参考文献中的有关作者致以诚挚的感谢。

由于编者水平所限,书中错误、不妥之处在所难免,殷切希望广大读者批评赐教。有兴趣的读者可以发送电子邮件到 yangfan@hebut.edu.cn,与作者进一步交流;也可以发送电子邮件到 xdhydcd5@sina.com.cn,与本书策划编辑进行交流。

编　者

2018 年 1 月

目录

实例索引

第**1**章

图像处理基础

  图像是人类获取信息、表达信息和传递信息的重要手段。图像信息具有直观、形象、易懂和信息量大等特点，因此，是人们日常生活中接触最多的信息种类之一。近年来，随着对图像处理的要求不断提高，应用领域不断扩大，图像处理技术得到了迅速提高、补充和发展。图像处理已经从可见光谱扩展到红外、紫外等非可见光谱，从静止图像发展到运动图像，从物体的外部延伸到物体的内部以及进行人工智能化的图像处理等。而 MATLAB 自推出以来就受到广泛的关注，其强大的推广功能为图像处理、计算机图形学等多个领域的应用提供了有力的工具。

  本章主要介绍图像及图像的数字化、常用的图像文件格式、颜色模型、图像处理研究内容及应用，并对图像处理基本操作及 MATLAB 在图像处理中的应用进行解读，为后面的学习奠定基础。

1.1 图像及图像数字化

1.1.1 图 像

  图像是自然界景物的客观反映，是人类认识世界和人类本身的重要源泉。汉字、照片、绘画、影视画面都属于图像；照相机、显微镜或望远镜的取景器上的光学成像也是图像。通过某些传感器变换得到的电信号图，如脑电图、心电图等也可看作是一种图像。"图"是物体反射或透射光的分布，是客观存在的，而"像"是人的视觉系统所接收的图在人脑中形成的印象或认识。总之，凡是人类视觉上能感受到的信息，都可以称为图像。就其本质来说，可以将图像分为两大类：

  一类是模拟图像，包括光学图像、照相图像、电视图像等。例如，在生物医学研究中，人们在显微镜下看到的图像就是一幅光学模拟图像，照片、用线条画的图、绘画也都是模拟图像。模拟图像的处理速度快，但精度和灵活性差，不易查找和判断。

  另一类是将连续的模拟图像经过离散化处理后变成计算机能够辨识的点阵图像，

称为数字图像。严格的数字图像是一个经过等距离矩形网格采样,对幅度进行等间隔量化的二维函数,因此,数字图像实际上就是被量化的二维采样数组。本书中涉及的图像处理都是指数字图像的处理。

1.1.2 图像的数学模型

在计算机中,图像由像素组成,如图 1.1.1(a)所示图像被分割成图 1.1.1(b)所示的像素,各像素的灰度值用整数表示。对于一幅 $M \times N$ 个像素的数字图像,其像素灰度值可以用 M 行、N 列的矩阵 $f(i,j)$ 表示:

$$f(i,j) = \begin{bmatrix} f_{11} & f_{12} & \cdots & f_{1N} \\ f_{21} & f_{22} & \cdots & f_{2N} \\ \cdots & \cdots & & \cdots \\ f_{M1} & f_{M2} & \cdots & f_{MN} \end{bmatrix} \tag{1.1.1}$$

习惯上把数字图像左上角的像素定为 $(1,1)$ 像素,右下角的像素定为 (M,N) 像素。若用 i 表示垂直方向,j 表示水平方向,这样,从左上角开始,纵向第 i 行,横向第 j 列的第 (i,j) 像素就存储到矩阵的元素 $f(i,j)$ 中,数字图像中的像素与二维矩阵中的每个元素便一一对应起来。图 1.1.1(a)所示图像可用图 1.1.1(c)所示矩阵表示。

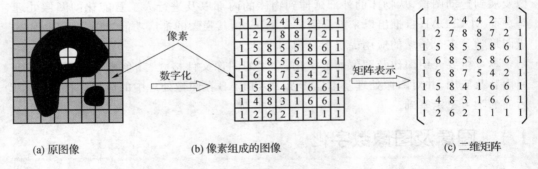

(a) 原图像　　　　　　(b) 像素组成的图像　　　　　　(c) 二维矩阵

图 1.1.1　数字图像

在计算机中把数字图像表示为矩阵后,就可以用矩阵理论和其他一些数学方法来对数字图像进行分析和处理了。

1.1.3 采样及量化

1. 采　样

图像信号是二维空间的信号,是一个以平面上的点作为独立变量的函数。例如,黑白与灰度图像是用二维平面情况下的浓淡变化函数来表示的,通常记为 $f(x,y)$,表示一幅图像在水平和垂直两个方向上的光照强度的变化。图像 $f(x,y)$ 在二维空域里进行空间采样时,常用的办法是对 $f(x,y)$ 进行均匀抽样,取得各点的亮度值,构成一个离散函数 $f(i,j)$。示意图如图 1.1.2 所示。

如果是彩色图像,则以三基色(RGB)的明亮度作为分量的二维矢量函数来表

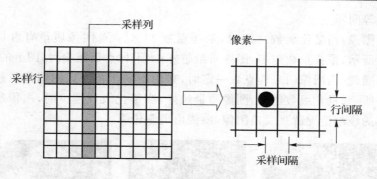

图 1.1.2　采样示意图

示。即

$$f(x,y) = \begin{bmatrix} f_R(x,y) & f_G(x,y) & f_B(x,y) \end{bmatrix}^T \qquad (1.1.2)$$

同一维信号一样,二维图像信号的采样也要遵循采样定理,原理与数字电路中讲的一维信号采样定理类似,这里不再赘述。

2. 量　化

模拟图像经过采样后在时间和空间上离散化为像素,但采样所得的像素值(即灰度值)仍是连续量。把采样所得的各像素灰度值从模拟量到离散量的转换称为图像灰度的量化。图 1.1.3(a)说明了量化过程。若连续灰度值用 z 来表示,对于满足 $z_i \leqslant z \leqslant z_{i+1}$ 的 z 值,都量化为整数 q_i。q_i 称为像素的灰度值,z 与 q_i 的差称为量化误差。像素值量化后用一个字节(8 bit)来表示。如图 1.1.3(b)所示,把由"黑-灰-白"连续变化的灰度值量化为 $0 \sim 255$ 共 256 级灰度值,灰度值的范围为 $0 \sim 255$,0 为黑色,255 为白色,表示亮度从深到浅,对应图像中的颜色为从黑到白。

一幅图像在采样时行、列的采样点与量化时每个像素量化的级数,既影响数字图像的质量,也影响到该数字图像数据量的大小。连续灰度值量化为灰度级的方法有两

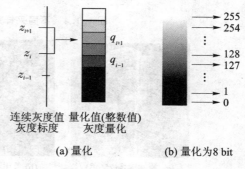

(a) 量化　　　　(b) 量化为8 bit

图 1.1.3　量化示意图

种,一种是等间隔量化,另一种是非等间隔量化。等间隔量化就是简单地把采样值的灰度范围等间隔地分割并进行量化。对于像素灰度值在黑-白范围较均匀分布的图像,使用这种量化方法可以得到较小的量化误差。该方法也称为均匀量化或线性量化。为了减小量化误差,引入了非均匀量化的方法。非均匀量化是依据一幅图像具体的灰度值分布的概率密度函数,按总的量化误差最小的原则来进行量化的。具体做法是对图像中像素灰度值频繁出现的灰度值范围的量化间隔取小一些,而对那些像素灰度值极少出现的范围则量化间隔取大一些。由于图像灰度值的概率分布密度函数因图像不同而异,所以不可能找到一个适用于各种不同图像的最佳非等间隔量化方案。因此,实际上

一般都采用等间隔量化。

对一幅图像,当量化级数一定时,采样点数 $M \times N$ 对图像质量有着显著的影响。如图 1.1.4 所示,采样点数越多,图像质量越好;当采样点数减少时,图上的块状效应就逐渐明显。同理,当图像的采样点数一定时,采用不同量化级数的图像质量也不一样。如图 1.1.5 所示,量化级数越多,图像质量越好,当量化级数越少时,图像质量越差,量化级数最小的极端情况就是二值图像,图像出现假轮廓。

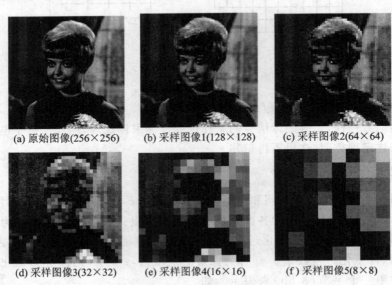

(a) 原始图像(256×256)   (b) 采样图像1(128×128)   (c) 采样图像2(64×64)

(d) 采样图像3(32×32)   (e) 采样图像4(16×16)   (f) 采样图像5(8×8)

图 1.1.4　不同采样点数对图像质量的影响

(a) 原始图像(256色)   (b) 量化图像1(64色)   (c) 量化图像2(32色)

(d)量化图像3(16色)   (e) 量化图像4(4色)   (f) 量化图像5(2色)

图 1.1.5　不同量化级别对图像质量的影响

一般情况下,当限定数字图像的大小时,为了得到质量较好的图像可采用如下原则:

① 对缓变的图像,应该细量化、粗采样,以避免假轮廓。

② 对细节丰富的图像,应细采样、粗量化,以避免模糊(混叠)。

1.1.4 图像存储容量的估算

一幅数字图像保存在计算机中要占用一定的内存空间,这个空间的大小就是数字图像文件的数据量大小。图像中的像素数量越多,则数字图像的数据量就越大,同时,数字图像的效果也就越贴近真实。一幅没有经过压缩的数字图像的数据量大小可按照以下公式进行估算:假定图像取 $M \times N$ 个样点,每个像素量化后的灰度二进制位数为 Q,一般 Q 总是取为 2 的整数幂,即 $Q = 2^k$,则存储一幅数字图像所需的二进制位数 b 为:

$$b = M \times N \times Q$$

字节数为:

$$B = M \times N \times \frac{Q}{8}$$

例如,一幅具有 640×480 的 256 色,其文件所占用空间大约为 640×480×8÷8≈0.3,单位为 MB;一幅具有 1 024×768 像素的真彩色图像,其文件所占用空间大约为 1 024×768×24÷8≈2.4,单位为 MB。

1.1.5 图像分辨率

图像分辨率反映了图像文件本身的清晰程度、也称为解析度,是指每英寸长度的像素点数目(dpi)。例如,在 1 英寸长度上有 100 个像素,则图像分辨率就是 100 dpi。对于同样大小的一副原图,若数字化时图像分辨率越高,则组成的像素点的数目越多,看起来就越逼真;反之,图像就越显得粗糙。因此,不同的分辨率会形成不同的图像清晰度。

图像分辨率对于图像水平和垂直两个方向上的度量保持一致,即在长和宽方向上具有同样的分辨率。若一幅 1 英寸×1 英寸的位图的分辨率是 100 dpi,则说明该图上一共有 10 000 个像素。对尺寸相同的位图进行高分辨率扫描可获得更逼真的图像。若使用 600 dpi 的分辨率扫描 1 英寸×1 英寸的图像,则将获得一幅包含 360 000 个像素的数字图像,其包含的信息量是使用 100 dpi 进行扫描的 36 倍。

数字图像尺寸由水平和垂直的像素点表示。若用 200 dpi 扫描一副尺寸为 2×2.5 的彩色照片,则得到一副 400×500 个像素的数字图像;若用 50 dpi 扫描相同尺寸的彩色照片,则得到一副 100×125 个像素的数字图像。显然,前者的分辨率高,则图像的清晰度就高,而后者的分辨率低,图像清晰度就低。然而,数字图像在显示器屏幕上的效果还取决于显示器显示图像的区域大小,即取决于显示分辨率。

显示分辨率是指显示器屏幕能显示图像的最大区域,以水平和垂直方向上具有的像素点数目来表示。显示分辨率是显示器的一个重要特征指标。例如,800×600 的显

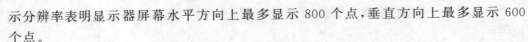
示分辨率表明显示器屏幕水平方向上最多显示 800 个点,垂直方向上最多显示 600 个点。

在使用显示器屏幕观看图像时,显示屏幕上每一个点对应数字图像上一个像素。若使用 800×600 显示分辨率来显示具有 600×600 像素的数字图像,则在垂直方向上 600 个像素正好被 600 个显示点完全显示,而在水平方向上 600 个显示点则用来显示 600 个像素点,屏幕上还剩余 200 个点;若使用 800×600 显示分辨率显示具有 1 024×768 像素的数字图像,则因屏幕分辨率低于数字图像的像素点数,故不能在一屏中完全显示。若使用缩放的方法将 1 024×768 像素的数字图像完全在 800×600 屏幕分辨率的显示器上显示,则数字图像上的部分像素将被忽略,于是在屏幕上看到的数字图像就不再是原图的真实再现了。

此外,在实际应用中还有一个术语叫像素分辨率。像素分辨率是指位图像素的高宽比,一般为 1:1。若改变像素分辨率或在像素分辨率不同的设备间传输图像,则产生畸变。

1.2 常用的图像文件格式及颜色模型

1.2.1 常用的图像文件格式

数字图像有多种存储格式,在计算机中是以图像文件的形式存放的,每种格式一般由不同的开发商支持。随着信息技术的发展和图像应用领域的不断拓宽,还会出现新的图像格式。因此,要进行图像处理,必须了解图像文件的格式,即图像文件的数据构成。每一种图像文件均有一个文件头,在文件头之后才是图像数据。文件头的内容由制作该图像文件的公司决定,一般包括文件类型、文件制作者、制作时间、版本号、文件大小等内容。目前较常用的静态图像文件格式主要有 BMP、GIF、TIFF、JPEG 等类型。

(1)BMP 文件格式

BMP 文件又称位图文件(bitmap,简称 BMP),是一种与设备无关的图像文件格式。BMP 文件格式是一种位映射的存储形式,是 Windows 软件推荐使用的一种格式。随着 Windows 的普及,BMP 文件格式的应用越来越广泛。

(2)GIF 文件格式

图形交换格式(Graphics Interchange Formar,简称 GIF)是 CompuServe 公司开发的文件存储格式。1987 年开发的 GIF 文件格式的版本号是 GIF87a,1989 年进行了扩充,扩充后的版本号定义为 GIF89a。它支持 2~16M 种颜色、单个文件的多重图像、按行扫描的快速解码、有效地压缩以及硬件无关性。

GIF 图像文件以数据块(Block)为单位来存储图像的相关信息。一个 GIF 文件由表示图形/图像的数据块、数据子块以及显示图形/图像的控制信息块组成,称为 GIF 数据流(data stream)。GIF 文件格式采用 LZW 压缩算法来存储图像数据,定义了允许用户为图像设置背景的透明属性。GIF 文件格式可在一个文件中存放多幅彩色图形/图像,使它们可以像演幻灯片那样显示或者像动画那样演示。

(3)TIFF 图像文件格式

标记图像文件格式(Tag Image File Format,简称 TIFF)是基于标志域的图像文件格式。有关图像的所有信息都存储在标志域中,如图像大小、所用计算机型号、制造商、图像的作者、说明、软件及数据。TIFF 文件是一种极其灵活易变的格式,可以支持多种压缩方法、特殊的图像控制函数以及许多其他的特性。TIFF 文件一般比较大,定义了 4 种不同的 TIFF 文件格式:适用于二值图像的 TIFF-B,适用于灰度图像的 TIFF-R,适用于带调色板的彩色图像的 TIFF-P 以及适用于 RGB 彩色图像的 TIFF-x。其中,TIFF-x 是一种通用型,通过编程可以适用于上述所有 4 种类型;为了保证它们的兼容性,每类都会有一个最小的域,编程时不需要使用其他的域。

(4)JPEG 图像格式

JPEG 是 Joint Photographic Experts Group(联合图像专家组)的缩写,是用于连续色调静态图像压缩的一种标准。其主要方法是采用预测编码(DPCM)、离散余弦变换(DCT)以及熵编码,以去除冗余的图像和彩色数据,属于有损压缩方式。JPEG 是一种高效率的 24 位图像文件压缩格式,同样一幅图像,用 JPEG 格式存储的文件是其他类型文件的 $1/10 \sim 1/20$,通常只有几十 KB,而颜色深度仍然是 24 位,质量损失非常小,基本上无法看出。JPEG 文件的应用也十分广泛,特别是在网络和光盘读物上都有它的影子。JPEG 文件的扩展名为 jpg 或 jpeg。

JPEG 采用对称的压缩算法,即在同一系统环境下压缩和解压缩所用的时间相同。采用 JPEG 压缩编码算法压缩的图像,压缩比为 $1:5 \sim 1:50$,甚至更高。当采用 JPEG 的高质量压缩时,未受训练的人眼无法查觉到变化。在低质量压缩率下,大部分的数据被剔除,而眼睛对之敏感的信息内容则几乎全部保留下来。

1.2.2 数字图像类型

计算机中描述和表示数字图像和计算机生成的图形图像有两种常用的方法:一种叫矢量图法,另一种叫位图法。尽管这两种生成图的方法不同,但在显示器上显示的结果几乎没有什么差别。矢量图是用一系列绘图指令来表示一幅图,如 AutoCAD 中的绘图语句。这种方法的本质是用数学(更准确地说是几何学)公式描述一幅图像。位图是通过许多像素点表示一幅图像,每个像素具有颜色属性和位置属性。位图可以从传统的相片、幻灯片上制作出来或使用数字相机得到,也可以利用 Windows 的画笔(Painbrush)用颜色点填充网格单元来创建位图。位图有多种表示和描述的模式,但从大的方面来说主要可分为黑白图像、灰度图像和彩色图像。

(1)二值图像

只有黑白两种颜色的图像称为黑白图像或单色图像,是指图像的每个像素只能是黑或者白,没有中间的过渡,故又称二值图像。二值图像的像素值只能为 0 或 1,图像中的每个像素值用一位存储。一幅 640×480 像素的黑白图像只需要占据 37.5 KB 的存储空间,图 1.2.1 所示为黑白图像。

(2)灰度图像

在灰度图像中,像素灰度级用 8 bit 表示,所以每个像素都是介于黑色和白色之间的 256(2^8＝256)种灰度中的一种。灰度图像只有灰度颜色而没有彩色。我们通常所说的黑白照片,其实包含了黑白之间的所有灰度色调。从技术上来说,就是具有从黑到白的 256 种灰度色域的单色图像。图 1.2.2 所示为灰度图像。

图 1.2.1 黑白图像   图 1.2.2 灰度图像

(3)彩色图像

彩色图像除有亮度信息外,还包含有颜色信息。彩色图像的表示与所采用的彩色空间(即彩色的表示模型)有关,同一幅彩色图像如果采用不同的彩色空间表示,对其描述可能会有很大的不同。常用的表示方法主要有真彩色图像(RGB)图像和索引图像。

"真彩色"是 RGB 颜色的另一种流行的叫法,真彩色图像又称为 24 位彩色图像。在真彩色图像中,每一个像素由红、绿和蓝 3 字节组成,每个字节为 8 bit,表示 0～255 之间的不同的亮度值,这 3 个字节组合可以产生 1 670 万种不同的颜色。由于它所表达的颜色远远超出了人眼所能辨别的范围,故将其称为"真彩色"。真彩色图像将像素的色彩能力推向了顶峰。

在真彩色出现之前,由于技术上的原因,计算机在处理时并没有达到每像素 24 位的真彩色水平,为此人们创造了索引颜色。索引颜色通常也称为映射颜色,在这种模式下,颜色都是预先定义的,并且可供选用的一组颜色也很有限,索引颜色的图像最多只能显示 256 种颜色。一幅索引颜色图像在图像文件里定义,当打开该文件时,构成该图像具体颜色的索引值就被读入程序里,然后根据索引值找到最终的颜色。索引图像是一种把像素值直接作为 RGB 调色板下标的图像,可把像素值直接映射为调色板数值。

调色板通常与索引图像存储在一起,装载图像时,调色板将和图像一同自动装载。

索引模式和灰度模式比较类似,它的每个像素点也可以有 256 种颜色容量,但可以负载彩色。索引模式的图像最多只能有 256 种颜色。当图像转换成索引模式时,系统会自动根据图像上的颜色归纳出能代表大多数的 256 种颜色,就像一张颜色表,然后用这 256 种来代替整个图像上所有的颜色信息。

1.2.3 颜色模型

颜色模型是颜色在三维空间中的排列方式。目前,图像处理中常用的颜色模型多数为 RGB 颜色空间和 HIS 颜色空间。

1. RGB 颜色空间

RGB 颜色空间是图像处理中最基础的颜色模型,是在配色实验基础上建立的。其 RGB 彩色空间示意图如图 1.2.3 所示。RGB 颜色空间的主要观点是人的眼睛有红、绿、蓝 3 种色感细胞,它们的最大感光灵敏度分别落在红色、蓝色和绿色区域,其合成的光谱响应就是视觉曲线,由此可推论出任何彩色都可以用红、绿、蓝 3 种基色来配制。对于彩色的定量测量,Grassman 提出了三色调配公理,彩色调配的 3 种可能情形如下式所示:

$$c[C] = n[N] + p[P] + q[Q] \tag{1.2.1}$$
$$c[C] + n[N] = p[P] + q[Q] \tag{1.2.2}$$
$$c[C] + n[N] + p[P] = q[Q] \tag{1.2.3}$$

其中,$[C]$ 为未知色光、$[N]$、$[P]$、$[Q]$ 为三基色光,c、n、p、q 为调配系数。

2. HIS 颜色空间

HIS 颜色模型是 Munseu(孟赛尔)颜色系统中的一种,以人眼的视觉特征为基础,利用 3 个相对独立、容易预测的颜色心理属性:色度(Hue)、光强度(Intensity)和饱和度(Saturation)表示颜色,反映了人的视觉系统观察彩色的格式。色度由物体反射光线中占优势的波长来决定,不同的波长产生不同的颜色感觉,如红、橙、黄、绿、青、蓝、紫等;它是彩色最为重要的属性,是决定颜色本质的基本特性。颜色饱和度是指一个颜色的鲜明程度,饱和度越高,颜色越深,如深红、深绿等。在物体反射光的组成中,白色光愈少,色饱和度愈大;颜色中的白色或灰色愈多,其饱和度就越小。光强度是指光波作用于感受器所发生的效应,其大小是由物体反射系数来决定,反射系数越大,物体的光强度愈大,反之愈小。

HIS 颜色模型定义在圆柱坐标系的双圆锥子集上,如图 1.2.4 所示。色度 H 由水平面的圆周表示,圆周上各点(0~360°)代表光谱上各种不同的色调;饱和度 S 是颜色点与中心轴的距离,在轴上各点,饱和度为 0,在锥面上各点,饱和度为 1;光强度 I 的变化是从下锥顶点的黑色(0),逐渐变到上锥顶点的白色(1)。HIS 模型中,光强度不受其他颜色信息的影响,可减少光照强度变化所带来的影响。

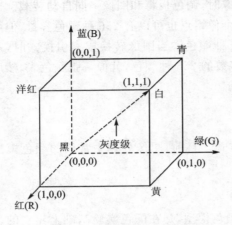

图 1.2.3　RGB 颜色空间示意图

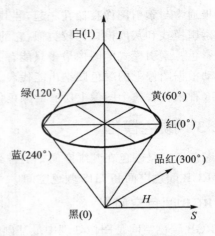

图 1.2.4　HSI 颜色系统模型

3. HIS 与 RGB 之间的非线性映射

为了用 HIS 颜色模型检测颜色,需将相机获取的图像的 R、G、B 成份进行转换,颜色从 RGB 到 HIS 转换为非线性变换,其转换关系如下所示:

$$\theta = \cos^{-1}\left\{\frac{\frac{1}{2}\left[(R-G)+(R-B)\right]}{\sqrt{(R-G)^2+(R-B)(G-B)}}\right\} \tag{1.2.4}$$

$$H = \begin{cases} \theta & G \geqslant B \\ 2\pi - \theta & G < B \end{cases} \tag{1.2.5}$$

$$S = 1 - \frac{3\min(R,G,B)}{R+G+B} \tag{1.2.6}$$

$$I = \frac{1}{\sqrt{3}}\left[R+G+B\right] \tag{1.2.7}$$

式中,R、G、B 为图像的三基色的灰度值;H、S、I 为图像的色度、饱和度和强度,色度 H 用弧度表示,其取值范围在 $0\sim2\pi$ 之间。

为了便于图像的显示和利用灰度直方图对色度特征进行分析,我们对式(1.2.4)~式(1.2.7)进行变换,将色度值映射到灰度级范围内,这样就可以应用我们经常使用的灰度来分析图像的特征。转换公式如下所示:

$$H = \begin{cases} \left[90° + \tan^{-1}\left(\frac{2R-G-B}{\sqrt{3}(G-B)}\right)\right] \times 255/360° & G > B \\ \left[90° + \tan^{-1}\left(\frac{2R-G-B}{\sqrt{3}(G-B)}\right) + 180°\right] \times 255/360° & G < B \\ 255 & G = B \end{cases} \tag{1.2.8}$$

1.3 图像处理的主要研究内容及应用

1.3.1 图像处理及主要目的

1. 图像处理

数字图像处理就是把在空间上离散的、在幅度上量化分层的数字图像经过一些特定数理模式的加工处理,以达到有利于人眼视觉或某种接收系统所需要的图像的过程。我们把利用计算机对图像进行去除噪声、增强、复原、分割、提取特征等的理论、方法和技术称为数字图像处理。数字图像处理可以理解为下面两方面的操作:

(1)从图像到图像的处理

这类处理是将一幅效果不好的图像进行处理,获得效果好的图像的过程。譬如,在大雾天气下拍摄一个景物,由于空气中悬浮着许多微小的水颗粒,这些水颗粒在光线的散射下使景物与镜头(或人眼)之间形成了一个半透明层,使得画面的能见度很低,看不见一些细节特征,为了提高画面的清晰度,采用适当的图像处理方法消除或减弱大雾层对图像的影响,就可以得到一幅清晰的图像。

(2)从图像到非图像的一种表示

这类处理通常又称为数字图像分析,通常是对一幅图像中的若干个目标物进行识别分类后给出其特性测度。例如,在一幅图像中,拍摄记录下来包含几个苹果和几个橘子等水果的画面,经过对图像的处理与分析之后可以分检出苹果的个数以及苹果的大小等。这种从图像到非图像的表示,在许多的图像分析、图像检测、图像测量等领域中有着非常广泛的应用。

2. 图像处理的目的

一般而言,对图像进行处理主要有以下 3 个方面的目的:

①提高图像的视感质量,以达到赏心悦目的目的。如去除图像中的噪声,改变图像的亮度、颜色,增强或抑制图像中的某些成份,对图像进行几何变换等,从而改善图像的质量,以达到或真实的、或清晰的、或色彩丰富的、或意想不到的艺术效果。

②提取图像中包含的某些特征或特殊信息,以便于计算机分析,例如,常用作模式识别、计算机视觉的预处理等。这些特征包括频域特性、灰度/颜色特性、边界/区域特性、纹理特性、形状/拓扑特性以及关系结构等许多方面。

③对图像数据进行变换、编码和压缩,以便于图像的存储和传输。

1.3.2 图像处理的主要研究内容

根据其主要的处理流程与处理目标大致可以分为图像信息的描述、图像信息的处理、图像信息的分析、图像信息的编码以及图像信息的显示等几个方面。

(1)图像数字化

图像数字化目的是将一幅图像以数字的形式进行表示,并且要做到既不失真又便于计算机进行处理。换句话说,图像数字化要达到以最小的数据量来不失真地描述图像信息。图像数字化包括采样与量化。

(2)图像增强

图像增强的目的是将一幅图像中有用的信息(即感兴趣的信息)进行增强,同时将无用的信息(即干扰信息或噪声)进行抑制,提高图像的可观察性。

(3)图像变换

图像变换包括正交变化和几何变换。图像正交变换是指通过一种数学映射的办法,将空域中的图像信息转换到如频域、时频域等空间上进行分析的数学手段。最常采用的变换有傅立叶变换、小波变换等。通过二维傅立叶变换可以进行图像的频率特性的分析。通过小波变换可以将图像进行多频段分解,通过不同频段的不同处理可以达到满意的效果。图像几何变换的目的是改变一幅图像的大小或形状。例如,通过进行平移、旋转、放大、缩小、镜像等,可以进行两幅以上图像内容的配准,以便于进行图像之间内容的对比检测。例如,在印章的真伪识别以及相似商标检测中通常都会采用这类的处理。另外,对于图像中景物的几何畸变进行校正、对图像中的目标物大小测量等,大多也需要图像几何变换的处理环节。

(4)图像复原

图像复原的目的是将退化了以及模糊了的图像的原有信息进行恢复,以达到清晰化的目的。图像退化是指图像经过长时间的保存之后,因发生化学反应而使画面的颜色以及对比度发生退化改变的现象,或者是因噪声污染等导致图画退化的现象,或者是因为现场的亮暗范围太大导致暗区或者高光区信息退化的现象。图像的模糊则常常是因为运动以及拍摄时镜头的散焦等原因所导致的。无论是图像的退化还是图像的模糊,本质上都是原始信息部分丢失、原始信息相互混叠或者原始信息与外来信息的相互混叠所造成的,因此,根据退化模糊产生原因的不同,采用不同的图像恢复方法即可达到图像清晰化目的。

(5)图像重建

图像重建的目的是根据二维平面图像数据构造出三维物体的图像。例如,在医学影像技术中的 CT 成像技术,就是将多幅断层二维平面数据重建成可描述人体组织器官三维结构的图像。有关三维图像的重建方法在计算机图形学中有非常详细的介绍。三维重建技术也成为目前虚拟现实技术以及科学可视化技术的重要基础。

(6)图像隐藏

图像隐藏的目的是将一幅图像或者某些可数字化的媒体信息隐藏在一幅图像中,在保密通信中,将需要保密的图像在不增加数据量的前提下隐藏在一幅可公开的图像之中,同时要求达到不可见性及抗干扰性。

图像隐藏技术目前还有一个非常重要的拓展应用,就是数字水印技术。数字水印在维护数字媒体版权方面起着非常重要的作用。数字水印有时允许是可见的,但是必须具有抗干扰性,特别是可以抵抗一次水印的添加等。同时数字水印技术已经不仅限于位图的隐蔽,而是可以在数字化的多媒体信息之间进行隐藏,如语音中隐蔽图像,图像中同时隐蔽语音和文字说明等。

(7)图像分割

图像分割就是将图像表示为物理上有意义的连通区域的集合。人们一般是通过对图像的不同特征(如边缘、纹理、颜色、亮度等)的分析达到图像分割的目的。图像分割通常是为了进一步对图像进行分析、识别、跟踪、理解、压缩编码等,分割的准确性直接影响后续任务的有效性。因此,具有十分重要的意义。

(8)图像编码

图像编码的目的是简化图像的表示方式,压缩表示图像的数据,以便于存储和传输。图像编码主要是对图像数据进行压缩。因为图像信息具有较强的相关特性,因此通过改变图像数据的表示方法可对图像的冗余信息进行压缩。另外,利用人类的视觉特性可对图像的视觉冗余进行压缩,由此来达到减小描述图像数据量的目的。

(9)图像分析

图像分析是指通过对图像中各种不同的物体特征进行定量化描述之后,将所期望获得的目标物进行提取,并且对所提出的目标物进行一定的定量分析。要达到这个目的实际上就是要实现对图像内容的理解,达到对特定目标的一个识别。因此,其核心是要完成依据目标物的特征对图像进行区域分割,获得期望目标所在的局部区域。在工业产品零件无缺陷且正确装配检测中,图像分析是对图像中的像素转化成一个"合格"或"不合格"的判定。在有的应用中,如医学图像处理,不仅要检测出物体(如肿瘤)的存在,而且还要检测物体(如肿瘤)的大小。

(10)图像配准

图像配准是指同一目标的两幅(或者两幅以上)图像在空间位置上的对准。图像配准的技术过程,称为图像配准或者图像相关。图像配准应用十分广泛,例如,航空航天技术、地理信息系统、图像融合、目标识别、医学图像分析、机器人视觉、虚拟现实等领域。

(11)运动目标的检测、跟踪与识别

运动目标检测的目的是从序列图像中将运动目标区域从背景区域中提取出来,一般是确定目标所在区域和颜色特征等。目标检测的结果是一种"静态"目标——前景目标,由一些静态特征所描述。运动目标跟踪则指对目标进行连续的跟踪以确定其运动轨迹。受跟踪的目标是一种"动态"目标——运动目标,目标识别是指一个目标从其他目标中被区分出来的过程。它既包括两个非常相似目标的识别,也包括一种类型的目标同其他类型目标的识别。

1.3.3 数字图像处理系统

数字图像处理系统是执行图像处理、分析理解图像信息任务的计算机系统。图像处理系统种类很多,但系统的基本结构是相似的,一般由主机及其外设装置机构组成。

数字图像处理系统通常包括计算机、图像采集及数字化设备、图像显示器、图像输入和图像输出存储器、图像处理软件等,如图 1.3.1 所示。

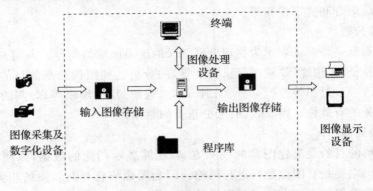

图 1.3.1   数字图像处理系统构成

图像采集及数字化设备主要元件是图像传感器,其作用是获取数字图像。图像传感器通常包含两个部分:一是物理感知设备,该设备对人们希望成像的物体发射的能量很敏感,可产生模拟数据;二是数字化器件,它把物理感知设备输出的模拟数据转换为数字图像。图像处理软件由执行图像处理任务的程序模块组成。程序模块过去是由汇编语言编写的,以提高处理速度。近十年来,由于计算机性能的提高,越来越多的图像处理软件是由高级语言编写成的,对于一些应用较多、计算量较大的程序可以固化成硬件,以进一步提高运算速度,从而产生了一些特殊的图像处理硬件。图像显示器主要是彩色电视监视器。监视器通常也是计算机系统的一部分。如果存在立体显示的需要,则要求配备特殊的显示设备。

1.3.4   数字图像处理的应用

近十几年来,随着 VLSI 技术和计算机体系结构及算法的迅速发展,图像处理系统的性能大大提高,价格日益下降,大中小系统纷纷问世,从而使图像处理技术更加广泛用于众多的科学与工程领域,如遥感、工业检测、医学、气象、侦察、通信、智能机器人等,具体体现在:

1. 生物医学领域中的应用

➤ 显微图像处理及 DNA(脱氧核糖核酸)显示分析;

➤ 红、白血球分析计数及癌细胞识别;

➤ CT,MRI,γ 射线线照相机,正电子和质子 CT 的应用;

➤ 虫卵及组织切片的分析;

➤ 超声图像成像、冻结、增强及伪彩色处理;

➤ 染色体分析;

➤ DSA(心血管数字减影)及其他减影技术;

➤ 内脏大小形状及异常检查;

➤ 微循环的分析判断；

➤ 心肌活动的动态分析；

➤ X 光照片增强、冻结及伪彩色增强；

➤ 生物进化的图像分析。

2. 工业应用

➤ CAD 和 CAM 技术用于模具、零件制造、服装、印染业；

➤ 零件、产品无损检测，焊缝、内部缺陷检查及生产过程的监控；

➤ 流水线零件自动检测识别（供装配流水线用）；

➤ 邮件自动分拣、包裹分拣识别；

➤ 印制板质量、缺陷的检查及运动车、船的视觉反馈控制；

➤ 密封元器件内部质量检查；

➤ 交通管制、机场监控；

➤ 纺织物花型、图案设计；

➤ 标识、符号识别如超级市场算账、火车车皮识别；

➤ 支票、签名、文件识别及辨伪、分析。

3. 遥感航天中的应用

➤ 农业、海洋、渔业等方面自然灾害、环境污染的监测；

➤ 多光谱卫星图像分析；

➤ 地形、地质、矿藏勘探、国土普查；

➤ 天文、太空星体的探测及分析；

➤ 森林及水力资源探查、分类、防火及防洪；

➤ 交通、空中管理、铁路选线等；

➤ 气象、天气预报图的合成分析预报。

4. 军事、公安领域中的应用

➤ 巡航导弹地形识别及雷达地形侦察；

➤ 指纹自动识别及犯罪脸形的合成；

➤ 警戒系统及自动火炮控制；

➤ 手迹、人像、印章的鉴定识别；

➤ 遥控飞行器的引导及反伪装侦察；

➤ 集装箱的不开箱检查及过期档案文字的复原。

5. 其他应用

➤ 图像的远距离通信；

➤ 多媒体计算机系统及应用；

➤ 服装试穿显示；

➤ 办公自动化、现场视频管理。

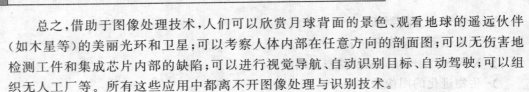

总之,借助于图像处理技术,人们可以欣赏月球背面的景色、观看地球的遥远伙伴(如木星等)的美丽光环和卫星;可以考察人体内部在任意方向的剖面图;可以无伤害地检测工件和集成芯片内部的缺陷;可以进行视觉导航、自动识别目标、自动驾驶;可以组织无人工厂等。所有这些应用中都离不开图像处理与识别技术。

1.4 MATLAB 概述

MATLAB 的名称源自 Matrix Laboratory,是由美国 MathWorks 公司推出的计算机软件,经过多年的逐步发展与不断充善,现已成为国际公认的最优秀的科学计算与数学应用软件之一。其内容涉及矩阵代数、微积分、应用数学、有限元分析、科学计算、信号与系统、神经网络、小波分析及其应用、数字图像处理、计算机图形学、电子线路、电机学、自动控制与通信技术、物理、力学和机械振动等方面。

1.4.1 MATLAB 的特点

MATLAB 之所以成为世界流行的科学计算与数学应用软件,是因为它语法结构简单,数值计算高效,图形功能完备,特别受到以完成数据处理与图形图像生成为主要目的科研人员的青睐,特点如下:

(1)高质量、强大的数值计算功能

为满足复杂科学计算任务的需要,MATLAB 汇集了大量常用的科学和工程计算算法,从各种函数到复杂运算,包括矩阵求逆、矩阵特征值、奇异值、工程计算函数以及快速傅立叶变换等。MATLAB 强大的数值计算功能是其优于其他数学应用软件的重要原因。

(2)数据分析和科学计算可视化功能

MATLAB 不但科学计算功能强大,而且在数值计算结果的分析和数据可视化方面也远远优于其他同类软件。在科学计算和工程应用中,经常需要分析大量的原始数据和数值计算结果,MATLAB 能将这些数据以图形的方式显示出来,使数据间的关系清晰明了。

(3)强大的符号计算功能

科学计算有数值计算与符号计算两种,在数学、应用科学和工程计算领域,常常会遇到符号计算问题,不仅有数值运算问题,还常常会遇到许多符号计算问题。

(4)强大的非线性动态系统建模和仿真功能

MATLAB 提供了一个模拟动态系统的交互式程序 Simulink,允许用户通过绘制框图来模拟一个系统,并动态地控制该系统。Simulink 能处理线形、非线性、连续、离散等多种系统,它包括应用程序扩展集 Simulink、Extensions 和 Blocksets。

(5)灵活的程序接口功能

应用程序接口(API)是一个允许用户编写的与 MATLAB 互相配合的 C 或 Fortran 程序的文件库。MATLAB 提供了方便的应用程序接口 API,用户可以在 MAT-

LAB 环境下直接调用已经编译过的 C 和 Fortran 子程序,在 MATLAB 和其他应用程序之间建立客户机/服务器关系。

1.4.2 MATLAB 的界面环境

安装 MATLAB 之后,安装程序会默认地在 Windows 桌面和开始菜单下创建桌面快捷方式。通过双击桌面 MATLAB 快捷方式或者执行开始菜单下的 MATLAB 图标,就可以启动 MATLAB 并显示其桌面工具环境。

默认启动的 MATLAB 桌面环境包括历史命令界面(Commad History)、命令行窗体(Command Window)、当前目录浏览器(Current Diretory Browser)、工作空间浏览器(Workspace Browser)这 4 个主要界面。用户可以通过 MATLAB 界面中 Desktop→Desktop Layout 菜单项的命令选择不同的 MATLAB 桌面环境样式。下面主要介绍一下这些常用的界面。

(1)Command Window 界面

Command Window 界面是 MATLAB 界面中的重要组成部分,利用这个界面可以和 MATLAB 进行交互操作,即输入数据或命令并进行相应的运算。单击界面标题栏中的 按钮可以单独打开 Command Window 界面,如图 1.4.1 所示。启动该界面后,第一行提示可选择 MATLAB Help 获得帮助。下面是在界面中进行的一些基本运算。

(2)Launch Pad 界面

用户可以在 Launch Pad 界面中启动某个工具箱的应用程序,单击 Launch Pad 界面中的 按扭后该界面就最大化,如图 1.4.2 所示。通过 Launch Pad 界面可以打开各个工具箱的帮助、Demos(演示)和其他相关的文件或应用程序,这是一个非常好的工具。通过它,用户可以很方便地从事自己的工作,比如要启动 Image Process Toolbox(图像处理工具箱)的 Demos,双击该项即可。

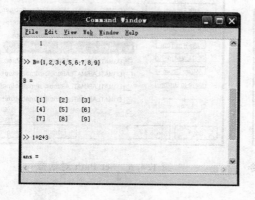

图 1.4.1　Command Window 界面

图 1.4.2　Launch Pad 界面

(3)Workspace 界面

旧版本的 Workspace 是一个对话框,可操作性差,6.0 版后的 workspace 作为一个独立的窗口,如图 1.4.3 所示。单击 Workspace 窗口的 按钮后,工作空间就最大化。

　　(4)Command History 界面

　　Command History 界面主要显示已执行过的命令。MATLAB 每次启动时 Command History 界面会自动记录启动的时间,并将 Command Window 界面中执行的命令记录下来,一方面便于查找,另一方面可以再次调用这些命令,如图 1.4.4 所示。双击 Command History 界面中的三维数组 B,该操作等效于在 Command Windows 界面中输入此命令,如图 1.4.5 所示。

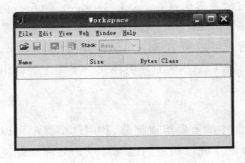

图 1.4.3　Workspace 窗口

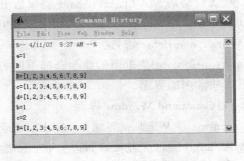

图 1.4.4　调用 Command History 窗口中的命令

　　(5)Current Directory 界面

　　Current Directory 界面主要显示的是当前在什么路径下进行工作,包括文件的保存等都是当前路径下实现的。用户也可以选择 File→Set path 菜单项设置当前路径,如图 1.4.6 所示。

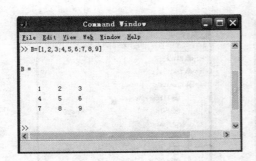

图 1.4.5　执行 Command History 窗口中的命令

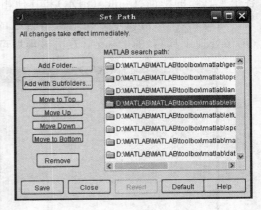

图 1.4.6　Set Path 对话框

1.4.3　M 文件的编辑调试环境

　　对于一些比较简单的计算,从指令窗口(Command Window)直接输入指令进行计算是很轻松简单的,但是随着计算的复杂或是重复计算的需求使得直接从指令窗口输入代码很不方便,此时应选用脚本文件。MATLAB 的程序文件和脚本文件通常保存为扩展名为.m 的文件,本书称之为 M 文件。编辑 M 文件也可以用其他的文本编辑器,要启动 MATLAB 的 M 文件编辑器和调试器,可以在 Command Window 窗口中输入 Edit 命令,也可以选择 File→New/M-file 菜单项,或者单击工具栏图标。M 文件的编辑器和调试器如图 1.4.7 所示。

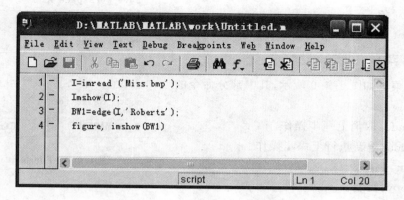

图 1.4.7　M 文件的编译器和调试器

MATLAB 中 M 文件主要分为 Script 文件与 function 文件两种,前者没有输入输出参数,是仅由一连串 MATLAB 程序组成的文件,方便执行运算操作,如图 1.4.7 所示输入,则保存后即为 Script 文件;后者 function 文件除了能达到 Script 文件的功能之外,增添了输入和输出参数。因此,要求 M 文件执行有输入/输出参数时,就须以 function 文件的方式来编写。

function 的 M 文件编写与 Script 文件做法是一样,不同之处在于 function 文件的内容中,第一行必须为以下格式:

function 输出参数=函数名称(输入参数)

例:function [A,B,C]=jointh(im1,im2),其中输出参数分别为 A、B、C,输入参数为 im1 和 im2,函数名为 jointh,在运行该程序时须提前保存,系统会提示以该函数名 jointh 进行保存。

同时,在 Command Window 直接输入该函数名称也可执行该函数运算。

1. File 菜单

File 菜单如图 1.4.8 所示,其各命令的意义如下:

➤ New:新建 M 文件、图形、Simulik 模块。

➤ Open:打开 M 文件。

➤ Close Launch Pad:关闭 Command Window 窗口。

➤ Import Data:从外部文件导入数据。

➤ Save Workspace As:将当前工作空间另存为其他文件。

➤ Set Path:设置 MATLAB 的搜索路径。

➢ Preference：设置 MATLAB 工作环境参数。

➢ Page Setup：页面设置。

➢ Print：打印输出。

➢ Print Selection：打印所选中的文本或其他对象。

➢ Exit MATLAB：退出 MATLAB 系统。

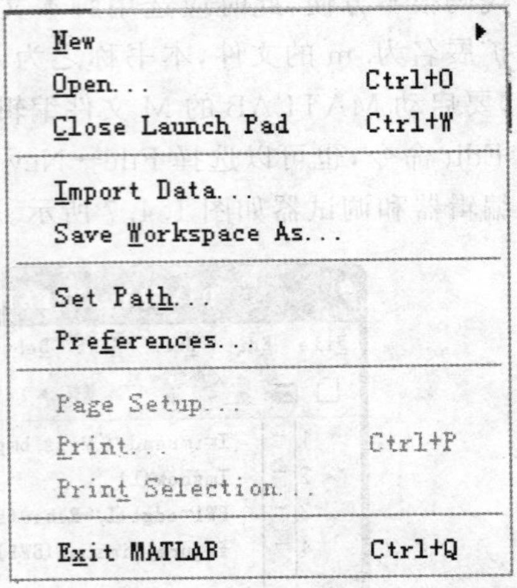

2. Edit 菜单

Edit 菜单如图 1.4.9 所示，其中部分命令的意义如下：

➢ Undo：取消上一步操作。

➢ Redo：重新执行上一步操作。

➢ Cut：删除。

➢ Copy：复制。

➢ Paste：粘贴。

➢ Paste Special：选择性粘贴。

➢ Select All：全部选取。

➢ Delete：删除对象。

➢ Find：查找。

➢ Clear Command Yindow：清除命令行窗口。

➢ Clear Command History：清除历史命令窗体。

➢ Clear Yorkspace：清除当前工作空间。

图 1.4.8　File 菜单

3. Text 菜单

Text 菜单中的命令选项如图 1.4.10 所示，各命令的意义如下：

➢ Evaluate Selection：计算所选部分表达式的值。

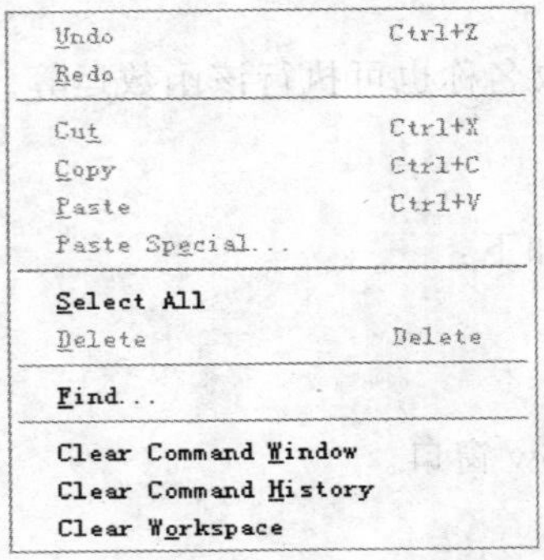

图 1.4.9　Edit 菜单 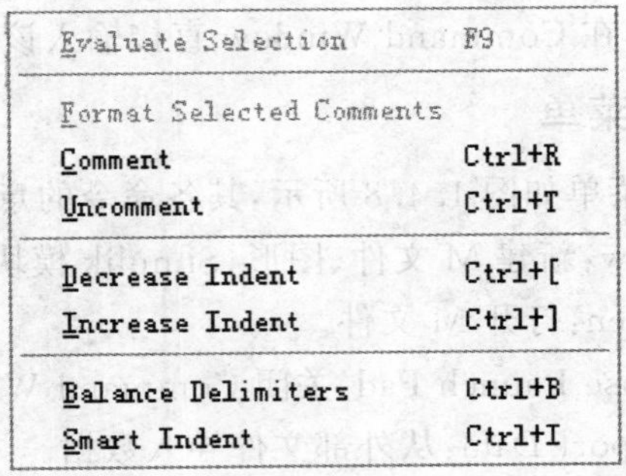　　　　**图 1.4.10　Text 菜单**

➤ Comment：注释程序行，选择该命令后，则鼠标指针所在的程序行无效。

➤ Increase Indent：增加文本的缩进。

➤ Uncomment：取消程序行注释，执行该命令后，则鼠标指针所在的程序行有效。

➤ Decrease Indent：减少文本的缩进。

➤ Balance Delimiters：平衡分界符。

➤ Smart Indent：智能缩进，即使用系统的设定对文本自动缩进处理。

4. Debug 菜单

Debug 菜单如图 1.4.11 所示，命令的意义如下：

➤ Step：继续调试过程。

➤ Step In：远行调试的程序遇到断点后，选择此项可以转入被调用的函数或程序，并可对其调试。

➤ Step Out：快速调试，选择此命令，可从设置断点函数中快速转出，继续调试。

➤ Run：运行程序。

➤ Go Until Cursor：执行到鼠标指针所在位置。

➤ Exit Debug Mode：退出程序调试模式。

5. Breakpoints 菜单

Breakpoints 菜单如图 1.4.12 所示，各命令的意义如下：

➤ Set/Clear Breakpoints：设置/清除断点。

➤ Clear All Breakpoints：清除所有断点。

➤ Stop If Error：发生错误时停止执行程序。

➤ Stop If Warning：出现警告时停止执行程序。

➤ Stop If NaN or Inf：遇到非数值或无穷大时停止执打程序。

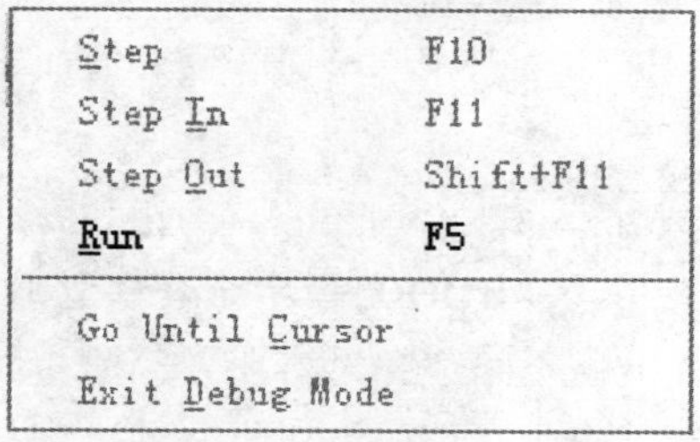

```
Step             F10
Step In          F11
Step Out         Shift+F11
Run              F5

Go Until Cursor
Exit Debug Mode
```

图 1.4.11　Debug 菜单

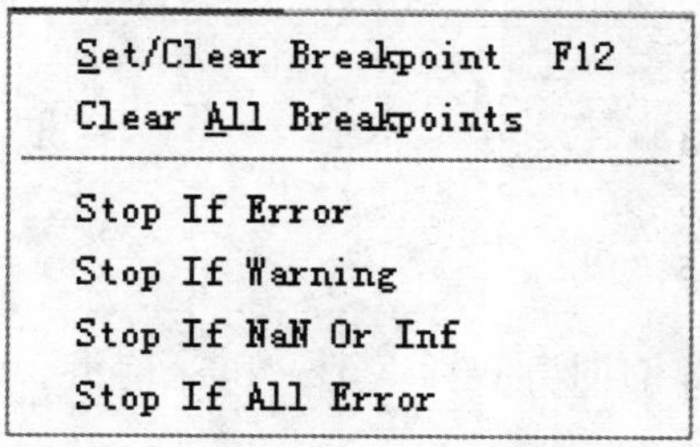

```
Set/Clear Breakpoint   F12
Clear All Breakpoints

Stop If Error
Stop If Warning
Stop If NaN Or Inf
Stop If All Error
```

图 1.4.12　Breakpoints 菜单

1.4.4　MATLAB 基本运算

MATLAB 具有强大的运算功能，尤其是数组和矩阵运算，熟练掌握这些运算是发挥 MATLAB 强大功能的基础。

1. 数组的创建

我们知道,在 MATLAB 中,任何变量都是以数组形式存在的。数组运算在包括图像运算的各种运算中是十分常见的。MATLAB 中,数组一般使用"[ ]"来创建,其中给出数组的所有元素,同行之间的元素用","号或者""隔开,行与行之间用";"隔开。下面就常见的数组给出其创建方式。

(1)空数组

空数组是一种特殊的数组,其中不含有任何元素,常用于数组的声明和清空,举例说明:

```
A = [];
```

则 A 为创建的一个空数组。

(2)一维数组

一维数组可以看作是一维行向量或者是一维列向量。创建一维行向量时,方括号之间的元素须用空格或者逗号隔开,不能出现分号;而创建一维列向量时,元素之间须要以分号分隔,或者是先创建一维行向量,使用转置运算符(')将其转换为列向量。举例说明:

```
A = [1 2 3 4 5 6];% 一维行向量
B = [1;2;3;4;5;6];% 一维列向量
C = A';% 一维列向量
```

经 MATLAB 运算,输出结果如下:

```
A =     1    2    3    4    5    6
B =
    1
    2
    3
    4
    5
    6
C =
    1
    2
    3
    4
    5
    6
```

经运行可以看出,B 和 C 数组为相同的列向量。

(3)二维数组

二维数组是一维数组的扩展,创建二维数组时,方括号内填写元素,行内元素之间

用逗号或者空格相隔,不同行之间可以用分号相隔,也可以换行书写。二维数组要保证列(行)元素之间元素数目相同,举例说明:

```
D=[1 2 3 4 5 6;6 5 4 3 2 1;5 6 7 8 9 10]
E=[1 2 3 4 5 6
   6 5 4 3 2 1
   5 6 7 8 9 10]
```

运行结果如下:

```
D =
    1    2    3    4    5    6
    6    5    4    3    2    1
    5    6    7    8    9    10
E =
    1    2    3    4    5    6
    6    5    4    3    2    1
    5    6    7    8    9    10
```

运行结果表明,两种不同的创建方式,结果相同,但编程习惯一般采用第一种方式。

2. 数组的运算

数组的运算包括数组之间的运算、点运算和 MATLAB 自带函数实现的特殊运算。

(1)数组之间的运算

数组之间的运算,包括加、减、乘、除、乘方等运算,说明数组的加、减运算为两数组对应位置元素相加减,故要求两数组具有相同的大小;乘运算则要求第一个数组的列数目等于第二个数组的行数目;数组相除是相乘的逆运算,要求该数组行列数相同;乘方运算要求两数组具有相同的行数和列数。

举例说明:

```
A=[1 2 3;3 4 5;6 7 8]
B=[7 8 9;3 6 9;2 4 8]
C=A+B
D=A-B
E=A*B
F1=A*inv(B)
F2=inv(A)*B
```

运行结果如下:

```
A =
    1    2    3
    3    4    5
    6    7    8
B =
```

```
        7        8       9
        3        6       9
        2        4       8
C =
        8       10      12
        6       10      14
        8       11      16
D =
      - 6      - 6     - 6
        0      - 2     - 4
        4        3       0
E =
       19       32      51
       43       68     103
       79      122     181
F1 =
   0. 0000     0. 3333           0
   0. 3333     0. 2222           0
   0. 8333     0. 0556           0
F2 =
   1. 0e + 016  *
    - 0. 9007    - 0. 1801     0. 1801
      1. 8014      0. 3603   - 0. 3603
    - 0. 9007    - 0. 1801     0. 1801
```

其中,F1 和 F2 分别是数组除法运算,分为左除和右除两种。

(2)点运算

点运算可实现两个数组之间对应元素的乘、除运算,也可实现数组内所有元素的乘方运算。

举例说明:

```
A = [1 2 3;3 4 5;6 7 8]
B = [7 8 9;3 6 9;2 4 8]
K = A. * B
M1 = A. /B
M2 = A. \B
N = A. * 3
  K =
        7       16      27
        9       24      45
       12       28      64
  M1 =
   0. 1429     0. 2500     0. 3333
```

```
       1.0000      0.6667      0.5556
       3.0000      1.7500      1.0000
M2 =
       7.0000      4.0000      3.0000
       1.0000      1.5000      1.8000
       0.3333      0.5714      1.0000
N =
       3        6        9
       9       12       15
      18       21       24
```

（3）MATLAB 工具箱带有许多内置数组运算函数

如 sqrtm、expm 和 logm 等，读者可自行验证。

3. 矩阵及其运算

在 MATLAB 中，所有的计算都是以矩阵为单元进行运算的，下面简单介绍一下矩阵的创建和运算。

（1）矩阵的创建

矩阵的创建同数组相似，方括号内存放矩阵元素，行与行之间用分号隔开，元素之间可以用空格或者逗号相隔。在数学里，大家对矩阵有了一定的基础，方阵、单位阵、矩阵的转置、对角阵等的概念，这里就不再对其介绍。下面简单介绍一下最基本的矩阵创建方法，举例说明：

A=[1 2 3;3 4 5;6 7 8]

以上创建了一个 3×3 的矩阵 A，运行结果：

```
A =
     1     2     3
     3     4     5
     6     7     8
```

如若想添加一行元素，运行语句 B=[A;7,8,9]：

```
B =
     1     2     3
     3     4     5
     6     7     8
     7     8     9
```

MATLAB 包含了若干函数可以用来生成某些矩阵。函数 zeros：产生元素全为 0 的矩阵；函数 ones：产生元素全为 1 的矩阵；函数 eye：产生单位矩阵；函数 rand：产生均匀分布的随机数矩阵，数值范围（0～1）；函数 randn：产生均值为 0，方差为 1 的正态分布随机数矩阵；函数 diag：获取矩阵的对角元素，也可生成对角矩阵；函数 tril：产生下三角矩阵；函数 triu：产生上三角矩阵；函数 pascal：产生帕斯卡矩阵；函数 magic：产生幻方阵。

部分举例说明：

```
>> A = ones(3,3)
A =
    1    1    1
    1    1    1
    1    1    1
>> A = eye(3)
A =
    1    0    0
    0    1    0
    0    0    1
>> A = pascal(3)
A =
    1    1    1
    1    2    3
    1    3    6
```

(2)矩阵运算

矩阵之间的运算包括加、减、乘、幂、左除、右除、转置等运算，其中进行加、减运算的两个矩阵尺寸大小应一致；矩阵相乘时，第一个矩阵的行数应等于第二个矩阵的列数；矩阵相除时，两个矩阵维数必须相等。

举例说明：

```
A = [1 2 3;4 5 6;7 8 9];
B = [2 4 6;8 1 3;5 7 9];
C = A + B
D = A - B
E = A * B
F = A ^ 3
K1 = A / B
K2 = A \ B
H = A'
```

运算结果如下：

```
C =
     3     6     9
    12     6     9
    12    15    18
D =
    -1    -2    -3
    -4     4     3
     2     1     0
```

```
E =
     33    27    39
     78    63    93
    123    99   147
F =
        468        576        684
       1062       1305       1548
       1656       2034       2412
K1 =
     0.5000        0         0
    -0.5000        0    1.0000
    -1.5000        0    2.0000
K2 =
    1.0e + 016  *
     4.0532   -4.0532   -4.0532
    -8.1065    8.1065    8.1065
     4.0532   -4.0532   -4.0532
H =
     1     4     7
     2     5     8
     3     6     9
```

　　MATLAB 中矩阵的基本运算随处可见,常见的还有行列式(函数 det)、对数运算(函数 logm)、矩阵求逆(函数 inv)和矩阵求秩运算(函数 rank)等,读者可自己使用验证。

　　MATLAB 也提供了能够处理逻辑类型数据的逻辑运算,运算符包括 &&:逻辑与,仅能处理标量;||:逻辑或,仅能处理标量;&:元素与操作;|:元素或操作;～:逻辑非操作;xor:逻辑异或;any:当向量中的元素有非零元素时,返回真;all:当向量中的元素都是非零元素时,返回真。

　　部分举例说明:

```
>> A = [1 2 3;4 5 6;7 8 9];
>> B = [1 3 5;0 2 4;8 0 6];
>> C = A & B
>> D = ~B
>> E = A | B
>> F =   xor(A,B)
```

运算结果如下:

```
C =
     1     1     1
     0     1     1
     1     0     1
```

```
D =
     0    0    0
     1    0    0
     0    1    0


E =
     1    1    1
     1    1    1
     1    1    1


F =
     0    0    0
     1    0    0
     0    1    0
```

当运行指令 all(B)时,返回针对矩阵中每一列处理后的结果,每列中元素均为非零值时返回逻辑真。

```
>> all(B)
ans =
     0    0    1
```

MATLAB 中关系运算符是用来判断操作数两者关系的运算,主要有 6 种,分别为:= =:等于;~ =:不等于;<:小于;>:大于;<=:小于等于;>=:大于等于。运算测操作数可以是常量或者变量,运算的结果是逻辑类型数据。如果比较的是两个数组,则数组维数必须相同;若比较标量和矩阵或者数组,则会自动扩展标量,返回的结果是和数组同维的逻辑类型数组。

部分举例说明:

```
>> A = [1 2 3;4 5 6;7 8 9];
>> B = [1 3 5;0 2 4;8 0 6];
>> C0 = A = = B
>> C1 = A > = B
```

运行结果如下:

```
C0 =
     1    0    0
     0    0    0
     0    0    0
C1 =
     1    0    0
     1    1    0
     0    1    1
```

在 MATLAB 中,有很多函数可以用来进行基本的数学运算,主要包括三角函数:正弦函数 sin,双曲正弦函数 sinh,反正弦函数 asin,反双曲正弦函数 asinh,余弦函数 cos,双曲余弦函数 cosh,反余弦桉树 acos,反双曲余弦函数 acosh,正切函数 tan,双曲正切函数 tanh,反正切函数 atan,正割函数 sec,余割函数 csc,余切函数 cot 等;指数运算函数:指数函数 exp,自然对数函数 log,常用对数函数 log10,以 2 为底的对数函数 log2,2 的幂指数 pow2,平方根函数 sqrt 等;复数运算函数:求复数的模(若参数为实数,则求绝对值)abs,求复数的相角 angle,求复数的共轭复数 conj,求复数的虚部 image,求复数的实部 real 等;圆整和求余函数:向 0 取整的函数 fix,向负无穷取整的函数 floor,向正无穷取整的函数 ceil,向最近的整数取整的函数 round,求模函数 mod,求余数 rem,符号函数 sign。这些函数的参数可以是矩阵,也可以是向量或者多维数组。

部分举例说明:

```
>> a = 20;
>> A = sin(a)
>> B = cos(a)
>> C = tan(a)
```

运行结果如下:

```
A =
    0.9129
B =
    0.4081
C =
    2.2372
>> b = 3;
>> A = exp(b)
>> B = log(b)
>> C = sqrt(b)
```

运行结果如下:

```
A =
  20.0855
B =
    1.0986
C =
    1.7321
>> c = 2 + 3j;
>> A = abs(c)
>> B = angle(c)
>> C = real(c)
```

运行结果如下:

```
A =
    3.6056
B =
    0.9828
C =
    2
>> d = 2.3;
>> A = fix(d);
>> B = floor(d)
>> C = round(d)
```

运行结果如下：

```
A =
    2
B =
    2
C =
    2
```

1.4.5　函数及调用

MATLAB 中函数类型有 M 文件主函数、嵌套函数、子函数、匿名函数、私有函数等。

(1)M 文件主函数

在 M 文件中编写函数是十分方便的，一个 M 文件只能有一个主函数，一般会把第一行定义的函数作为 M 文件的主函数，好的编程习惯一般将 M 文件名主函数名设为 M 文件名。

M 文件虽只有一个主函数，但可以有许多子函数，也可以内部嵌套函数，共同实现特定的功能。M 文件主函数一般格式如下：

```
function A = B(X,Y)或者 function ImgAdd()
```

(2)嵌套函数

一个函数内部可以有一个或者多个函数，在一个函数内部定义的函数称为嵌套函数。顾名思义，嵌套可以多层发生。

嵌套函数格式如下：

```
function Img1 = ImgAdd(a,b)
  ...
  function Img2 = ImgSub(a,b)
    ...
end
...
```

end

在函数执行过程中,先执行 ImgAdd(a,b)数体内语句,直到遇到 ImgSub(a,b)则跳转至其函数体并执行;遇到函数 end 则跳出函数 ImgSub(a,b),接着执行 ImgAdd(a,b)函数体部分,直至结束。期间允许函数的再次嵌套。

(3)子函数

编写在主函数内部的函数称为子函数,所有的子函数都有自己的结构,除无须提前声明外,用法等同于 C 语言。

(4)匿名函数

匿名函数是面向命令行代码的函数,可以接受多个输入和输出参数,可以在命令窗口或者是 M 文件中调用匿名函数。

标准格式如下所示:

```
Fhandle = @(arglist)expr
```

例如,定义一个函数如下:

```
handle1 = @(x)(2 * x)
```

表示创建了一个匿名函数,一个输入参数 x。该函数实现的功能为 2 * x,函数句柄放在了变量"handle1"中,以后类似的计算可以通过使用"handle1(a)"来计算当"x=a"时的函数值。

1.5　MATLAB 图像处理基本操作

1.5.1　MATLAB 图像处理工具箱

MATLAB 对图像的处理功能集中体现在它的图像处理工具箱(Image Processing Toolbox)中。MATLAB 图像处理工具箱由一系列支持图像处理操作的函数组成,提供了一套全方位的参照标准算法和图形工具,主要包含 Image Acquisition Toolbox、Image Processing Toolbox、Signal Processing Toolbox、Wavelet Toolbox、Statistics Toolbox、Bioinformatics Toolbox、MATLAB Compiler 和 MATLAB COM builder,用于进行图像处理、分析、可视化和算法开发,可进行图像增强、图像分割、图像变换、形态学处理、图像线性滤波和几何变换等图像处理操作。该工具箱中许多功能支持多线程,可发挥多核和多处理器计算机的性能。

比如说 MATLAB 工具箱中的 Image Processing Toolbox 提供了大量的用于图像处理的函数,如调节对比度函数 imadjust、二值化函数 im2bw、开运算 imopen 和闭运算 imclose 等。利用这些函数可以分析图像的数据、获取图像的细节信息,并可以根据需求设计算法进行针对性处理。故开发人员可以在熟悉这些常用的图像处理函数的基础上,在开发过程中直接调用相应函数即可。

1.5.2　图像处理读/写技术

若对图像进行处理,必要步骤是图像的读取,只有将图像转化为相应矩阵,才能对其进行各种处理。MATLAB 含有丰富的图像处理函数,包括图像的读取和保存,相应的函数分别为 imread 和 imwrite。

(1)imread

功能:图像文件的读取。

格式:A＝imread(filename,fmt)

将文件名为 filename、扩展名为 fmt 的图像文件读取到矩阵 A 中。MATLAB 支持的图像格式有 bmp、jpg 或 jpeg、tif 或 tiff、gif、pcx、png、xwd。

(2)imwrite

功能:图像文件的写入(保存),把图像写入图形文件中。

格式:imwrite(A,filename,fmt);A,filename,fmt 意义同上所述。

1.5.3　图像显示技术及应用

MATLAB 图像处理工具箱包含了显示图像的函数,可以显示单幅或多帧图像,具体函数和用法如下。

(1)imshow

功能:显示图像。

格式:imshow(I,n);imshow(I,[low high]);imshow(BW)％显示灰度、黑白等图像

imshow(X,map)　％显示索引色图像;imshow(RGB)　％显示真彩色图像

【例 1.5.1】　单幅图像的显示。

```
i3 = imread('pout.tif');
subplot(121),imshow(i3),title('灰度图像')
i4 = imread('fabric.png');
subplot(122),imshow(i4),title('真彩色图像')
```

效果如图 1.5.1 所示。

(2)montage

功能:同时显示多帧图像中所有帧。

格式:montage(I)

【例 1.5.2】　多帧图像的显示。

```
mri = uint8(zeros(128,128,1,27));
for frame = 1:27
[mri(:,:,:,frame),map] = imread('mri.tif',frame);
　% 把每一帧读入内存中
end
montage(mri,map);
```

(a) 灰度图像

(b) 真彩色图像

图 1.5.1　单幅图像的显示

效果如图 1.5.2 所示。

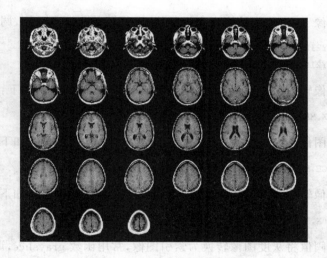

图 1.5.2　多帧图像的显示

1.5.4　图像类型及其转换应用

常见的图像间类型可以相互转换,常见的有:

①真彩图像转换为灰度图像,索引图像颜色映射表转换为灰度颜色映射表。常用的函数名称为 rgb2gray,调用格式如下:

```
I = RGB2GRAY(RGB);
NEWMAP = RGB2GRAY(MAP);
```

彩色电视机系统中常用 YUV 色彩空间,其中 Y 为亮度信号,可以通过转换亮度信号达到将彩色图像转换为灰度图像。不同的色彩空间是可以相互转换的,如从 RGB 到 YUV 空间 Y 的转换公式为:Y=0.299×R+0.587×G+0.114×B。这样可以将 RGB

图像映射到 YUV 空间,完成彩色图像到灰度图像的处理。

在计算机中使用最多的是 RGB 彩色空间,该函数是以 R、G、B 为轴建立空间直角坐标系,则 RGB 图的每个像素的颜色就可以用该三维空间中的一个点来表示,而灰度图 GRAY 图的每个像素的颜色可以用直线 R=G=B 上的一个点来表示,于是 RGB 转化为 GRAY 图的本质就是寻找一个三维空间到一维空间的映射,即过 RGB 空间的一个点向直线 R=G=B 做垂线。函数 RGB2GRAY 实现方法为 $GRAY = 0.299 \times R + 0.587 \times G + 0.114 \times B$。灰度可以说是亮度的量化值,而 RGB 的定义是客观的 3 个波长值,转换时需要考虑人眼对不同波长的灵敏度曲线,所以系数不相等。

②设置阈值将灰度图像、索引图像、真彩色图像转换成二值图像,常用函数为 im2bw,调用格式如下:

```
BW = IM2BW(I,LEVEL);
BW = IM2BW(X,MAP,LEVEL);
BW = IM2BW(RGB,LEVEL);
```

③将灰度图像、二值图像转换为索引图像,常用函数为 gray2ind,调用格式如下:

```
[X,MAP] = GRAY2IND(I,N);
[X,MAP] = GRAY2IND(BW,N);
```

④将索引图像转换为灰度图像,常用函数 ind2gray,调用格式如下:

```
I = IND2GRAY(X,MAP);
```

⑤将真彩色图像转换为索引图像,常用函数 rgb2ind,调用格式如下:

```
X = RGB2IND(RGB,MAP);
```

⑥将索引图像转化为真彩色图像,常用函数 ind2rgb,调用格式如下:

```
RGB = IND2RGB(X,MAP)
```

⑦通过设定阈值将灰度图像转换为索引图像,常用函数 grayslice,调用格式如下:

```
X = GRAYSLICE(I,N);
X = GRAYSLICE(I,V)
```

【例 1.5.3】 不同类型图像之间的相互转换。

```
load trees % 装载图像
I5 = ind2gray(X,map); % 将索引图像转换为灰度图像
imshow(X,map)
figure,imshow(I5);

load trees % 装载图像
BW6 = im2bw(X,map,0.4); % 将索引色图像进行阈值为 0.4 的二值化处理
imshow(X,map)
figure,imshow(BW6)
I8 = imread('snowflakes.png'); % 读入图像
```

```
X8 = grayslice(I8,16);%将灰度图像转换为索引色图像
imshow(I8)
figure,imshow(X8,jet(16))
```

效果如图 1.5.3 所示。

(a) 索引色图像　　　　(b) 转换成的灰度图像

(c) 索引色图像　　　　(d) 转换成的二值图像

(e) 灰度图像　　　　(f) 转换成的索引色图像

图 1.5.3　图像类型转换

1.5.5　图像的代数运算及应用

1. imadd

功能:图像相加。图像是矩阵,图像与图像相加意味着矩阵的相加,两个矩阵对应元素相加,原理与前面所述矩阵相加相同,故图像大小和类型必须保持一致。图像与常数相加,视为图像矩阵每个元素与该常数求和。相加之和(255 为截断阈值)作为返回值,易知,结果图像大小和类型与其保持一致。

格式:K=imadd(I,J);

其中,I,J是读入的两幅图像,二者中也可有一个是常数,K 为相加之和。

【例 1.5.4】　图像相加。

```
Ibackground = imread('pears.png');%读入第一幅图像
Ibackground = imresize(Ibackground,[200,200]);%调整图像尺寸 subplot(221),imshow
                                               %(Ibackground);
title('图 1');
J = imread('peppers.png');%读入第二幅图像
J = imresize(J,[200,200]);%调整图像尺寸大小,使得两幅图像尺寸保持一致
subplot(222),imshow(J);
```

```
title('图 2');
K1 = imadd(Ibackground,J); % 图像相加
subplot(223),imshow(K1);
title('图像与图像相加');
K2 = imadd(J,100); % 图像与常数相加
subplot(224),imshow(K2);
title('图像与常数相加');
```

程序中的 imresize 函数可将图像调整为指定的大小,语法格式为 A=imresize(B,[m,n]),将图像 B 调整为指定大小[m,n],A 为输出图像。subplot 函数可实现将多个图画到一个平面上的工具。其中 m 表示是图排成 m 行,n 表示图排成 n 列,也就是整个 figure 中有 m 个图是排成一列的,一共 m 行,如果 m=2 就是表示 2 行图。程序运行结果如图 1.5.4 所示。

(a) 图1

(b) 图2

(c) 图像与图像相加

(d) 图像与常数相加

图 1.5.4　图像加运算

从图 1.5.4 中可以看出,图 1.5.4(a)与图 1.5.4(b)相加后,整体亮度变大,叠加效果较为明显,而图像与常数相加相当于在原始图像中的每个像素上增加了常数个像素值。

2. imsubtract

功能:图像相减。与图像相加原理一样,图像相减即为大小和类型一致的两幅图像对应位置像素作差;图像与常数相减,即为图像矩阵每个元素与该常数作差,若差值小于 0,则该位置像素默认为为 0。

格式:K=imsubtract(I,J);

说明:该函数在进行图像与常数相减运算时,第二个参数为常数。

【例 1.5.5】　图像相减运算。

```
Ibackground = imread('pears.png');% 读入第一幅图像
Ibackground = imresize(Ibackground,[200,200]);调整图像尺寸?
subplot(221),imshow(Ibackground);
title('图 1');
J = imread('peppers.png');% 读入第二幅图像
J = imresize(J,[200,200]);% 调整图像尺寸,以保持大小一致?
subplot(222),imshow(J);
title('图 2');
K1 = imsubtract(Ibackground,J);% 图像与图像相减
subplot(223),imshow(K1);
title('图像与图像相减');
K2 = imsubtract(J,100);% 图像与常数相减
subplot(224),imshow(K2);
title('图像与常数相减');
```

程度运行结果如图 1.5.5 所示。

(a) 图1   (b) 图2

(c) 图像与图像相减   (d) 图像与常数相减

图 1.5.5   图像减运算

从图 1.5.5 中可以看出,图 1.5.5(a)与图 1.5.5(b)相减后,整体亮度变小,相减效果较为明显,而图像与常数相减相当于在原始图像中每个像素上减少了常数个像素值,故图像整体变暗。

3. immultiply

功能:图像相乘。原理同矩阵相加,相同大小的图像矩阵中对应元素乘积作为新的像素值。

格式：A＝immultiply(B,C)；

【例 1.5.6】 图像乘运算。

```
Img1 = imread('saturn.png');
Img1 = rgb2gray(Img1);%彩图灰度化
subplot(221),imshow(Img1);
title('图 1');
[m,n] = size(Img1);%获得图像大小尺寸
Img2 = imread('rice.png');
subplot(222),imshow(Img2);
title('图 2');
Img2 = imresize(Img2,[m,n]);%改变大小与图 1 保持一致
Img_multiply1 = immultiply(Img1,Img2);
subplot(223),imshow(Img_multiply1);
title('图像与图像相乘');
Img_multiply2 = immultiply(Img1,2);
subplot(224),imshow(Img_multiply2);
title('图像与常数相乘');
```

程序运行结果如 1.5.6 所示。

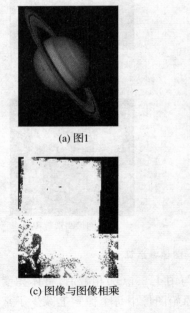

(a) 图1　　　　　　　　　(b) 图2

(c) 图像与图像相乘

(d) 图像与常数相乘

图 1.5.6　图像乘运算

　　图 1.5.6(a)是彩色图像,根据乘运算规则,须将其进行灰度化,然后才能与图 1.5.6(b)相乘。图 1.5.6(a)和图 1.5.6(b)中灰度值较高的区域相乘后像素明显得到了提升,因图 1.5.6(a)中周边部分区域像素值较低,故乘积后像素值依然很小,结果呈现黑色。

4. imdivide

功能:图像相除。顾名思义,图像相除是指两幅图像矩阵对应元素相除,商值作为结果图像相应位置元素的值。

【例 1.5.7】　图像除运算。

```
Img1 = imread('rice.png');
subplot(221),imshow(Img1);
title('图 1');
[m,n] = size(Img1);
Img2 = imread('moon.tif');
subplot(222),imshow(Img2);
title('图 2');
Img2 = imresize(Img2,[m,n]);
Img_multiply1 = imdivide(Img1,Img2);
subplot(223),imshow(Img_multiply1);
title('图像与图像相除');
Img_multiply2 = imdivide(Img1,2);
subplot(224),imshow(Img_multiply2);
title('图像与常数相除');
```

程序运行结果如图 1.5.7 所示。图像相除原理同图像相乘。因图(b)月亮区域像素值较大,故相除后灰度值较低。

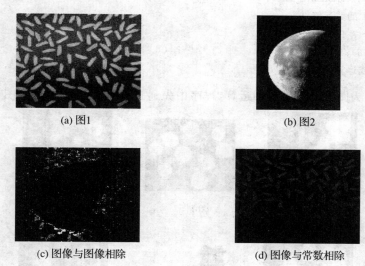

(a) 图1　　　　　　　　　　　(b) 图2

(c) 图像与图像相除　　　　　　　(d) 图像与常数相除

图 1.5.7　图像除运算

1.5.6　图像的逻辑运算及应用

图像的逻辑运算即为图像矩阵之间的逻辑运算,包含了图像之间的逻辑与(&)、逻

辑或(|)、逻辑非(~)、逻辑异或(xor)等操作。图像的逻辑运算是针对二值图像进行的,因为只有二值图像的像素才具有逻辑 0 和 1。详细过程可参见 1.4.4 小节的矩阵的逻辑运算。注意,进行图像逻辑运算的两幅图像,必须具有相同的大小。

【例 1.5.8】 图像的逻辑运算。

```
A = imread('circles. png');
subplot(231);imshow(A);
title('图 1');
[m,n] = size(A);
B = imread('coins. png');
B1 = im2bw(B);
subplot(232);imshow(B1);
title('图 2');
B1 = imresize(B1,[m,n]);
C_And = A & B1;
subplot(233);imshow(C_And);
title('与运算');
C_Or = A | B1;
subplot(234);imshow(C_Or);
title('或运算');
C_Not = ~ A;
subplot(235);imshow(C_Not);
title('图 1 的非运算');
C_Xor = xor(A,B1);
subplot(236);imshow(C_Xor);
title('异或运算');
```

图 1.5.8 为图像的逻辑各种运算,程序中先通过处理使得所处理的图像具有相同

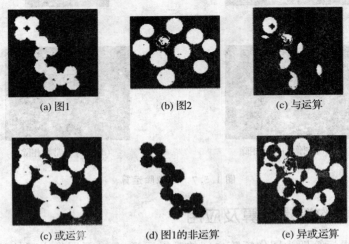

(a) 图1　　　　(b) 图2　　　　(c) 与运算

(c) 或运算　　　　(d) 图1的非运算　　　　(e) 异或运算

图 1.5.8　图像的逻辑运算

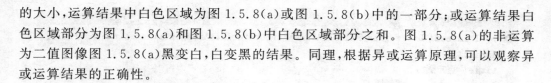

的大小,运算结果中白色区域为图 1.5.8(a)或图 1.5.8(b)中的一部分;或运算结果白色区域部分为图 1.5.8(a)和图 1.5.8(b)中白色区域部分之和。图 1.5.8(a)的非运算为二值图像图 1.5.8(a)黑变白,白变黑的结果。同理,根据异或运算原理,可以观察异或运算结果的正确性。

1.6 MATLAB 图像处理操作流程

1. MATLAB 的打开

运行安装完成的 MATLAB 程序,若在桌面上建立了 MATLAB 的快捷方式,则单击桌面 MATLAB 图标即可启动 MATLAB,其 Command Window 界面如图 1.6.1 所示。

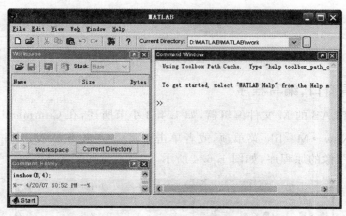

图 1.6.1 MATLAB 的 Command Window 窗口

2. 图像输入到计算机

MATLAB 中提供了许多经典的灰度和彩色图像,这些图片多用在教材中作为范例图像进行处理,以本文使用版本 R2010b 为例,这些图像保存在该软件安装目录的 MATLAB\R2010b\toolbox\images\imdemos 文件夹下。同时,用户如果要处理非自带图片,须将要处理的图像通过数码相机、U 盘等输入设备输入到计算机中,并确定图像在计算机中存放的位置,例如,图像存在 D:\MATLAB\MATLAB\WORK 中。

更改图 1.6.1 所示的 Current Directory 目录,将要处理的图像所在目录设为当前目录,如 D:\MATLAB\MATLAB\WORK,如图 1.6.1 所示。

用户有两种方法可以读取该位置图片从而对其进行操作。第一种就是在 Command Window 或是 M 文件编辑器中直接读取的方法,如图 1.6.2 和图 1.6.3 所示。该方法只需要把要处理图像的位置放进 imread 函数中即可读取并处理。不同之处在于图 1.6.2 在输入完程序后只须按 Enter 键即可运行程序,而图 1.6.3 需要先保存再单击执行。第二种即为把图像所在位置设为当前工作路径,这时使用 imread 函数读取时系统会默认地读取该位置下的同名图像文件。

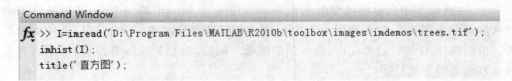

图 1.6.2 在 Command Windows 中直接读取

图 1.6.3 在从文件编辑器中读取

3. 打开编辑窗口,编写程序

启动 MATLAB 的 M 文件编辑器,如 1.4.3 小节所述,在 Command Window 窗口中选择 File→New→M-file 菜单项,或者单击工具栏 来建立.M 文件。在编辑窗口中输入要处理图像的原程序,如图 1.6.4 所示。

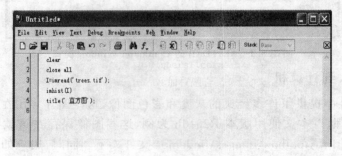

图 1.6.4 编辑程序

4. 保存并运行

选择 Debug→Save and Run F5 菜单项或者单击工具栏 ,即可运行程序并同时保存该程序,程序运行结果如图 1.6.5 所示。

5. 保存运行结果

若想将运行结果保存成图片的格式,在程序中加入图像 I/O 文件中的图像,写入图形文件中的函数,即 imwrite(A,filename,fmt)。若想让图像 I 保存在 D 盘 TAB 文件夹中,文件名为 123,文件格式为 BMP,则可采用 imwrite(I,'D:\TAB\123.BMP')

语句。同时,也可以采用菜单保存的方法,选择 File→save As 菜单项,然后按照提示选择合适的保存路径即可。若保存到桌面,结果如图 1.6.6 和图 1.6.7 所示。

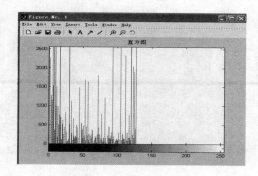

图 1.6.5　程序运行结果

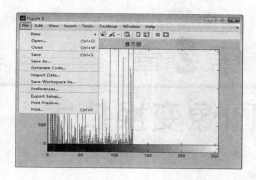

图 1.6.6　选择 File→save As 菜单

图 1.6.7　文件保存到桌面

第**2**章

图像变换技术

图像变换就是为达到图像处理的某种目的而使用的一种数学技巧,图像经过变换后处理起来较变换前更加简单和方便。图像变换主要指频域变换和几何变换。图像频域变换可以减少图像数据的相关性、获取图像的整体特点,有利于用较少的数据量表示原始图像,这对图像的分析、存储以及图像的传输都是非常有意义的。图像几何变换是指用数学建模的方法来描述图像位置、大小、形状等变化的方法。

本章在介绍离散傅立叶变换、离散余弦变换和几何变换的基础上,重点讲述如何利用 MATLAB 语言实现离散傅立叶变换、离散余弦变换、位置变换、形状变换和复合变换。

2.1 离散傅立叶变换

2.1.1 二维离散傅立叶变换

图像 $f(x,y)$ 大小为 $M \times N$,若 $f(x,y)$ 为实变量,并且 $F(u,v)$ 可积,存在以下傅立叶变换,其中,u,v 为频率变量:

$$F[f(x,y)] = F(u,v) = \frac{1}{MN} \sum_{x=0}^{M-1} \sum_{y=0}^{N-1} f(x,y) e^{-j2\pi(\frac{ux}{M}+\frac{vy}{N})} \qquad (2.1.1)$$

$$F^{-1}[F(u,v)] = f(x,y) = \sum_{u=0}^{M-1} \sum_{v=0}^{N-1} F(u,v) e^{j2\pi(\frac{ux}{M}+\frac{vy}{N})} \qquad (2.1.2)$$

【例题 2.1.1】 计算 2×2 的数字图像$\{f(0,0)=3, f(0,1)=5, f(1,0)=4, f(1,1)=2\}$的傅立叶变换 $F(u,v)$。

根据式(2.1.1)得:

$$F(0,0) = \frac{1}{4}(3+5+4+2) = \frac{7}{2}$$

$$F(0,1) = \frac{1}{4}[3 + 5e^{-j\pi} + 4 + 2e^{-j\pi}] = 0$$

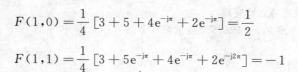

$$F(1,0)=\frac{1}{4}\left[3+5+4\mathrm{e}^{-\mathrm{j}\pi}+2\mathrm{e}^{-\mathrm{j}\pi}\right]=\frac{1}{2}$$

$$F(1,1)=\frac{1}{4}\left[3+5\mathrm{e}^{-\mathrm{j}\pi}+4\mathrm{e}^{-\mathrm{j}\pi}+2\mathrm{e}^{-\mathrm{j}2\pi}\right]=-1$$

2.1.2　二维离散傅立叶变换的平移和旋转性质及应用

二维离散傅立叶变换的性质在数字图像处理中是非常有用的,利用这些性质,一方面可以简化 DFT 的计算方法,另一方面,某些性质可以直接应用于图像处理中去解决某些实际问题。离散傅立叶变换常用的性质有线性性质、比例性质、可分离性、平移性、周期性和共轭对称性等,这里主要介绍其平移性质和旋转性质。

1. 平移性

频率位移:

$$f(x,y)\mathrm{e}^{\mathrm{j}2\pi\left(\frac{u_0 x}{M}+\frac{v_0 y}{N}\right)}\Leftrightarrow F(u-u_0,v-v_0) \tag{2.1.3}$$

这一性质表明,用 $\mathrm{e}^{\mathrm{j}2\pi\left(\frac{u_0 x}{M}+\frac{v_0 y}{N}\right)}$ 乘以 $f(x,y)$ 再求乘积的傅立叶变换,可以使空间频率域 uv 平面坐标系的原点从 $(0,0)$ 平移到 (u_0,v_0) 的位置。

在数字图像处理中,为了清楚地分析图像傅立叶谱的分布情况,经常需要把空间频率平面坐标系的原点移到 $(M/2,N/2)$ 的位置,即令 $u_0=M/2,v_0=N/2$,则

$$f(x,y)(-1)^{x+y}\Leftrightarrow F\left(u-\frac{M}{2},v-\frac{N}{2}\right) \tag{2.1.4}$$

上式表明:如果需要将图像频谱的原点从起始点 $(0,0)$ 移到图像的中心点 $(M/2,N/2)$,则只要 $f(x,y)$ 乘上 $(-1)^{x+y}$ 因子进行傅立叶变换即可实现。

在 MATLAB 中,使用 fftshift 函数可以实现平移,其功能是将变换后的图像频谱中心性矩阵原点移到矩阵中心。常用语法格式如下:

```
Y = fftshift(X)
Y = fftshift(X,dim)
```

函数 fftshift 用于调整 fft、fft2 和 fftn 的输出结果。对于向量,fftshift(X)将 X 的左右两半交换位置;而对于高维矢量,fftshift 将矩阵各维的两半进行互换。

【例 2.1.2】　将图 2.1.1(a)所示图像的频谱进行频率位移,移到窗口中央,用 MATLAB 编程实现,并显示出频率变换后的频谱图。

源代码如下:

```
clc;%清除工作区的程序
I = imread('lena.bmp');%读入图片
I = rgb2gray(I);%图片进行二值化处理
subplot(1,3,1);%建立 1×3 的图像显示第一个图
imshow(I);%读出图像
title('原始图象');%写标题
```

```
J = fft2(I);%快速傅立叶变换
subplot(1,3,2)%建立 1×3 的图像显示第二个图
imshow(J);
title('FFT 变换结果')
subplot(1,3,3)
K = fftshift(J);%频率变换
imshow(K);
title('零点平移');
```

图 2.1.1(b)所示为二维傅立叶变换的频谱图,图 2.1.1(c)所示为经过频率移位后的频谱图。

(a) 原始图像　　　　　　(b) FFT变换结果　　　　　(c) 零点平移

图 2.1.1　程序运行结果

2. 旋转性

令 $\begin{cases} x = r\cos\theta \\ y = r\sin\theta \end{cases}$, $\begin{cases} u = w\cos\varphi \\ v = w\sin\varphi \end{cases}$,则 $f(x,y)$ 和 $F(u,v)$ 分别变为 $f(r,\theta)$ 和 $F(w,\varphi)$。在极坐标系中,存在以下变换对:

$$f(r,\theta + \theta_0) \Leftrightarrow F(w,\varphi + \theta_0) \qquad (2.1.5)$$

式(2.1.5)表明,如果 $f(x,y)$ 在空间域中旋转 θ_0 角度,则相应的傅立叶变换 $F(u,v)$ 在频率域中旋转同样的角度,反之亦然。

【例 2.1.3】　傅立叶变换的旋转性。

```
f = zeros(30,30);
f(5:24,13:17) = 1;
F = fft2(f,256,256);
F2 = fftshift(F);
F3 = log(1 + abs(F2));
subplot(2,2,1);
imshow(f);
title('原图像');
subplot(2,2,2);
imshow(F3);
title('傅立叶频谱');
f1 = imrotate(f,90);
```

```
F1 = fft2(f1,256,256);
F21 = fftshift(F1);
F31 = log(1 + abs(F21));
subplot(2,2,3);
imshow(f1);
title('原图像旋转 45');
subplot(2,2,4);
imshow(F31);
title('傅立叶频谱');
```

该程序采用了对数变换,很好地将图像的频谱显示了出来,通过观察图 2.1.2 可以看出傅立叶变换具有旋转不变性。

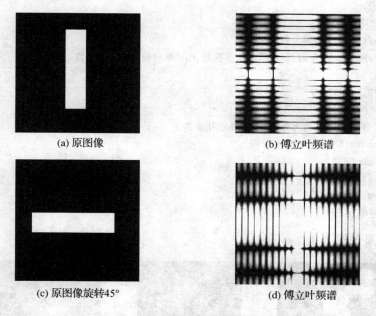

(a) 原图像　　　　　　　　　　(b) 傅立叶频谱

(c) 原图像旋转45°　　　　　　　(d) 傅立叶频谱

图 2.1.2　傅立叶变换的旋转性

2.1.3　快速傅立叶变换的 MATLAB 实现

对离散的数字图像进行傅立叶变换,计算量往往是很大的,为此,Cooley 和 Tukey 提出了一种逐次加倍法的快速傅立叶算法(Fast Fourier Transform,FFT),大大降低了其计算量,傅立叶变换才真正得到使用。

MATLAB 图像处理工具箱提供了 fft 函数、fft2 函数和 fftn 函数,分别用于一维 DFT、二维 DFT 和 N 维 DFT 的快速傅立叶变换。同理,ifft 函数、ifft2 函数和 ifftn 函数,分别用于一维 DFT、二维 DFT 和 N 维 DFT 的快速傅立叶逆变换。

图像的快速傅立叶变换一般使用 fft2 函数,用来计算二维快速傅立叶变换,具体用法如下:

```
Y = fft2(X);
```

返回图像 X 的二维快速傅立叶变换矩阵,输入图像 I 和输出图像 Y 大小相同。

```
Y = fft2(X,m,n);
```

通过对图像 X 的剪切或补零,按照用户指定的点数计算快速傅立叶变换矩阵,返回大小为 $M \times N$ 的矩阵 Y。因为 MATLAB 无法显示复数图像,故可使用 abs() 函数对变换后的结果求模,再显示观察。

【例 2.1.4】 快速傅立叶变换实例。

```
f = imread('circles.png');
subplot(131);
imshow(f);
title('原图');
F1 = fft2(f);%二维傅立叶变换
F2 = log(abs(F1));%对二维傅立叶变换结果取绝对值,然后取对数
subplot(132);
imshow(F2,[-1 5]);
title('变换1');
F3 = fft2(f,256,256);%矩阵二维傅立叶变换
F3 = fftshift(F3);%交换 F 象限
F4 = log(abs(F3));
subplot(133);
imshow(F4,[-1 5]);
title('变换2');
```

运行结果如图 2.1.3 所示。

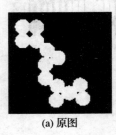  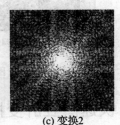

(a) 原图　　　　　　　　(b) 变换1　　　　　　　　(c) 变换2

图 2.1.3　快速傅立叶变换

2.1.4　快速傅立叶变换应用

快速傅立叶变换在滤波器频率响应、快速卷积和图像特征识别方面具有广泛的应用。

1. 滤波器频率响应

线性滤波器冲击响应的傅立叶变换就是该滤波器的频率响应。在 MATLAB 中,

freqz2 函数可以同时计算和显示滤波器的频率响应。函数调用方式如下：

$$[H,Fx,Fy] = freqz2(h,Nx,Ny)$$

其中，h 为二维空间滤波器，H 为返回的频域滤波器，返回滤波器的原点在矩阵中心处，返回值 Fx 和 Fy 取值范围为 $-1.0\sim1.0$。

【例 2.1.5】　高斯低通滤波器的频率响应。

```
h = fspecial('gaussian');
freqz2(h)
```

运行结果如图 2.1.4 所示。可以看出，该运行结果较好地体现了高斯函数的低通特性。

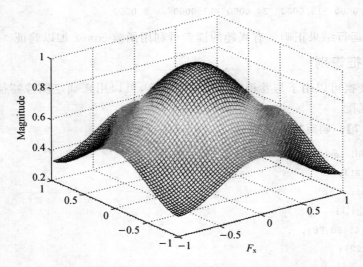

图 2.1.4　高斯低通滤波器的频率响应

2. 快速卷积

傅立叶的一个重要特性就是实现快速卷积。由线性系统理论可知，两个函数卷积的傅立叶变换等于这两个函数的傅立叶变换的乘积，由这个特性可以快速计算函数的卷积。

傅立叶变换函数 fft2 和傅立叶逆变换函数 ifft2 函数前面已做介绍。快速卷积计算方法如下：

假如 A 为 $M\times N$ 矩阵，B 为 $P\times Q$ 矩阵，对 A 和 B 补 0，使其大小均为 $(M+P-1)\times(N+Q-1)$，然后使用傅立叶变换和逆变换函数即可。

【例 2.1.6】　快速卷积。

```
A = [1 2 3;4 5 6;7 8 9];
B = ones(3);
A(8,8) = 0; % 补零
```

```
B(8,8) = 0;% 补零
C = ifft2(fft2(A). * fft2(B));
C = C(1 : 5,1 : 5);
C = real(C)
```

运行结果如下：

```
C =
    1.0000    3.0000    6.0000    5.0000    3.0000
    5.0000   12.0000   21.0000   16.0000    9.0000
   12.0000   27.0000   45.0000   33.0000   18.0000
   11.0000   24.0000   39.0000   28.0000   15.0000
    7.0000   15.0000   24.0000   17.0000    9.0000
```

经验证，运行结果正确。有兴趣的读者可利用函数 conv2 加以验证。

3. 图像特征识别

傅立叶变换可以用于与卷积密切相关的运算，可以用来确定图像特征的位置或者是用于模板匹配。

【例 2. 1. 7】 确定特征位置。

```
bw = imread('text. png');
subplot(221);
imshow(bw);
title('原图');
a = bw(32:45,88:98);
subplot(222);
imshow(a);
title('获取模板');
C = real(ifft2(fft2(bw). * fft2(rot90(a,2),256,256)));
subplot(223);
imshow(C,[]);
title('傅立叶变换');
c = max(C(:));
thresh = 0.9 * c;
subplot(224);
imshow(C > thresh);
title('模板位置');
```

如图 2.1.5 所示，读取图像后获得了图像中字母"a"，并利用其创建了模板。程序中将图像进行旋转，然后利用傅立叶变换方法计算两幅图像的相关程度。选择最大相关阈值为 0.9，显示字母"a"在旋转后图像中的位置，图中白点为模板位置。

(a) 原图　　　　(b) 获取模板　　　(c) 傅立叶变换　　　(d) 模板位置

图 2.1.5　确定图像位置

2.2　离散余弦变换及应用

　　MATLAB 图像处理工具箱提供了离散余弦变换函数和离散余弦变换逆函数,本节将重点介绍这部分内容。

2.2.1　离散二维余弦变换

　　设 $f(x,y)$ 为 $N \times N$ 的数字图像矩阵,则二维 DCT 变换对定义如下:

$$C(u,v) = a(u)a(v) \sum_{x=0}^{N-1} \sum_{y=0}^{N-1} f(x,y) \cos \frac{(2x+1)u\pi}{2N} \cos \frac{(2y+1)v\pi}{2N} \quad (2.2.1)$$

式中,$u,v = 0,1,2,\cdots,N-1$。

$$f(x,y) = \sum_{u=0}^{N-1} \sum_{v=0}^{N-1} a(u)a(v)C(u,v) \cos \frac{(2x+1)u\pi}{2N} \cos \frac{(2y+1)v\pi}{2N} \quad (2.2.2)$$

$$a(u) = \begin{cases} \sqrt{1/N} & u=0 \\ \sqrt{2/N} & 其他 \end{cases} \quad (2.2.3)$$

式中,$x,y = 0,1,2,\cdots,N-1$,$a(v)$ 同 $a(u)$ 的定义一致。

　　在 JPEG 图像压缩中常用到离散二维余弦变换函数 dct2,具体用法如下:

➤ B=dct2(A),返回值 B 是与 A 大小相同的二维离散余弦变换。

➤ B=dct2(A,m,n) 或 B=dct2(A,[m n]),在对图像 A 进行二维离散余弦变换之前,先将图像 A 补零至 m×n。如果 m 和 n 比图像的尺寸小,则在变换之前对图像进行剪切。

【例 2.2.1】　将图 2.2.1(a)所示图像进行离散余弦变换,显示变换结果。
MATLAB 源代码如下:

```
I1 = imread('lena.bmp');%读入图片
I1 = rgb2gray(I1);%图像二值化转换
subplot(1,2,1)
imshow(I1);
title('原始图像');
I2 = dct2(I1);%离散余弦变换
subplot(1,2,2);
imshow(log(abs(I2)),[]);%对数显示图像
```

```
title('离散余弦变换后');
```

其程序运行结果如图 2.2.1(b)所示。

(a)原始图像   (b) 离散余弦变换后

图 2.2.1 离散余弦变换示例

2.2.2 离散二维余弦逆变换

离散二维余弦逆变换是离散二维余弦的逆向变换,函数 idct2 常用于压缩图像的重构,调用格式如下:

➤ B＝idct2(A),返回值 B 是与 A 大小相同的二维离散余弦逆变换。

➤ B＝idct2(A,m,n)或 B＝idct2(A,[m n]),在对图像 A 进行二维离散余弦逆变换之前,先将图像 A 补零至 m×n。如果 m 和 n 比图像的尺寸小,则在变换之前对图像进行剪切。

【例 2.2.2】 二维离散余弦逆变换。

```
I1 = imread('pears.png');
I1 = rgb2gray(I1);% 灰度化
subplot(1,2,1)
imshow(I1);
title('原图');
I2 = dct2(I1);% 二维离散余弦变换
I2(abs(I2)< 10) = 0;
K = idct2(I2);
subplot(1,2,2);
imshow(K,[0 255]);
title('压缩重构图像');
```

运行结果如图 2.2.2 所示。

(a)原始图像   (b)压缩重构图像

图 2.2.2 二维离散余弦比变换

2.3　图像的位置变换及应用

　　图像的位置变换是指图像的大小和形状不发生变换,只是将图像进行平移、镜像和旋转的变换等,主要用于图像目标识别的目标配准。

2.3.1　图像平移变换

　　平移变换是几何变换中最简单的一种变换,是将一幅图像上的所有点都按照给定的偏移量在水平方向沿 x 轴、在垂直方向沿 y 轴移动。设图像中点 $P_0(x_0,y_0)$ 进行平移后移到 $P(x,y)$,其中 x 方向的平移量为 Δx,y 方向的平移量为 Δy。那么,点 $P(x,y)$ 的坐标为:

$$\begin{cases} x = x_0 + \Delta x \\ y = y_0 + \Delta y \end{cases} \tag{2.3.1}$$

　　利用齐次坐标,变换前后图像上的点 $P_0(x_0,y_0)$ 和 $P(x,y)$ 之间的关系可以用如下的矩阵变换表示为:

$$\begin{bmatrix} x \\ y \\ 1 \end{bmatrix} = \begin{bmatrix} 1 & 0 & \Delta x \\ 0 & 1 & \Delta y \\ 0 & 0 & 1 \end{bmatrix} \times \begin{bmatrix} x_0 \\ y_0 \\ 1 \end{bmatrix} \tag{2.3.2}$$

　　【例 2.3.1】　将图 2.3.1(a)所示图像向右下方移动(偏移量为 50,50),图像大小保持不变,空白的地方用黑色填充,用 MATLAB 编程实现,并显示平移后的结果。

　　设 I 为原图像的矩阵,I1 为移动后图像的矩阵,Move_x 为向右移动的距离,Move_y 为向下移动的距离。

　　源代码如下:

```
I = imread('coins.png');
subplot(1,2,1);
imshow(I);
title('原始图像');
I1 = zeros(size(I));
H = size(I);
Move_x = 50;
Move_y = 50;
I1(Move_x + 1:H(1,1),Move_y + 1:H(1,2)) = I(1:H(1,1) - Move_x,1:H(1,2) - Move_y);
subplot(1,2,2);
imshow(uint8(I1)); % 将 double 类型的图像转化为 256 灰度图像并输出
title('平移后图像');
```

　　程序运行结果如图 2.3.1 所示。

(a)原始图像   (b)平移后图像

图 2.3.1   图像的平移

2.3.2   图像镜像变换

图像的镜像变换不改变图像的形状,分为 3 种,分别是水平镜像、垂直镜像和对角镜像。

1. 图像水平镜像

图像的水平镜像操作是将图像左半部分和右半部分以图像垂直中轴线为中心进行镜像对换。设点 $P_0(x_0,y_0)$ 进行镜像后的对应点为 $P(x,y)$,图像高度为 f_H,宽度为 f_W,原图像中 $P_0(x_0,y_0)$ 经过水平镜像后坐标将变为 (f_W-x_0,y_0),其代数表达式为:

$$\begin{cases} x = f_W - x_0 \\ y = y_0 \end{cases} \tag{2.3.3}$$

矩阵表达式为:

$$\begin{bmatrix} x \\ y \\ 1 \end{bmatrix} = \begin{bmatrix} -1 & 0 & f_W \\ 0 & 1 & 0 \\ 0 & 0 & 1 \end{bmatrix} \begin{bmatrix} x_0 \\ y_0 \\ 1 \end{bmatrix} \tag{2.3.4}$$

【例 2.3.2】   将图 2.3.2(a)所示的图像进行水平镜像,显示镜像后的结果。

```
I = imread('office.jpg');
I = rgb2gray(I);
subplot(1,2,1);
imshow(I);
title('原图');
I = double(I);
H = size(I);
I2(1:H(1,1),1:H(1,2)) = I(1:H(1,1),H(1,2):-1:1);    % 水平镜像
subplot(1,2,2);
imshow(uint8(I2));
title('水平镜像');
```

MATLAB 在图像处理中具有很大的优势,镜像系列变换可通过直接操作图像矩阵实现;水平镜像变换操作即为图像矩阵行位置不变,图像所有列进行了水平倒置实现的。程序中水平镜像变换操作语句如下:

```
I2(1:H(1,1),1:H(1,2)) = I(1:H(1,1),H(1,2):-1:1);
```

其中，H(1,1)为图像的行数，H(1,2)为图像的列数，I(1:H(1,1),H(1,2):-1:1)表示了图像行不变，从最后一列选择倒着选择到第一列赋值给新图像，从而完成水平镜像操作。程序运行结果如图 2.3.2(b)所示。

(a) 原图　　　　　　　　　(b) 水平镜像后图像

图 2.3.2　水平镜像变换

2. 图像垂直镜像

图像的垂直镜像操作是将图像上半部分和下半部分以图像水平中轴线为中心进行镜像对换。设点 $P_0(x_0,y_0)$ 进行镜像后的对应点为 $P(x,y)$，图像高度为 f_H，宽度为 f_W，原图像中 $P_0(x_0,y_0)$ 经过垂直镜像后坐标将变为 (x_0,f_H-y_0)，其代数表达式为：

$$\begin{cases} x = x_0 \\ y = f_H - y_0 \end{cases} \tag{2.3.5}$$

矩阵表达式为：

$$\begin{bmatrix} x \\ y \\ 1 \end{bmatrix} = \begin{bmatrix} 1 & 0 & 0 \\ 0 & -1 & f_H \\ 0 & 0 & 1 \end{bmatrix} \begin{bmatrix} x_0 \\ y_0 \\ 1 \end{bmatrix} \tag{2.3.6}$$

【例 2.3.3】　将图 2.3.3(a)所示的图像进行垂直镜像，并显示镜像后的结果。

```
I = imread('office.jpg');
I = rgb2gray(I);
subplot(1,2,1);
imshow(I);
title('原图');
I = double(I);
H = size(I);
I1(1:H(1,1),1:H(1,2)) = I(H(1,1):-1:1,1:H(1,2));    %垂直镜像
subplot(1,2,2);
imshow(uint8(I1));
title('垂直镜像');
```

变换后如图 2.3.3(b)图所示。垂直镜像变换同水平镜像变换类似，只需要将图像列位置不变，图像所有行进行了垂直倒置，程序中语句：

```
I1(1:H(1,1),1:H(1,2)) = I(H(1,1):-1:1,1:H(1,2));
```

可以看出,图像所有行进行了倒置操作。

(a) 原图

(b) 垂直镜像后图像

图 2.3.3　垂直镜像变换

3. 图像对角镜像

图像的对角镜像操作是将图像以图像水平中轴线和垂直中轴线的交点为中心进行镜像对换。相当于将图像先后进行水平镜像和垂直镜像。设点 $P_0(x_0,y_0)$ 进行镜像后的对应点为 $P(x,y)$,图像高度为 f_H,宽度为 f_W,原图像中 $P_0(x_0,y_0)$ 经过对角镜像后坐标将变为 (f_W-x_0,f_H-y_0),其代数表达式为:

$$\begin{cases} x = f_W - x_0 \\ y = f_H - y_0 \end{cases} \tag{2.3.7}$$

矩阵表达式为:

$$\begin{bmatrix} x \\ y \\ 1 \end{bmatrix} = \begin{bmatrix} -1 & 0 & f_W \\ 0 & -1 & f_H \\ 0 & 0 & 1 \end{bmatrix} \begin{bmatrix} x_0 \\ y_0 \\ 1 \end{bmatrix} \tag{2.3.8}$$

【例 2.3.4】　将图 2.3.4(a)所示的图像进行对角镜像,用 MATLAB 编程实现并显示镜像后的结果。

```
clear;
I = imread('office.jpg');
I = rgb2gray(I);
subplot(1,2,1);
imshow(I);
title('原图');
I = double(I);
H = size(I);
I3(1 : H(1),1 : H(2)) = I(H(1) : -1 : 1,H(2) : -1 : 1);   % 对角镜像
subplot(1,2,2);
imshow(uint8(I3));
title('对角镜像');
```

程序运行结果如图 2.3.4 中(b)所示。对角镜像为垂直镜像和水平的叠加,程序中处理语句为:

I3(1 : H(1),1 : H(2)) = I(H(1) : -1 : 1,H(2) : -1 : 1)

图像对角镜像变换即为将图像矩阵行和列均做倒置处理。

(a) 原图　　　　　　　　　　　(b) 对角镜像后图像

图 2.3.4　对角镜像变换

2.3.3　图像旋转变换

图像的旋转变换是将图像做某一角度的转动。在我们熟悉的坐标系中,如图 2.3.5 所示,将一个点顺时针旋转 a 角,r 为该点到原点的距离,b 为 r 与 x 轴之间的夹角。在旋转过程中,r 保持不变。

设旋转前 x_0、y_0 的坐标分别为 $x_0 = r\cos b$、$y_0 = r\sin b$,当旋转 a 角度后,坐标 x_1、y_1 的值分别为:

$$\left.\begin{array}{l} x_1 = r\cos(b-a) = r\cos b\cos a + r\sin b\sin a = x_0\cos a + y_0\sin a \\ y_1 = r\sin(b-a) = r\sin b\cos a - r\cos b\sin a = -x_0\sin a + y_0\cos a \end{array}\right\} \quad (2.3.9)$$

以矩阵的形式表示:

$$[x_1] = [x_0 \quad y_0 \quad 1]\begin{bmatrix} \cos a & \sin a & 0 \\ -\sin a & \cos a & 0 \\ 0 & 0 & 1 \end{bmatrix} \quad (2.3.10)$$

式(2.3.9)中,坐标系 xy 是以图像的中心为原点,向右为 x 轴正方向,向上为 y 轴正方向。它与以图像左上角点为原点 O',向右为 x' 轴正方向,向下为 y' 轴正方向的坐标系 $x'y'$ 之间的转换关系如图 2.3.6 所示。

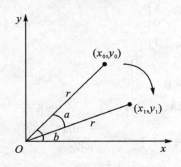

图 2.3.5　旋转示意图

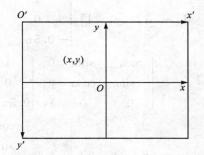

图 2.3.6　两种坐标系间的转换关系

设图像的宽为 w,高为 h,容易得到:

$$[x \quad y \quad 1] = [x' \quad y' \quad 1] \begin{bmatrix} 1 & 0 & 0 \\ 0 & -1 & 0 \\ -0.5w & 0.5h & 1 \end{bmatrix} \qquad (2.3.11)$$

逆变换为：

$$[x' \quad y' \quad 1] = [x \quad y \quad 1] \begin{bmatrix} 1 & 0 & 0 \\ 0 & -1 & 0 \\ 0.5w & 0.5h & 1 \end{bmatrix} \qquad (2.3.12)$$

有了式(2.3.10)、式(2.3.11)、式(2.3.12)，可以将变换分成 3 步来完成：

①将坐标系 O' 变成 O；

②将该点顺时针旋转 a 角；

③将坐标系 O 变回 O'，这样得到了变换矩阵(是上面 3 个矩阵的级联)：

$$[x_1 \quad y_1 \quad 1] = [x_0 \quad y_0 \quad 1] \begin{bmatrix} 1 & 0 & 0 \\ 0 & -1 & 0 \\ -0.5w_{old} & 0.5h_{old} & 1 \end{bmatrix}$$

$$\begin{bmatrix} \cos\alpha & -\sin\alpha & 0 \\ \sin\alpha & \cos\alpha & 0 \\ 0 & 0 & 1 \end{bmatrix} \begin{bmatrix} 1 & 0 & 0 \\ 0 & -1 & 0 \\ 0.5w_{new} & 0.5h_{new} & 1 \end{bmatrix}$$

$$= [x_0 \quad y_0 \quad 1] \begin{bmatrix} \cos a & \sin a & 0 \\ -\sin a & \cos a & 0 \\ \begin{matrix} -0.5w_{old}\cos a + \\ 0.5h_{old}\sin a + 0.5w_{new} \end{matrix} & \begin{matrix} -0.5w_{old}\sin a - \\ 0.5h_{old}\cos a + 0.5h_{new} \end{matrix} & 1 \end{bmatrix}$$

$$(2.3.13)$$

注意，因为新图变大，所以上面公式中出现了 w_{old}、h_{old}、w_{new}、h_{new}，它们分别表示原图(old)和新图(new)的宽、高。式(2.3.11)的逆变换为：

$$[x_0 \quad y_0 \quad 1] = [x_1 \quad y_1 \quad 1] \begin{bmatrix} 1 & 0 & 0 \\ 0 & -1 & 0 \\ -0.5w_{new} & 0.5h_{new} & 1 \end{bmatrix}$$

$$\begin{bmatrix} \cos a & \sin a & 0 \\ -\sin a & \cos a & 0 \\ 0 & 0 & 1 \end{bmatrix} \begin{bmatrix} 1 & 0 & 0 \\ 0 & -1 & 0 \\ 0.5w_{old} & 0.5h_{old} & 1 \end{bmatrix}$$

$$= [x_1 \quad y_1 \quad 1] \begin{bmatrix} \cos a & -\sin a & 0 \\ \sin a & \cos a & 0 \\ \begin{matrix} -0.5w_{new}\cos a - \\ 0.5h_{new}\sin a + 0.5w_{old} \end{matrix} & \begin{matrix} 0.5w_{new}\sin a - \\ 0.5h_{new}\cos a + 0.5w_{old} \end{matrix} & 1 \end{bmatrix}$$

$$(2.3.14)$$

这样，对于新图中的每一点，我们就可以根据式(2.3.13)求出对应原图中的点，得到它的灰度。如果超出原图范围,则填成白色。要注意的是,由于有浮点运算,计算出来点的坐标可能不是整数,采用取整处理(即找最接近的点),这样会带来一些误差(图像可能会出现锯齿)。

MATLAB 工具箱提供的函数 imrotate 具有旋转功能。该函数常见的调用方法如下:

```
B = imrotate(A,angle)
B = imrotate(A,angle,method)
B = imrotate(A,angle,method,bbox)
```

其中,A 为要旋转的图像,angle 为旋转的角度,method 为插值方法,可以为 nearest、bilinear 等。bbox 为旋转后的显示方式,有两种选择,一种是 crop,旋转后的图像跟原图像一样大小;另一种是 loose,旋转后的图像包含原图。

【例 2.3.5】 将如图 2.3.7(a)所示图像,分别逆时针旋转 30°、45°和 60°,用 MAT-LAB 编程实现,并显示旋转后的结果。

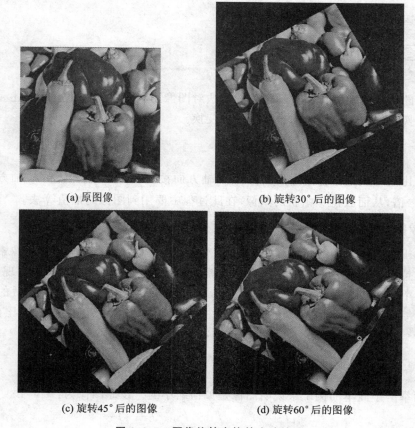

(a) 原图像   (b) 旋转30°后的图像

(c) 旋转45°后的图像   (d) 旋转60°后的图像

图 2.3.7 图像旋转变换的实验结果

程序源代码如下:

```
I = imread('trees.tif');
```

```
subplot(2,2,1);
imshow(I);
title('原图');
I_rot30 = imrotate(I,30,'nearest');    % 旋转 30 度
subplot(2,2,2);
imshow(uint8(I_rot30));
title('旋转 30 度');
I_rot45 = imrotate(I,45,'nearest');    % 旋转 45 度
subplot(2,2,3);
imshow(uint8(I_rot45));
title('旋转 45 度');
I_rot60 = imrotate(I,60,'nearest');    % 旋转 60 度
subplot(2,2,4);
imshow(uint8(I_rot60));
title('旋转 60 度');
```

程序运行结果如图 2.3.7 所示。

2.4 图像的形状变换

图像的形状变换是指用数学建模的方法对图像形状发生的变化进行描述。最基本的形状变换主要包括图像的缩放及错切等变换。

2.4.1 图像比例缩放变换

图像比例缩放是指将给定的图像在 x 轴方向按比例缩放 f_x 倍,在 y 轴方向按比例缩放 f_y 倍,从而获得一幅新的图像,在此过程中要用到图像的插值算法。

1. 图像的比例缩小变换

以基于等间隔采样的图像缩小方法为例介绍其设计思想:通过对画面像素的均匀采样来保持选择到的像素仍旧可以保持像素的概貌特征。该方法的具体实现步骤为:设原图为 $F(i,j)$,大小为 $M \times N$ ($i=1,2,\cdots,M;j=1,2,\cdots,N$)。缩小后的图像为 $G(i,j)$,大小为 $k_1 M \times k_2 N$ ($k_1 = k_2$ 时为按比例缩小,$k_1 \neq k_2$ 时为不按比例缩小。$k_1 < 1, k_2 < 1$)($i=1,2,\cdots,k_1 M;j=1,2,\cdots,k_2 N$),则有:

$$\Delta i = 1/k_1, \Delta j = 1/k_2 \tag{2.4.1}$$

$$g(i,j) = f(\Delta i \cdot i, \Delta j \cdot j) \tag{2.4.2}$$

下面举一个简单的例子来说明图像是如何缩小的。设原图像为:

$$\boldsymbol{F} = \begin{bmatrix} f_{11} & f_{12} & f_{13} & f_{14} & f_{15} & f_{16} \\ f_{21} & f_{22} & f_{23} & f_{24} & f_{25} & f_{26} \\ f_{31} & f_{32} & f_{33} & f_{34} & f_{35} & f_{36} \\ f_{41} & f_{42} & f_{43} & f_{44} & f_{45} & f_{46} \end{bmatrix} \tag{2.4.3}$$

图像矩阵的大小为 4×6，将其进行缩小，缩小的倍数为 $k_1 = 0.7, k_2 = 0.6$，则缩小图像的大小为 3×4，由式（2.4.1）计算得 $\Delta i = 1/k_1 = 1.4, \Delta j = 1/k_2 = 1.7$。由式（2.4.2）可得到缩小后的图像矩阵为：

$$G = \begin{bmatrix} f_{12} & f_{13} & f_{15} & f_{16} \\ f_{32} & f_{33} & f_{35} & f_{36} \\ f_{42} & f_{43} & f_{45} & f_{46} \end{bmatrix} \tag{2.4.4}$$

2. 图像的比例放大变换

以线性插值法为例进行介绍，该方法的原理是，当求出的分数地址与像素点不一致时，求出周围 4 个像素点的距离比，根据该比率由 4 个邻域的像素灰度值进行线性插值，如图 2.4.1 所示。

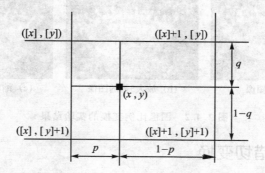

图 2.4.1　线性插值法示意图

简化后的灰度值计算式如下：

$$g(x,y) = (1-q)\{(1-p) \times g([x],[y]) + p \times g([x]+1,[y])\} + q\{(1-p)$$
$$\times g([x],[y]+1) + p \times g([x]+1,[y]+1)\} \tag{2.4.5}$$

式中，$g(x,y)$ 为坐标 (x,y) 处的灰度值，$[x]$、$[y]$ 为分别为不大于 x,y 的整数。

在 MATLAB 提供的图像处理工具箱中，函数 imresize 具有缩放的功能，常见的调用格式如下：

```
B = imresize(A,scale)
B = imresize(A,[mrows ncols])
B = imresize(A,scale,method)
```

其中，A 为要处理的图像，scale 为缩放倍数。若 scale > 1，则执行放大操作；若 scale < 1，则执行缩小操作。[mrows ncols]用于指定缩放后图像的行数和列数，method 用于指定图像缩放使用到的插值方法，有 nearest、bilinear 等。

【例 2.4.1】　用最近邻法将如图 2.4.2(a)所示图像进行缩放，用 MATLAB 编程实现放大 5 倍和缩小 2 倍的程序，并显示放大 5 倍和缩小 2 倍的结果。

I 为原图像，I_enlarge 为放大 5 倍的图像，I_reduce 为缩小 2 倍的图像。

源程序代码如下：

```
I = imread('moon.tif');
subplot(131);imshow(I);title('原图');
I = double(I);
I_enlarge = imresize(I,5,'nearest');   % 放大 5 倍
subplot(132);imshow(uint8(I_enlarge));title('放大五倍');
I_reduce = imresize(I,0.5,'nearest');   % 缩小 2 倍
subplot(133);imshow(uint8(I_reduce));title('缩小两倍');
```

程序运行结果如图 2.4.2(b)、(c)所示。

    (a) 原图像   (b) 放大5倍的图像   (c) 缩小2倍的图像

图 2.4.2　图像比例变换的实验结果

2.4.2　图像的错切变换

图像的错切变换实际上是平面景物在投影平面上的非垂直投影。错切使图像中的图形产生扭变,这种扭变只在一个方向上产生,即分别称为水平方向错切或垂直方向上的错切。

1. 水平方向错切

根据图像错切定义,在水平方向上的错切是指图形在水平方向上发生了扭变,而垂直方向上的边不变。图像在水平方向上错切的数学表达式为:

$$\begin{cases} x' = x + by \\ y' = y \end{cases} \tag{2.4.6}$$

其中,(x,y)为图像的坐标,(x',y')为错切后的图像坐标。

根据式(2.4.6)可知,当错切时图形的列坐标不变,行坐标随原坐标(x,y)和系数b做线性变化$b=\tan(\theta)$。$b>0$,图形沿 x 轴正方向作错切;$b<0$,图形沿 x 轴负方向作错切。

2. 垂直方向错切

图像在垂直方向上的错切是指图形在垂直方向上的扭变。图像在垂直方向上错切的数学表达式为:

$$\begin{cases} x' = x \\ y' = y + dx \end{cases} \tag{2.4.7}$$

其中,(x,y)为原图像的坐标,(x',y')为错切后的图像坐标。

根据式(2.4.7)可知,当错切时图形的行坐标不变,列坐标随原坐标(x,y)和系数 d 做线性变化,$d=\tan(\theta)$。$d>0$,图形沿 y 轴正方向做错切;$d<0$,图形沿 y 轴负方向做错切。

【例 2.4.2】　对如图 2.4.3(a)所示的图像进行错切变换,用 MATLAB 实现,并显

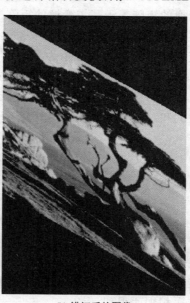

(a) 原图像　　　　　　　　　(b) 错切后的图像

图 2.4.3　图像错切的实验结果

示错切后的图像。I 为原图像,B 为错切后的图像。

```
I = imread('*.*');
I = double(I);
H = size(I);
B = zeros(H(1) + round(H(2) * tan(pi/6)),H(2)); %初始化矩阵
for a = 1:H(1)
for b = 1:H(2)
B(a + round(b * tan(pi/6)),b) = I(a,b); %赋值
end
end
imshow(uint8(B))
```

程序运行结果如图 2.4.3(b)所示。程序中首先初始化了一个大小和原图像一样 的全零矩阵,在初始化的同时使用程序语句 H(1)＋round(H(2)×tan(pi/6))将水平 像素位置进行了错且,错切幅度为 tan(pi/6)。之后两个 for 循环实现了进行图像的赋 值,完成了错切变换。

2.5 图像的复合变换及应用

图像的复合变换是指对给定的图像连续施行若干次如前所述的平移、镜像、比例、旋转等基本变换后所完成的变换，图像的复合变换又叫级联变换。

复合变换的矩阵等于基本变换的矩阵按顺序依次相乘得到的组合矩阵。设对给定的图像依次进行了基本变换 $F_1, F_2, \cdots, F_N$，它们的变换矩阵分别为 $T_1, T_2, \cdots, T_N$，则图像复合变换的矩阵 T 可以表示为：

$$T = T_1 T_2 \cdots \cdots T_{N-1} T_N \tag{2.5.1}$$

以复合旋转为例，对某个图像连续进行旋转变换，最后合成的旋转变换矩阵等于两次旋转角度的和。复合旋转变换矩阵如下所示：

$$T = T_1 T_2 = \begin{bmatrix} \cos\theta_1 & \sin\theta_1 & 0 \\ -\sin\theta_1 & \cos\theta_1 & 0 \\ 0 & 0 & 1 \end{bmatrix} \cdot \begin{bmatrix} \cos\theta_2 & \sin\theta_2 & 0 \\ -\sin\theta_2 & \cos\theta_2 & 0 \\ 0 & 0 & 1 \end{bmatrix}$$

$$= \begin{bmatrix} \cos(\theta_1+\theta_2) & \sin(\theta_1+\theta_2) & 0 \\ -\sin(\theta_1+\theta_2) & \cos(\theta_1+\theta_2) & 0 \\ 0 & 0 & 1 \end{bmatrix} \tag{2.5.2}$$

不同复合变换的变换过程不同，但是无论它的变换过程多么复杂，都可以分解成一系列基本变换。相应地，使用齐次坐标后，图像复合变换的矩阵由一系列图像基本几何变换矩阵依次相乘而得到。

【例 2.5.1】 将 2.5.1(a)所示图像连续旋转两次，显示其复合变换后的图像。

```
I = imread('cameraman.tif');
subplot(131),imshow(I)
J1 = imrotate(I,30,'nearest');    %第一次旋转
subplot(132),imshow(J1)
J2 = imrotate(J1,45,'nearest');    %第二次旋转
subplot(133),imshow(J2)
```

运行结果如图 2.5.1 所示。

【例 2.5.2】 将 2.5.2(a)所示图像向下、向右平移，并用白色填充空白部分，再对其做垂直镜像；然后旋转 30°，再缩小 5 倍。用 MATLAB 编写其程序，给出运行结果。

程序源代码如下：

```
I = imread('peppers.png');
I = rgb2gray(I);
subplot(1,2,1);
imshow(I);
title('原图');
I = double(I);
```

(a) 原图　　　　　　　　(b) 第一次旋转　　　　　　(c) 第二次旋转

图 2.5.1　旋转复合变换

```
B = zeros(size(I)) + 255;
H = size(I);
B(50 + 1 : H(1),50 + 1 : H(2)) = I(1 : H(1) - 50,1 : H(2) - 50);   % 右下平移变换
C(1 : H(1),1 : H(2)) = B(H(1) : - 1 : 1,1 : H(2));   % 垂直镜像变换
D = imrotate(C,30,'nearest');   % 旋转变换
E = imresize(D,0.2,'nearest');   % 比例变换
subplot(1,2,2);
imshow(uint8(E));
title('复合变换后');
```

程序运行结果如图 2.5.2(b)所示。

(a) 原图像　　　　　　　　　　(b) 复合变换的结果

图 2.5.2　图像复合的实验结果

第 3 章
图像增强及去噪技术

　　图像增强及去噪技术是数字图像处理技术中最基本的内容之一,是相对图像识别、图像理解而言的一种前期处理。其主要目的是运用一系列技术手段改善图像数据中所承载的信息,清除图像中的无用信息,去除噪声,恢复有用信息,抑制不需要的变形或者增强某些对于后续处理来说比较重要的图像特征,将图像转化成一种更适合于人或计算机进行分析处理的形式。图像增强按所处理的对象不同可分为灰度图像增强和伪彩色图像增强。图像去噪技术可分为空间域图像去噪、频率域图像去噪、形态学滤波去噪技术。

　　本章在介绍图像灰度增强、伪彩色图像增强、空间域图像去噪、频率域图像去噪、形态学滤波去噪技术的基础上,重点讲述如何利用 MATLAB 语言实现图像增强及图像去噪。

3.1　图像的灰度增强及应用

　　图像的灰度增强是指通过一定的处理方法提高图像中的亮暗对比度,由此加大亮暗差异目标特征。描述一幅图像的灰度级有限,因此图像的灰度增强处理的核心思路是通过抑制非重要目标信息来增强重要目标信息。图像增强应用范围广泛,这里主要介绍图像灰度变换和直方图均衡化。

3.1.1　图像灰度变换

　　常见的灰度变换就是直接修改灰度的输入/输出映射关系,增强图像中感兴趣的区域,抑制不感兴趣的区域,达到增加图像的对比度的目的。这里以线性变换为例进行介绍。比例线性变换是对每个线性段逐个像素进行处理,它可将原图像灰度值动态范围按线性关系式扩展到指定范围或整个动态范围。

　　假定给定的是两个灰度区间,如图 3.1.1(a)所示,原图像 $f(x,y)$ 的灰度范围为 $[a,b]$,希望变换后的图像 $g(x,y)$ 的灰度扩展为 $[c,d]$,根据线性方程式可得如下式所示的线性变换：

$$g(x,y)=\frac{d-c}{b-a}[f(x,y)-a]+c \qquad (3.1.1)$$

即可把输入图像的某个亮度值区间 $[a,b]$ 扩展为输出图像的亮度值区间 $[c,d]$。采用比例线性灰度变换对图像每一个像素灰度做线性拉伸，将有效地改善图像视觉效果。

若图像灰度在 $0\sim M$ 范围内，其中大部分像素的灰度级分布在区间 $[a,b]$ 内，很小部分像素的灰度级超出此区间。为改善增强效果，对于图 3.1.1(b) 的映射关系为：

$$g(x,y)=\begin{cases}c & 0\leqslant f(x,y)\leqslant a \\ \dfrac{d-c}{b-a}[f(x,y)-a]+c & a<f(x,y)<b \\ d & b<f(x,y)\leqslant M\end{cases} \qquad (3.1.2)$$

注意，这种变换扩展了 $[a,b]$ 区间的灰度级，但是将小于和大于 b 范围内的灰度级分别被压缩为 c 和 d，这样使图像灰度级在 $[0\quad a]$、$[b\quad M]$ 两个范围内都各自变成 c、d 灰度级分布，从而截取了这两部分信息。

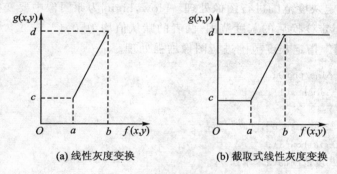

(a) 线性灰度变换　　　　　**(b) 截取式线性灰度变换**

图 3.1.1　线性灰度变换关系

在 MATLAB 图像处理工具箱中，imadjust 函数可用于调整图像灰度值的范围，应用一些简单的图像增强处理。常见的调用格式如下：

```
J = imadjust(I)
J = imadjust(I,[low;high],[bottom;top])
J = imadjust(I,[low;high],[bottom;top],gamma)
Newmap = imadjust(map,[low;high],[bottom;top],gamma)
```

(1)J = imadjust(I)

功能：将灰度图像 I 中的灰度值映射到 J 中，映射后的灰度值遍布整个灰度级，增加了图像对比度。用法相当于 imadjust(I,stretchlim(I))。

【例 3.1.1】 图像灰度调整，增加对比度。

```
I = imread('coins.png');
subplot(121);imshow(I);
title('原图');
J = imadjust(I);
```

```
subplot(122);imshow(J);
title('灰度调整');
```

从运行结果图 3.1.2(b)可以看出,灰度调整后的图像中硬币和背景之间的对比度增强了。

(a)原图   (b)灰度调整

图 3.1.2   图像灰度调整

(2)J=imadjust(I,[low;high],[bottom;top])

功能:对指定灰度范围进行图像处理。[low,high]为原图像中要变换的灰度范围,[bottom,top]指定变换后的灰度范围,两者的默认值均为[0,1]。

【例 3.1.2】   指定灰度范围进行图像增强处理。

```
I = imread('coins.png');
subplot(121);imshow(I);
title('原图');
J = imadjust(I,[0.3;0.8],[0.6;1]);
subplot(122);imshow(J);
title('指定灰度范围的图像增强');
```

运行结果如图 3.1.3(b)所示。

(a)原图   (b)指定灰度范围的图像增强

图 3.1.3   指定灰度范围增强图像处理

通过观察可以看出,在上述增强图像对比度处理时控制了图像处理范围,处理后的图像达到了预期效果。

(3)J=imadjust(I,[low;high],[bottom;top],gamma)

功能:γ(gamma)为矫正量,其取值决定了输入图像到输出图像的灰度映射方式,即决定了增强低灰度还是增强高灰度。如果 $\gamma=1$ 时,为线性变换;如果 $\gamma<1$ 时,那么

映射将会对图像的像素值加权,使输出像素灰度值比原来大;如果 $\gamma > 1$ 时,那么映射加权后的灰度值比原来小。

【例 3.1.3】　带有矫正量的指定灰度范围图像增强处理。

```
I = imread('coins.png');
subplot(221);imshow(I);
title('原图');
J1 = imadjust(I,[0.3;0.8],[0.6;1],0.2);
subplot(222);imshow(J1);
title('\it{r} = 0.2');
J2 = imadjust(I,[0.3;0.8],[0.6;1],1);
subplot(223);imshow(J2);
title('\it{r} = 1');
J3 = imadjust(I,[0.3;0.8],[0.6;1],5);
subplot(224);imshow(J3);
title('\it{r} = 5');
```

运行结果如图 3.1.4(b)(c)(d)所示。

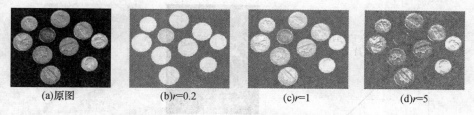

(a)原图　　　　　　(b)r=0.2　　　　　　(c)r=1　　　　　　(d)r=5

图 3.1.4　带有矫正的指定灰度范围图像增强处理

通过运行结果可以看出,不同的矫正值对处理结果的影响是明显的,设计者可以根据需求进行取值不同的矫正值。

(4)**Newmap = imadjust(map,[low;high],[bottom;top],gamma)**

功能:调整索引图像的调色板 map。

【例 3.1.4】　调整索引图像的调色板。

```
J = imread('peppers.png');
subplot(221),imshow(J);
title('原图');
K0 = imadjust(J,[0.2 0.3 0;  0.6 0.7 0.6],[],0.2);
subplot(222),imshow(K0);
title('\it{r} = 0.2');
K1 = imadjust(J,[0.2 0.3 0;0.8 0.9 1],[],1);
subplot(223),imshow(K1);
title('\it{r} = 1');
K2 = imadjust(J,[0.2 0.3 0;  0.8 0.9 1],[],5);
subplot(224),imshow(K2);
```

```
title('\it{r} = 5');
```

运行结果如图 3.1.5(b)(c)(d)所示。

(a) 原图　　　　　(b) r=0.2　　　　(c) r=1　　　　　(d) r=5

图 3.1.5　调整 RGB 图像对比度

(5)图像求反

图像反转是典型的灰度线性变换,就是使黑变白,使白变黑,将原始图像的灰度值进行翻转,使输出图像的灰度随输入图像的灰度增加而减少。这种处理对增强嵌入在暗背景中的白色或灰色细节特别有效,尤其当图像中黑色为主要部分时效果明显,如图3.1.6 所示。

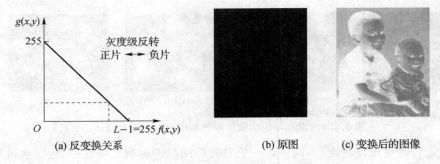

(a) 反变换关系　　　　　　(b) 原图　　　(c) 变换后的图像

图 3.1.6　图像求反

根据图 3.1.6(a)图像反转的变换关系,由直线方程截斜式可知,当 $k=-1,b=L-1$ 时,其表达式为:

$$g(x,y)=kf(x,y)+b=-f(x,y)+(L-1) \tag{3.1.3}$$

其中,$[0,L-1]$ 是图像灰度级范围。图像求反也可以利用灰度线性变换进行处理,但是计算量则大大增加,该函数简单且容易操作。

【例 3.1.5】　利用 imadjust 函数实现图像的反转变换。

```
I = imread('kids.tif');
subplot(121);imshow(I);
title('原图');
J = imadjust(I,[0 1],[1,0]);
subplot(122);imshow(J);
title('图像求反');
```

运行结果如图 3.1.6(c)所示。

3.1.2　直方图均衡化及应用

1. 灰度直方图的定义

图像的直方图是图像的重要统计特征,是表示数字图像中每一灰度级与该灰度级出现的像素数或频数间的统计关系。按照直方图的定义可表示为:

$$P(r_k) = \frac{n_k}{N} \quad (k = 0, 1, 2, \cdots, L-1) \tag{3.1.4}$$

式中,N 为一幅图像的总像素数,n_k 是第 k 级灰度的像素数,r_k 表示第 k 个灰度级,L 是灰度级数,$P(r_k)$ 表示该灰度级出现的相对频数。也就是说,对于每个灰度值,求出在图像中该灰度值像素数的图形称为灰度值直方图,或简称直方图。直方图用横轴代表灰度级别值(灰度值),纵轴代表对应的灰度级出现像素的个数或频数。

【例 3.1.6】　假设图像由一个 4×4 大小的二维数值矩阵构成,如图 3.1.7(a)所示,试写出图像的灰度分布,并画出图像的直方图。

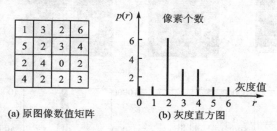

(a) 原图像数值矩阵　　　　(b) 灰度直方图

图 3.1.7　灰度直方图计算示意图

经过统计可知,图像中灰度值为 0 的像素有一个,灰度值为 1 的像素有一个,…,灰度值为 6 的像素有一个。由此得到图像的灰度分布如表 3.1.1 所列,由该表可得灰度直方图如图 3.1.7(b)所示。

表 3.1.1　图像的灰度分布

灰度值 r	0	1	2	3	4	5	6
像素个数 n	1	1	6	3	3	1	1
像素分布 $p(r)$	1/16	1/16	6/16	3/16	3/16	1/16	1/16

MATLAB 图像处理工具箱提供了 imhist 函数来计算和显示图像的灰度分布,其调用语法格式有如下 3 种形式:

➤ imhist(I,n);

➤ imhist(X,map);

➤ [counts,x]=imhist(…)。

其中,I 为输入图像,n 为指定的灰度级数,默认值为 256 级灰度级;X 是索引图像名,这里表示计算显示索引图像 X 的直方图,map 为调色板;[counts,x]是返回直方图数据向量和相应的色彩值向量。注意,该函数值除以像素总数才是直方图,但该函数显示图像的灰度分布与图像直方图的形状是一致的,故常用该图形来描述图像直方图。

【例 3.1.7】 利用 MATLAB 画出图像对应直方图。

```
J = imread('tire.tif');subplot(2,4,1),imshow(J);
subplot(2,4,5),imhist(J,16);   % 显示图像的灰度直方图,共有 16 个灰度级别
J = imread('pout.tif');subplot(2,4,2),imshow(J);
subplot(2,4,6),imhist(J,32);   % 显示图像的灰度直方图,共有 32 个灰度级别
J = imread('liftingbody.png');subplot(2,4,3),imshow(J);
subplot(2,4,7),imhist(J,128);    % 显示图像的灰度直方图,共有 128 个灰度级别
J = imread('cameraman.tif');subplot(2,4,4),imshow(J);
subplot(2,4,8),imhist(J,256);    % 显示图像的灰度直方图,共有 256 个灰度级别
```

程序运行即可得到图像与对应直方图,如图 3.1.8 所示。

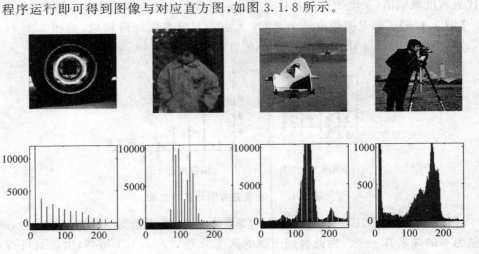

图 3.1.8 灰度图像与对应直方图的显示

2. 直方图的均衡化

直方图均衡化就是把一个已知灰度概率分布的图像经过一种变换,使之演变成一幅具有均匀灰度概率分布的新图像。它是以累积分布函数变换法为基础的直方图修正法。

一幅给定图像的灰度级经归一化处理,分布在 $0 \leqslant r \leqslant 1$ 范围内,这时可以对 $[0,1]$ 区间内的任一个 r 值进行如下变换:

$$s = T(r) \tag{3.1.5}$$

也就是说,通过上述变换,每个原始图像的像素灰度值 r 都对应产生一个 s 值。变换函数 $T(r)$ 应满足下列条件:

① 在 $0 \leqslant r \leqslant 1$ 区间内,$T(r)$ 是单值单调增加;

② 对于 $0 \leqslant r \leqslant 1$,有 $0 \leqslant T(r) \leqslant 1$。

对于连续图像,当直方图均衡化(并归一化)后有 $p_s(s)=1$。

变换函数 $T(r)$ 与原图像概率密度函数 $p_r(r)$ 之间的关系为：

$$s = T(r) = \int_0^r p_r(r)\mathrm{d}r \quad 0 \leqslant r \leqslant 1 \tag{3.1.6}$$

式中，r 是积分变量。

为了对图像进行数字处理，必须引入离散形式的公式。当灰度级是离散值的时候，可用式(3.1.4)的频数近似代替概率值。

式(3.1.6)直方图均衡化累积分布函数的离散形式可由下式表示：

$$s_k = T(r_k) = \sum_{i=0}^{k} \frac{n_j}{N} = \sum_{i=0}^{k} p_r(r_j) \quad (0 \leqslant \ \leqslant 1 \quad k = 0,1,2,\cdots,L-1)$$

$$\tag{3.1.7}$$

通常把为得到均匀直方图的图像增强技术叫做直方图均衡化。

【例 3.1.8】　假设有一幅图像，共有 64×64 个像素，有 8 个灰度级，各灰度级概率分布如表 3.1.2 所列，试将其直方图均衡化。

表 3.1.2　64×64 大小的图像各灰度级对应的概率分布

灰度级 r_k	0	1/7	2/7	3/7	4/7	5/7	6/7	1
像素数 n_k	790	1 023	850	656	329	245	122	81
概率 $p_r(r_r) = n_k/N$	0.19	0.25	0.21	0.16	0.08	0.06	0.03	0.02

直方图均衡化处理过程如下：

①由式(3.1.7)可得到变换函数：

$$s_0 = T(r_0) = \sum_{j=0}^{0} P_r(r_j) = P_r(r_0) = 0.19$$

$$s_1 = T(r_1) = \sum_{j=0}^{1} P_r(r_j) = P_r(r_0) + P_r(r_1) = 0.44$$

$$s_2 = T(r_2) = \sum_{j=0}^{2} P_r(r_j) = P_r(r_0) + P_r(r_1) + P_r(r_2) = 0.19 + 0.25 + 0.21 = 0.65$$

$$s_3 = T(r_3) = \sum_{j=0}^{3} P_r(r_j) = P_r(r_0) + P_r(r_1) + P_r(r_2) + P_r(r_3) = 0.81$$

依此类推，得 $s_4 = 0.89, s_5 = 0.95, s_6 = 0.98, s_7 = 1.00$。

得到变换函数如图 3.1.9(b)所示。

②对 s_k 以 1/7 为量化单位进行舍入计算修正计算值。

$$s_0 = 0.19 \rightarrow \approx \frac{1}{7}, s_1 = 0.44 \rightarrow \approx \frac{3}{7}, s_2 = 0.65 \rightarrow \approx \frac{5}{7}, s_3 = 0.81 \rightarrow \approx \frac{6}{7},$$

$$s_4 = 0.89 \rightarrow \approx \frac{6}{7}, s_5 = 0.95 \rightarrow \approx 1, s_6 = 0.98 \rightarrow \approx 1, s_7 = 1 \rightarrow 1$$

③确定新灰度级分布。

由上述数值可见，新图像将只有 5 个不同的灰度级别，可以重新定义一个符号：

$$s_0 = \frac{1}{7}, s_1 = \frac{3}{7}, s_2 = \frac{5}{7}, s_3 = \frac{6}{7}, s_4 = 1$$

因为 $r_0 = 0$ 经变换得 $s_0 = 1/7$,所以有 790 个像素取 s_0 这个灰度值,r_1 映射到 $s_1 = 3/7$,所以有 1 023 个像素取 $s_1 = 3/7$ 这一灰度值。依此类推,有 850 个像素取 $s_2 = 5/7$ 这一灰度值。但是,因为 r_3 和 r_4 均映射到 $s_3 = 6/7$ 这一灰度级,所以有 656+329 = 985 个像素取 $s_4 = 1$ 这个值。同样,有 245+122+81 = 448 个像素取这个新灰度值。用 $n = 4 096$ 来除上述这些 n_k 值,便可得到新的直方图。新直方图如图 3.1.9(c)所示。将上述具体实现过程用表 3.1.3 进行描述。

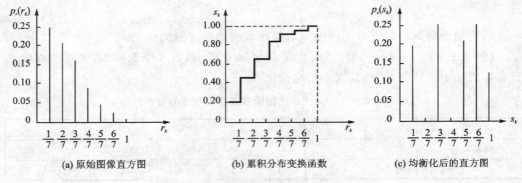

(a) 原始图像直方图 (b) 累积分布变换函数 (c) 均衡化后的直方图

图 3.1.9 图像直方图均衡化处理示例

表 3.1.3 直方图均衡化过程列表

序 号	运 算	步骤和结果							
1	原图像灰度级 r_k	0/7	1/7	2/7	3/7	4/7	5/7	6/7	7/7
2	计算累积直方图	0.19	0.44	0.65	0.81	0.89	0.95	0.98	1.00
3	量化级	0/7 =0.00	1/7 =0.14	2/7 =0.29	3/7 =0.43	4/7 =0.57	5/7 =0.71	6/7 =0.86	7/7 =1.00
4	$r_k \rightarrow s_k$ 映射	0→1	1→3	2→5	3、4→6		5、6、7→7		
5	新直方图 n_k		790		1023		850	985	448
6	新直方图		0.19		0.25		0.21	0.24	0.11

由上面的例子可见,利用累积分布函数作为灰度变换函数,经变换后得到的新灰度的直方图虽然不是很平坦,但毕竟比原始图像的直方图平坦得多,而且其动态范围也大大地扩展了。因此,这种方法对于对比度较弱的图像进行处理是很有效的。

但是由于直方图是近似的概率密度函数,所以直方图均衡处理只是近似的,用离散灰度级做变换时很少能得到完全平坦的结果。另外,变换后的灰度级减少了,这种现象叫做"简并"现象。由于简并现象的存在,处理后的灰度级总是要减少的。这是像素灰度有限的必然结果。

在 MATLAB 中,直方图均衡化函数为 histeq,调用格式为:

```
J = histeq(I);
```

其中,I 是输入图像,J 是经函数处理后均衡化后的图像。

【例 3.1.9】　通过实例来认识直方图均衡化前后的图像灰度分布。

```
%   直方图均衡化前后的图像灰度分布
I = imread('cameraman.tif');          % 读入原图像到 I 变量
J = histeq(I);                        % MATLAB 直方图均衡化函数 histeq,对图像 I 进行直方图均衡化
subplot(2,2,1),imshow(I);   % 显示原图像
subplot(2,2,2), imshow(J);   % 显示处理后的图像
subplot(2,2,3),imhist (I,128);% 显示原图像的直方图灰度分布
subplot(2,2,4), imhist (J,128); % 显示均衡化后的图像直方图
```

运行上述程序可得到原图像直方图和均衡化后的图像直方图对比情况,如图 3.1.10、图 3.1.11 所示。

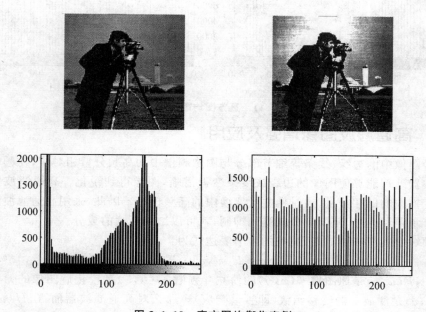

图 3.1.10　直方图均衡化实例 1

从以上直方图均衡化实例中可以看出,这些图像是 8 比特灰度级的原始图像和它相应的直方图。其特点是原始图像较暗且其动态范围较小,反映在直方图上就是直方图所占据的灰度值范围比较窄且集中在低灰度值一边。还有就是原图像的灰度级集中在一个较窄的范围内,其动态范围较窄。从经过直方图均衡化处理后的结果和对应直方图可以看到,直方图占据了整个图像灰度值允许的范围,增加了图像灰度动态范围,也增加了图像的对比度,反映在图像上就是图像有了较大的反差,许多细节看得比较清晰。

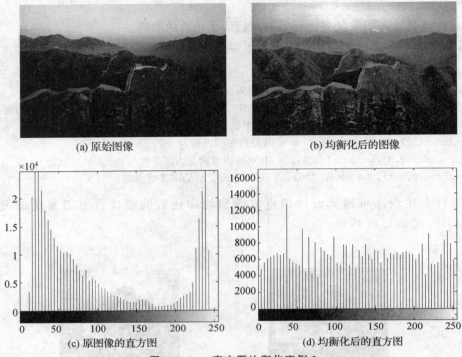

(a) 原始图像　　　　　　　　　　(b) 均衡化后的图像

(c) 原图像的直方图　　　　　　　(d) 均衡化后的直方图

图 3.1.11　直方图均衡化实例 2

3.1.3　高通滤波图像增强及应用

由于图像中的边缘、线条等细节部分与图像频谱中的高频分量相对应,在频域中用高通滤波器处理能够使图像的边缘或线条变得清晰,图像得到锐化。高通滤波器衰减傅立叶变换中的低频分量,通过傅立叶变换中的高频信息。因此,采用高通滤波的方法让高频分量顺利通过,使低频分量受到抑制,就可以增强高频的成分。

在频域中实现高通滤波,滤波的数学表达式为:

$$G(u,v) = H(u,v) \cdot F(u,v) \tag{3.1.8}$$

式中,$F(u,v)$ 是原图像 $f(x,y)$ 的傅立叶频谱,$G(u,v)$ 是锐化后图像的傅立叶频谱,$H(u,v)$ 是滤波器的转移函数(即频谱响应)。那么对高通滤波器而言,$H(u,v)$ 使高频分量通过,低频分量抑制。

1. 巴特沃斯高通滤波器

n 阶巴特沃斯高通滤波器的传递函数定义为:

$$H(u,v) = \frac{1}{1 + (\sqrt{2} - 1)\left[D_0/D(u,v)\right]^{2n}} \tag{3.1.9}$$

式中,D_0 是截止频率,$D(u,v) = \sqrt{u^2 + v^2}$ 是点 (u,v) 到频率平面原点的距离。当 $D(u,v) = D_0$ 时,$H(u,v)$ 下降到最大值的 $1/\sqrt{2}$。

当选择截止频率 D_0,要求使该点处的 $H(u,v)$ 下降到最大值的 $1/\sqrt{2}$ 为条件时,可用下式实现：

$$H(u,v) = \frac{1}{1 + (\sqrt{2} - 1)[D_0/D(u,v)]^{2n}} \qquad (3.1.10)$$

2. 指数型高通滤波器

指数型高通滤波器的传递函数定义为：

$$H(u,v) = e^{\ln(1/\sqrt{2}) - [D_0/D(U,v)]^n} \qquad (3.1.11)$$

式中，D_0 是截止频率，变量 n 控制着从原点算起的距离函数 $H(u,v)$ 的增长率。当 $D(u,v) = D_0$ 时，它使 $H(u,v)$ 在截止频率 D_0 时等于最大值的 $1/\sqrt{2}$。

【例 3.1.10】　频域高通滤波法对图像进行增强。

```
I = imread('rice. png');        % 从图形文件中读取图像
I = medfilt2(I,[3,3]);          % 中值滤波
[M N] = size(I);
F = fft2(I);                              % 进行二维快速傅立叶变换
fftshift(F);                              % 把快速傅立叶变换的 DC 组件移到光谱中心
Dcut = T;% T 为截止频率
for u = 1:M
  for v = 1:N
    D(u,v) = sqrt(u^2 + v^2);
    BUTTERH(u,v) = 1/(1 + (sqrt(2) - 1) * Dcut/D(u,v)^2); %巴特沃斯高通传递函数
    EXPOTH(u,v) = exp(log(1/sqrt(2)) * (Dcut/D(u,v))^2); %指数型低通传递函数
  end
end
BUTTERG = BUTTERH. * F;
BUTTERfiltered = ifft2(BUTTERG);
EXPOTG = EXPOTH. * F;
EXPOTGfiltered = ifft2(EXPOTG);
figure,imshow(BUTTERfiltered);
figure,imshow(EXPOTGfiltered);
```

原图为图 3.1.12，程序运行结果如图 3.1.13、图 3.1.14 所示。

图 3.1.12　原图

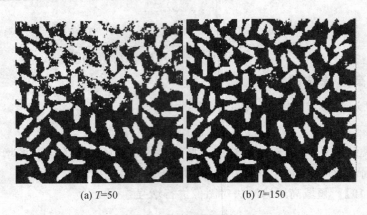

(a) T=50   (b) T=150

图 3.1.13　巴特沃斯高通滤波

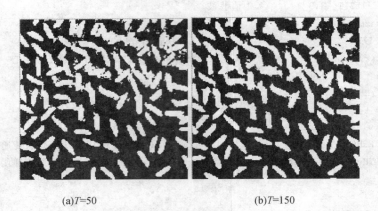

(a)T=50   (b)T=150

图 3.1.14　指数型高通滤波

从图 3.1.13、图 3.1.14 中可以看出,不管是巴特沃斯高通滤波还是指数型高通滤波,随着截止频率 T 的增加,更多的高频部分被抑制。

3.1.4　同态滤波图像增强

同态滤波是一种在频域中同时将图像亮度范围进行压缩并将图像对比度增强的方法。同态滤波增强属于图像频域处理范畴,作用是对图像灰度范围进行调整;通过消除图像上照明不均的问题增强暗区的图像细节,同时又不损失亮区的图像细节。

一幅图像 $f(x,y)$ 能够用它的入射光分量和反射光分量来表示,关系式如下:

$$f(x,y)=i(x,y) \cdot r(x,y) \qquad (3.1.12)$$

另外,入射光分量 $i(x,y)$ 由照明源决定,而反射光分量 $r(x,y)$ 则是由物体本身特性决定的;入射光分量同傅立叶平面上的低频分量相关,而反射光分量则同其高频分量相关。

对式(3.1.12)式取对数,然后再取傅立叶变换得:

$$Z(u,v)=I(u,v)+R(u,v) \qquad (3.1.13)$$

式中，$I(u,v)$ 和 $R(u,v)$ 分别是 $\ln[i(x,y)]$ 和 $\ln[r(x,y)]$ 的傅立叶变换。如果选用一个滤波函数 $H(u,v)$ 来处理 $Z(u,v)$，则有：

$$S(u,v)=Z(u,v)H(u,v)=I(u,v)H(u,v)+R(u,v)H(u,v) \quad (3.1.14)$$

式中，$S(u,v)$ 是滤波后的傅立叶变换。

上述的图像增强方法可以归纳为图 3.1.15。此方法要用同一个滤波器来实现对入射分量和反射分量的理想控制，其关键是选择合适的 $H(u,v)$。$H(u,v)$ 要对图像中的低频和高频分量有不同的影响，因此，把它称为同态滤波。如果 $G(u,v)$ 的特性如图 3.1.16 所示，$r_L<1,r_H>1$，则此滤波器将减少低频和增强高频，它的结果是同时使灰度动态范围压缩和对比度增强。

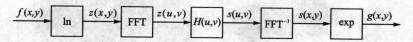

图 3.1.15　同态滤波图像增强方法

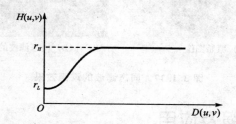

图 3.1.16　同态滤波器滤波函数的剖面

【例 3.1.11】　同态滤波图像增强。

```
J = imread('eight.tif');        % 读入原始图像
subplot(121); imshow(J);        % 显示原始图像
J = double(J);
set(gcf, 'color', [1  1  1]);
f = fft2(J);                    % 采用傅立叶变换
g = fftshift(f);                % 数据矩阵平衡
[M, N] = size(f);
d0 = 10;
r1 = 0.5;                       % 用 H1 = 0.5、Hh = 2.0 进行同态滤波
rh = 2
c = 4;
n1 = floor(M/2);
n2 = floor(N/2);
for i = 1: M
    for j = 1: N
        d = sqrt((i - n1)^2 + (j - n2)^2);
        h = (rh - r1) * (1 - exp(-c * (d.^2/d0.^2))) + r1;
        g(i, j) = h * g(i, j);
```

```
        end
    end
    g = ifftshift(g);
    g = uint8 ( real ( ifft2 (g)));
    subplot(122); imshow(g);        % 显示同态滤波的结果
```

如图 3.1.17(b)所示，用 $H_1=0.5$、$H_h=2.0$ 进行同态滤波得到图像增强效果。由此可看出，原始图像背景的亮度被减弱，而钱币边缘及图案中线条的对比度增强了。不同的参数取值将会有不同的处理效果，读者应根据需求选取合适的参数。

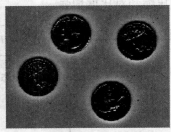

(a) 原始图像   (b) 同态滤波的结果

图 3.1.17   同态滤波的增强效果

3.2   伪彩色增强及应用

伪彩色增强是把一幅黑白域图像的不同灰度级映射为一幅彩色图像的技术手段。由于人类视觉分辨不同彩色的能力特别强，而分辨灰度的能力相比之下较弱，因此，把人眼无法区别的灰度变化施以不同的彩色，那么人眼便可以区别它们了，这便是伪彩色增强的基本依据。

3.2.1   灰度分层法伪彩色增强

灰度分层法又称为灰度分割法或密度分层法，是伪彩色处理技术中最基本、最简单的方法。设一幅灰度图像 $f(x,y)$，可以看成是坐标 (x,y) 的一个密度函数。把此图像的灰度分成若干等级，即相当于用一些和坐标平面(即 xy 平面)平行的平面在相交的区域中切割此密度函数。例如，分成 $L_1,L_2,\cdots,L_N$ 等 N 个区域，每个区域分配一种彩色，即每个灰度区间指定一种颜色 $C_i(i=1,2,\cdots,N)$，从而将灰度图像变为有 N 种颜色的伪彩色图像。灰度分层的原理如图 3.2.1 所示。

图 3.2.2 给出了从灰度级到彩色的阶梯映射。密度分层伪彩色处理简单易行，仅用硬件就可以实现。但所得伪彩色图像彩色生硬，且量化噪声大。

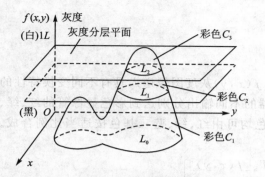

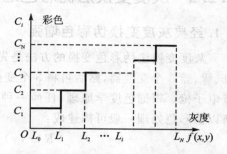

图 3.2.1　灰度分层的原理示意图　　　　图 3.2.2　灰度与伪彩色处理的映射示意图

常用函数为 grayslice，调用格式如下：

```
X = grayslice(I,N);
X = grayslice(I,V);
```

其中，第一种格式是将灰度图像通过设定的阈值 $1/n, 2/n, \cdots, (n-1)/n$，映射并返回索引图像 X；第二种格式中 V 为一个向量，值得大小在 0 到 1 之间，将 V 作为阈值处理，返回索引图像 X。

【例 3.2.1】　使用 MATLAB 灰度分层函数 grayslice 实现伪彩色图像处理。

```
I = imread('leopard.png');        % 输入灰度图像
imshow(I);                        % 显示灰度图像
title('originalimage')
X = grayslice(I,16);              % 原灰度图像灰度分 16 层
figure,imshow(X,hot(16));         % 显示伪彩色处理的图像
title('graysliceimage')
```

程序运行结果如图 3.2.3(b)所示。

(a)原图像　　　　　　　(b)处理后的图像

图 3.2.3　灰度分层与伪彩色处理示例

3.2.2 灰度变换法伪彩色增强

1. 经典灰度变换伪彩色增强

灰度变换法伪彩色变换的方法是先将 $f(x,y)$ 灰度图像送入具有不同变换特性的红、绿、蓝 3 个变换器，然后再将 3 个变换器的不同输出分别送到彩色显像管的红、绿、蓝电子枪。根据色度学原理，任何一种彩色均可由红、绿、蓝三基色按适当比例合成。所以伪彩色处理一般可描述成：

$$\left.\begin{array}{l} R(x,y) = T_R[f(x,y)] \\ G(x,y) = T_G[f(x,y)] \\ B(x,y) = T_B[f(x,y)] \end{array}\right\} \tag{3.2.1}$$

其中，$f(x,y)$ 是原始图像的灰度值，$T_R[f(x,y)]$、$T_G[f(x,y)]$、$T_B[f(x,y)]$ 分别代表三基色值与灰度值之间的映射关系，$R(x,y)$、$G(x,y)$、$B(x,y)$ 分别为伪彩色图像红、绿、蓝 3 种分量的数值。

式(3.2.1)说明变换法是对输入图像的灰度值实现 3 种独立的变换，按灰度值的不同映射成不同大小的红、绿、蓝三基色值。然后，用它们去分别控制彩色显示器的红、绿、蓝电子枪，以产生相应的彩色显示。图 3.2.4 示意了灰度伪彩色变换法的原理，映射关系 $T_R[f(x,y)]$、$T_G[f(x,y)]$、$T_B[f(x,y)]$ 可以是线性的，也可以是非线性的。

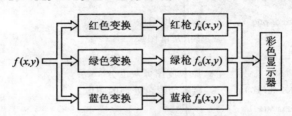

图 3.2.4 灰度至伪彩色变换处理原理示意图

图 3.2.5(a)、(b)、(c)显示了一组典型的红色、绿色、蓝色的传递函数。图 3.2.5(d)是 3 种变换函数共同合成的三基色。在图 3.2.5(a)中，红色变换将任何低于 $L/2$ 的灰度级映射成最暗的红色，在 $L/2 \sim 3L/4$ 之间红色输入线性增加，灰度级在 $3L/4 \sim L$ 区域内映射保持不变，等于最亮的红色调。用类似的方法可以解释其他的彩色映射。从图 3.2.5 可以看出，若 $f(x,y) = 0$，则 $f_R(x,y) = f_G(x,y) = 0$，$f_B(x,y) = L$，从而显示蓝色；若 $f(x,y) = L/2$，则 $f_R(x,y) = f_B(x,y) = 0$，$f_G(x,y) = L$，从而显示绿色；若 $f(x,y) = L$，则 $f_R(x,y) = L$，$f_G(x,y) = f_B(x,y) = 0$，从而显示红色。可见，只在灰度轴的两端和正中心才映射为纯粹的基色。

【例 3.2.2】 变换法伪彩色处理的实现。

```
%    变换法伪彩色处理的 MATLAB 程序
clc
I = imread('hua.jpg');    %  读入灰度图像
```

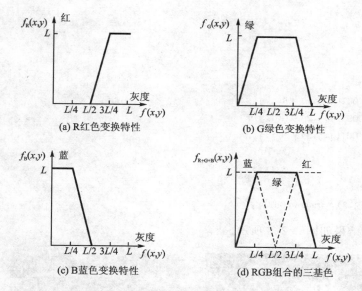

图 3.2.5 典型的彩色变换函数特性

```
subplot(1,2,1),imshow(I);          %    显示灰度图像
I = double(I);
[M, N] = size(I);
L = 256;
for i = 1:M
    for j = 1:N
        if I(i,j) < = L/4
            R(i,j) = 0;
            G(i,j) = 4 * I(i,j);
            B(i,j) = L;
        else if I(i,j) < = L/2
            R(i,j) = 0;
            G(i,j) = L;
            B(i,j) = - 4 * I(i,j) + 2 * L;
        else if I(i,j) < = 3 * L/4
            R(i,j) = 4 * I(i,j) - 2 * L;
            G(i,j) = L;
            B(i,j) = 0;
        else
            R(i,j) = L;
            G(i,j) = - 4 * I(i,j) + 4 * L;
            B(i,j) = 0;
        end
    end
end
```

```
        end
    end

    for i = 1:M
        for j = 1:N
                OUT(i,j,1) = R(i,j);
                OUT(i,j,2) = G(i,j);
                OUT(i,j,3) = B(i,j);
        end
    end
    OUT = OUT/256;
    subplot(1,2,2), imshow(OUT);
```

程序运行结果如图 3.2.6 所示。

(a) 灰度图像　　　　　　　　　(b) 灰度变换法处理效果

图 3.2.6　变换法伪彩色处理

2. 改进的灰度变换法伪彩色增强

上述介绍了经典灰度变换伪彩色增强方面的原理,那么也可以尝试通过改变图像整体色彩基调的方法达到伪彩色处理效果。方法是将读入的灰度图像数据矩阵 d 按一定的系数分别配比后,分别赋予矩阵 OUT(:,:,1)、OUT(:,:,2)、OUT(:,:,3)。将二维灰度图像直接扩展到三维,从而快速地输出伪彩色图像。通过调节配比系数的大小来调节图像亮度,配比系数的正负号可改变色彩,使伪彩色图像达到良好的效果。这个方案简单易行,实时调节方便,选定一定的范围,系数非同号,伪彩色效果好。这也需要不断地实验,根据想要得到的图像效果人为调节。

【例 3.2.3】　改进变换法伪彩色处理的实现。

```
c = imread('hua.jpg');
t = rgb2gray(c);
d = histeq(t);
d = double(d);
[M N] = size(d);
R(:,:) = r * d(:,:);%红色分量
```

```
G(:,:) = g * d(:,:);%绿色分量
B(:,:) = b * d(:,:);%蓝色分量
for i = 1:M
    for j = 1:N
        OUT(i,j,1) = R(i,j);
        OUT(i,j,2) = G(i,j);
        OUT(i,j,3) = B(i,j);
    end
end
OUT = OUT/256;%归一化
figure(3),imshow(OUT)
```

其中,r、g、b 分别为 3 分量的配比系数,通过调节该系数来控制处理后伪彩色的颜色和亮度,从而得到不同颜色基调的伪彩色图像。图 3.2.7 是不同配比系数下同一图像的伪彩色变换效果。

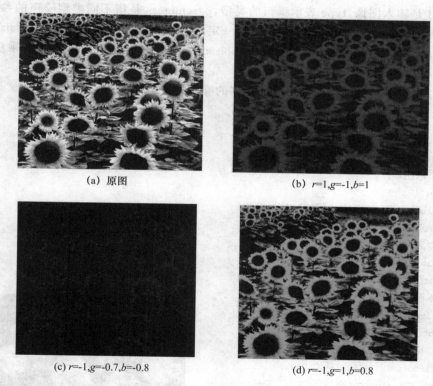

(a) 原图　　　　　　　　　　　　　(b) r=1,g=-1,b=1

(c) r=-1,g=-0.7,b=-0.8　　　　　　　(d) r=-1,g=1,b=0.8

图 3.2.7　改进的伪彩色处理效果

3.3　空间域图像去噪技术

实际获得的图像都因受到干扰而含有噪声,噪声产生的原因决定了噪声分布的特

性及与图像信号的关系。一般图像处理技术中常见的噪声有:①加性噪声,如图像传输过程中引进的信道噪声、电视摄像机扫描图像的噪声等。②乘性噪声,乘性噪声和图像信号相关,噪声和信号成正比。③量化噪声,这是数字图像的主要噪声源,其大小显示出数字图像和原始图像的差异。④"盐和胡椒"噪声,如图像切割引起的黑图像上的白点噪声、白图像上的黑点噪声。图像平滑的主要目的是去除噪声,去除噪声可采用空间域低通滤波、频率域低通滤波及形态学滤波实现。空间域中进行去噪主要采用邻域平均、中值滤波和多图像平均法实现。

3.3.1 图像噪声的加入

MATLAB 图像处理工具箱中的 imnoise 函数可以对图像加入不同类型的噪声,常见的调用格式如下:

```
J = imnoise(I,type,parameters)
```

其中,I 是输入图像,type 表示噪声的类型,parameters 是指不同类型噪声的参数,J 是添加噪声后的图像。常见的噪声类型有一定均值和方差的高斯白噪声(gaussian)、零均值的高斯白噪声(localvar)、泊松噪声(poisson)、椒盐噪声(salt&pepper)和乘法噪声(speckle)。

下面举例说明在同一幅图像中添加不同的噪声并进行对比。

【例 3.3.1】 在图像中添加不同的噪声。

```
I = imread('coins.png');
imshow(I);
title('原图');
figure;
K1 = imnoise(I,'gaussian',0.03,0.02);
subplot(221);imshow(K1);
title('高斯白噪声');
K2 = imnoise(I,'poisson');
subplot(222);imshow(K2);
title('泊松噪声');
K3 = imnoise(I,'salt & pepper',0.03);
subplot(223);imshow(K3);
title('椒盐噪声');
K4 = imnoise(I,'speckle',0.04);
subplot(224);imshow(K4)
title('乘法噪声');
```

图 3.3.1 原图

原图为 3.3.1,添加噪声后如图 3.3.2 所示,可以看出,不同的噪声具有各自的特点,添加后区别较为明显。

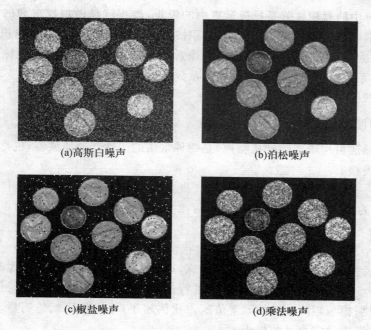

(a)高斯白噪声　　　　　　　　　(b)泊松噪声

(c)椒盐噪声　　　　　　　　　(d)乘法噪声

图 3.3.2　添加各种噪声后的图像

3.3.2　平滑滤波器

1. 模板操作

模板操作实现了一种邻域运算,即某个像素点的结果不仅和本像素灰度有关,而且和其邻域点的值有关。模板运算的数学含义是卷积(或互相关)运算。卷积是一种用途很广的算法,以完成各种处理变换,过程如图 3.3.3 所示。

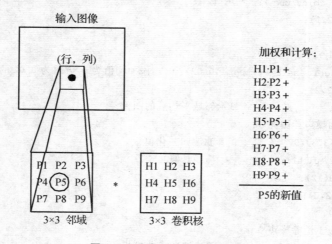

输入图像

(行,列)

P1	P2	P3
P4	(P5)	P6
P7	P8	P9

3×3 邻域

*

H1	H2	H3
H4	H5	H6
H7	H8	H9

3×3 卷积核

加权和计算:

H1·P1 +
H2·P2 +
H3·P3 +
H4·P4 +
H5·P5 +
H6·P6 +
H7·P7 +
H8·P8 +
H9·P9 +
————————
P5的新值

图 3.3.3　卷积的处理过程

卷积运算中的卷积核就是模板运算中的模板,卷积就是做加权求和的过程。邻域中的每个像素(假定邻域为 3×3 大小,卷积核大小与邻域相同)分别与卷积核中的每一个元素相乘,乘积求和所得结果即为中心像素的新值。卷积核中的元素称作加权系数(亦称为卷积系数),改变卷积核中的加权系数会影响到总和的数值与符号,从而影响到所求像素的新值。

2. 掩模消噪法

掩模消噪法可用于消除随机噪声,是一种常用的线性低通滤波器,也称为均值滤波器。常用的模板有:

$$H_1 = \frac{1}{10}\begin{bmatrix}1&1&1\\1&2&1\\1&1&1\end{bmatrix}, H_2 = \frac{1}{16}\begin{bmatrix}1&2&1\\2&4&2\\1&2&1\end{bmatrix}, H_3 = \frac{1}{8}\begin{bmatrix}1&1&1\\1&0&1\\1&1&1\end{bmatrix}$$

以上 3 个模板的作用域为 3×3,在进行消除噪声运算时,将此模板遍历图像内像素,该模板与之相对应的 9 个像素进行运算,运算结果替代中心像素的像素值。同理,也可选择 5×5、7×7 等更大作用域模板进行运算,模板作用域越大,平滑作用就越强,图像就越模糊;模板矩阵中心的元素值所占比例越小,平滑作用就越明显,图像也越模糊,故要根据需求设定自己的模板。

MATLAB 中,利用二维卷积运算函数 conv2 可执行掩模去噪效果,具体用法如下:

```
C = conv2(A,B)
C = conv2(H1,H2,A)
C = conv2(...,'shape')
```

其中,C = conv2(A,B)用来计算数组 A 和 B 的卷积。

【例 3.3.2】 掩模消噪法去噪。

```
I = imread('coins.png');        % 读图
subplot(2,2,1);
imshow (I);
title('原图');
J = imnoise(I, 'salt & pepper',0.02);   % 添加均值为 0,方差为 0.02 的噪声
subplot(2,2,2);
imshow (J);                % 显示邻域平均后的图像
title('添加噪声后图像');
h1 = ones(3,3)/9;          % 滤波归一化模板
I2 = conv2 (J, h1);        % 掩模计算
I2 = uint8(I2);
subplot(2,2,3);
imshow (I2);
title('模板 1 消除噪声')
h2 = ones(7,7)/49;         % 滤波归一化模板
I3 = conv2 (J, h2);        % 计算
```

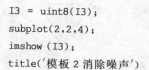

```
I3 = uint8(I3);
subplot(2,2,4);
imshow (I3);
title('模板 2 消除噪声')
```

运行结果如图 3.3.4 所示。从图中可以看出,掩模法滤波后噪声得到了明显抑制,但图像也变得模糊了,且随着模板作用范围的增大,模糊就越严重。

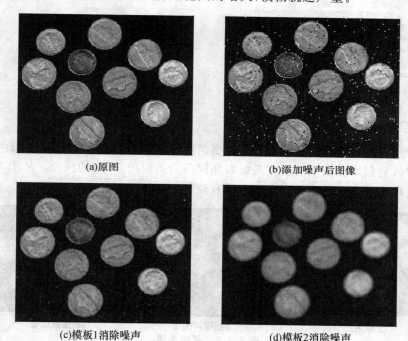

(a)原图　　　　　　　　　　　　　　(b)添加噪声后图像

(c)模板1消除噪声　　　　　　　　　　(d)模板2消除噪声

图 3.3.4　掩模法去噪

3. 邻域平均法

邻域平均法是一种局部空间域的简单处理算法。这种方法的基本思想是,在图像空间假定有一幅图像大小为 $N \times N$ 个像素的图像 $f(x,y)$,用邻域内几个像素的平均值去代替图像中的每一个像素点值的操作(即将一个像素及其邻域内的所有像素的平均灰度值赋给平滑图像中对应的像素)。经过平滑处理后得到一幅图像 $g(x,y)$。

$g(x,y)$ 由下式决定:

$$g(x,y) = \frac{1}{M} \sum_{(m,n) \in S} f(m,n) \qquad (3.3.1)$$

式中,$x,y = 0,1,2,\cdots,N-1$;S 为点邻域中像素坐标的集合,其中不包括 (x,y) 点;M 为集合 S 内像素坐标点的总数。

常用函数同掩模消噪法中介绍相同,这里不再重复。

【例 3.3.3】　邻域平均法去除噪声。

```
I = imread ('coins.png');    % 读取原图
```

```
subplot(2,2,1);
imshow (I);
title('原图');
J = imnoise(I,'salt & pepper',0.02);    % 添加均值为 0,方差为 0.02 的噪声
subplot(2,2,2);
imshow (J);                      % 显示添加噪声后的图像
title('添加噪声后图像');
h = [1,1,1;1,0,1;1,1,1];% 设定模板矩阵
h1 = h/8;                 % 滤波归一化模板
I2 = conv2 (J, h1);           % 邻域平均
I2 = uint8(I2);
subplot(2,2,3);
imshow (I2);   % 显示噪声图像
title('邻域去噪')
```

由程序对比可以看出,邻域去噪与掩模消噪法在模板设定和归一化上最大不同是邻域去噪时,是利用模板中的所有系数取相同值为 1 时的 3×3 的模板。从图 3.3.5 可以看出,该算法对孤立的单像素点噪声具有较好的抑制作用。

　　(a)原图　　　　　　　　　(b)添加噪声图像　　　　　　(c)邻域域噪

图 3.3.5　邻域去噪

4. 多图像平均法

如果一幅图像包含加性噪声,这些噪声对于每个坐标点是不相关的,并且其平均值为零,这种情况下就可能采用多图像平均法来达到去掉噪声的目的。

设 $g(x,y)$ 为有噪声图像,$n(x,y)$ 为噪声,$f(x,y)$ 为原始图像,可用下式表示:

$$g(x,y) = f(x,y) + n(x,y) \tag{3.3.2}$$

多图像平均法是把一系列有噪声的图像$\{g(x,y)\}$迭加起来,然后再取平均值以达到平滑的目的。具体做法如下:取 M 幅内容相同但含有不同噪声的图像迭加起来,然后做平均计算,如下式所示:

$$\overline{g}(x,y) = \frac{1}{M} \sum_{j=1}^{M} g_j(x,y) \tag{3.3.3}$$

【例 3.3.4】 多图像平均法去除噪声。

```
I = imread ('coins.png');      % 加载原始图像
subplot(2,2,1);
imshow (I);
```

```
title('原图');
J = imnoise(I, 'salt & pepper',0.02);    % 添加噪声
subplot(2,2,2);
imshow (J);                 % 显示图像
title('添加噪声后的图像');
[a,b] = size(J);
I2 = zeros(a,b);
for n = 1 : 30
    I1 = imnoise(I, 'salt & pepper',0.02);
    I2 = I2 + double(I1);
end;
I2 = I2/n;
I2 = uint8(I2);
subplot(2,2,3);
imshow (I2);    % 显示去噪声后的图像
title('多图像平均法去噪')
```

程序将 30 幅随机添加有椒盐的图像相加并求得平均值,处理效果如图 3.3.6 所示,可见噪声得以较好地消除。

　　　(a)原图　　　　　　　(b)添加噪声后图像　　　　(c)多图像平均法去噪

图 3.3.6　多图像平均法去噪

3.3.3　中值滤波器

中值滤波的算法原理是,首先确定一个奇数像素的窗口 W,窗口内各像素按灰度大小排队后,用其中间位置的灰度值代替原 $f(x,y)$ 灰度值成为窗口中心的灰度值 $g(x,y)$。

$$g(x,y) = \text{Med}\{f(x-k,y-l),(k,l \in W)\} \qquad (3.3.4)$$

式中,W 为选定窗口大小,$f(m-k,n-l)$ 为窗口 W 的像素灰度值。通常,窗内像素为奇数,以便于有中间像素。若窗内像素为偶数,则中值取中间两像素灰度值的平均值。中值滤波的主要工作步骤为:

①将模板在图中漫游,并将模板中心与图中的某个像素位置重合;

②读取模板下各对应像素的灰度值;

③将模板对应的像素灰度值从小到大排序;

④选取灰度序列里排在中间的一个像素的灰度值;

⑤将这个中间值赋值给对应模板中心位置的像素作为像素的灰度值。

二维中值滤波的窗口形状和尺寸对滤波效果影响较大,不同的图像内容和不同的

应用要求往往采用不同的窗口形状和尺寸。常见的二维中值滤波窗口形状有线状、方形、圆形、十字形及圆环形等,其中心点一般位于被处理点上,窗口尺寸一般先用 3,再取 5,逐点增大,直到其滤波效果满意为止。一般来说,对于有缓变的较长轮廓线物体的图像,采用方形或者圆形窗口为宜;对于包含有尖顶角物体的图像,适用十字形窗口,而窗口的大小则以不超过图像中最小有效物体的尺寸为宜。使用二维中值滤波最值得注意的问题就是要保持图像中有效的细线状物体,含有点、线、尖角细节较多的图像不宜采用中值滤。图 3.3.7 给出了两个图像中值滤波输出结果。图 3.3.8 给出了几种常用的二维中值滤波器的窗口。

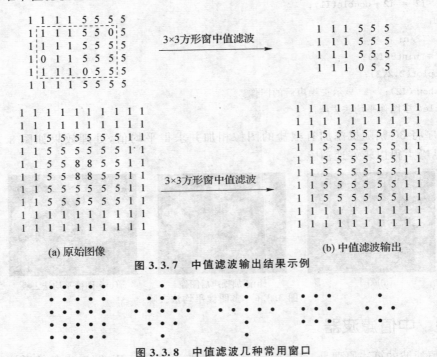

(a) 原始图像   (b) 中值滤波输出

图 3.3.7   中值滤波输出结果示例

图 3.3.8   中值滤波几种常用窗口

MATLAB 工具箱自带有中值滤波函数:medfilt2,函数常用方式如下:

```
b = medfilt2(a,[m,n])
b = medfilt2(a)
```

第一种使用方式中,[m,n]表示滤波器的大小,即 m 行 n 列的滤波器模板。第二种使用方式是在省略模板大小的情况下,默认滤波模板大小为 3×3。

【例 3.3.5】 中值滤波去除噪声。

```
%          中值滤波处理程序
I = imread('lena.bmp');              % 读入原图像
J1 = imnoise(I, 'salt & pepper',0.02);    % 加均值为 0、方差为 0.02 的椒盐噪声
J2 = imnoise(I, 'gaussian',0.02);         % 加均值为 0、方差为 0.02 的高斯噪声
subplot(2,2,1),imshow(J1);           % 显示有椒盐噪声图像
```

```
subplot(2,2,2), imshow(J2);                    % 显示有高斯噪声图像
I1 = medfilt2(J1,[5,5]);                        % 对有椒盐噪声图像进行 5×5 方形窗口中值滤波
I2 = medfilt2(J2,[5,5]);                        % 对有高斯噪声图像进行 5×5 方形窗口中值滤波
subplot(2,2,3), imshow(I1);                     % 显示有椒盐噪声图像的滤波结果
subplot(2,2,4), imshow(I2);                     % 显示有高斯噪声图像的滤波结果
```

　　程序运行结果如图 3.3.9 所示。可见,有椒盐、高斯噪声的图像进行中值滤波时,对于消除孤立点和线段的干扰中值滤波十分有效,对于高斯噪声则效果不佳。中值滤波的优点在于去除图像噪声的同时,还能够保护图像的边缘信息。

(a) 原图像

(b) 有椒盐噪声图像

(c) 有高斯噪声图像

(d) 对椒盐噪声图像中值滤波

(e) 对高斯噪声图像中值滤波

图 3.3.9　椒盐、高斯噪声下图像的中值滤波

3.3.4　自适应滤波器

　　所谓的自适应滤波器指的是可以根据图像的局部变化对图像进行自适应的滤波处理。MATLAB 图像处理工具箱使用 wiener2 函数实现这一功能,当图像局部变化较小的时候,该函数可以进行较大的平滑处理;反之,进行较小的平滑处理。这种自适应滤波器较线性滤波可以保留图像的边界和图像的高频成分,但耗时较多。

　　wiener2 函数调用方式如下:

```
J = wiener2(I,[m,n],noise);
J = wiener2(I,[m,n]);
[J,noise] = wiener2(I,[m,n]);
```

第一种方式返回指定噪声功率图像 I 经滤波后的图像,[m,n]为指定滤波器窗口的大小为 m×n,默认值为 3×3;第三种方式为在进行图像滤波的同时返回噪声功率的估计值 noise。

【例 3.3.6】 wiener2 自适应滤波器。

```
I = imread('coins.png');
K1 = imnoise(I,'gaussian',0,0.02);
subplot(221);imshow(K1);
title('高斯白噪声');
M1 = wiener2(K1,[5,5]);
subplot(222);imshow(M1);
title('滤波高斯白噪声');
K2 = imnoise(I,'salt & pepper',0.02);
subplot(223);imshow(K2);
title('椒盐噪声');
M2 = wiener2(K2,[9,9]);
subplot(224);imshow(M2);
title('滤波椒盐噪声');
```

运行结果如图 3.3.10 所示。可以看出,wiener2 滤波器对高斯白噪声滤波效果相对较好一些;对椒盐噪声滤波时,随着滤波窗口的增大,去除噪声的同时,图像边缘信息变的较为模糊。

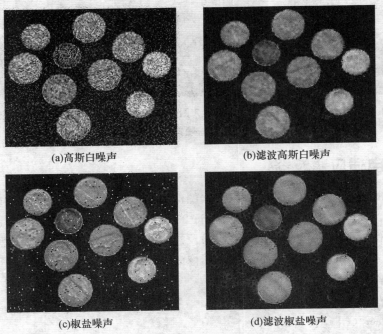

(a)高斯白噪声　　　　(b)滤波高斯白噪声

(c)椒盐噪声　　　　(d)滤波椒盐噪声

图 3.3.10　自适应滤波前后图像

3.4　频率域图像去噪技术及应用

频率域处理方法是在图像的变换域对图像进行间接处理。其特点是先将图像进行变换,在空间域按照某种变换模型(如傅立叶变换)变换到频率域,完成图像由空间域变换到频率域,然后在频域内对图像进行低通滤波处理,处理完之后再将其反变换到空间域,如图 3.4.1 所示。

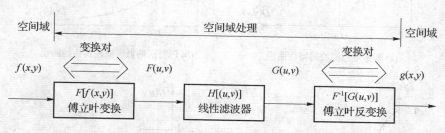

图 3.4.1　图像的空间域与频率域变换处理流程框图

3.4.1　低通滤波器

在分析图像信号的频率特性时,一幅图像的直流分量表示了图像的平均灰度,大面积的背景区域和缓慢变化部分代表图像的低频分量,而它的边缘、细节、跳跃部分以及颗粒噪声都代表图像的高频分量,因此,在频域中对图像采用滤波器函数衰减高频信息而使低频信息畅通无阻的过程称为低通滤波(Low - pass Filtering)。通过滤波可除去高频分量,消除噪声,起到平滑图像去噪声的增强作用;但同时也可能滤除某些边界对应的频率分量,而使图像边界变得模糊。

利用卷积定理对式 $g(x,y) = h(x,y) * f(x,y)$ 进行变换,则可得到在频域实现线性低通滤波器输出的表达式 $G(u,v) = H(u,v)F(u,v)$。式中,$F(u,v) = F[f(x,y)]$ 为含有噪声原始图像 $f(x,y)$ 的傅立叶变换;$G(u,v)$ 是频域线性低通滤波器传递函数 $H(u,v)$(即频谱响应)的输出,也是低通滤波平滑处理后图像的傅立叶变换。得到 $G(u,v)$ 后,再经过傅立叶反变换就得到所希望的图像 $g(x,y)$。频率域中的图像滤波处理流程框图如图 3.4.2 所示。

图 3.4.2　图像频域低通滤波流程框图

$H(u,v)$ 具有低通滤波特性,通过选择不同的 $H(u,v)$ 可产生不同的低通滤波平滑效果。常用的有理想低通滤波器、巴特沃斯低通滤波器、指数型低通滤波器等,它们都是零相位的,即对信号傅立叶变换的实部和虚部系数有着相同的影响,其传递函数以连续形式给出。

常用的低通滤波器有 4 种,下面介绍常用的几种实现低通滤波的函数,如图 3.4.3 所示。

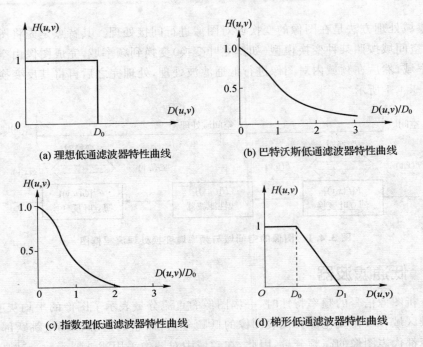

(a) 理想低通滤波器特性曲线

(b) 巴特沃斯低通滤波器特性曲线

(c) 指数型低通滤波器特性曲线

(d) 梯形低通滤波器特性曲线

图 3.4.3　4 种频域低通滤波器传递函数 $H(u,v)$ 的剖面图

3.4.2　巴特沃斯低通滤波器

n 阶巴特沃斯低通滤波器如图 3.4.4 所示,它的传递函数为:

$$H(u,v) = \frac{1}{1 + (\sqrt{2} - 1)[D(u,v)/D_0]^{2n}} \tag{3.4.3}$$

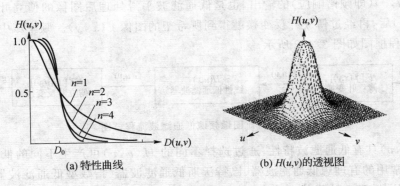

(a) 特性曲线

(b) $H(u,v)$ 的透视图

图 3.4.4　巴特沃斯低通滤波器

式中，D_0 是截止频率；n 为阶数，取正整数，用来控制曲线的形状。当 $D(u,v)=D_0$、$n=1$ 时，$H(u,v)$ 在 D_0 处的值降为其最大值的 $1/\sqrt{2}$。$H(u,v)$ 具有不同的衰减特性，可视需要来确定。

巴特沃斯低通滤波器传递函数特性为连续性衰减，而不像理想低通滤波器那样陡峭和明显的不连续性；尾部保留有较多的高频，所以对噪声的平滑效果不如理想低通滤波器。采用该滤波器在抑制噪声的同时，图像边缘的模糊程度大大减小，振铃效应不明显。

【例 3.4.1】 巴特沃斯低通滤波器的实现。

```
[I, map] = imread('winter.bmp');          % 从图形文件中读取图像
noisy = imnoise(I, 'gaussian',0.01);      % 对原图像添加高斯噪声
imshow(noisy, map);                        % 显示加入高斯噪声后的图像
[M N] = size(I);
F = fft2(noisy);                           % 进行二维快速傅立叶变换
fftshift(F);                               % 把快速傅立叶变换的 DC 组件移到光谱中心
Dcut = 100;
for u = 1:M
  for v = 1:N
    D(u,v) = sqrt(u^2 + v^2);
    BUTTERH(u, v) = 1/(1 + (sqrt(2) - 1) * (D(u,v)/Dcut)^2);  % 巴特沃斯低通滤波器传递函数
  end
end
BUTTERG = BUTTERH. * F;
BUTTERfiltered = ifft2(BUTTERG);
subplot(2,2,1),imshow(noisy)                % 显示加入高斯噪声后的图像
subplot(2,2,2),imshow(BUTTERfiltered,map)   % 显示巴特沃斯低通滤波后的图像
```

程序运行结果如图 3.4.5 所示。

(a)高斯噪声后的图像　　　　　　(b)巴特沃斯低通滤波后的图像

图 3.4.5　巴特沃斯低通滤波器

3.4.3 指数型低通滤波器

指数型低通滤波器如图 3.4.6 所示,它的传递函数为:

$$H(u,v)=\mathrm{e}^{\ln(1/\sqrt{2})\left[D(u,v)/D_0\right]^n} \tag{3.4.4}$$

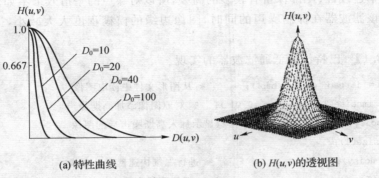

(a) 特性曲线   (b) $H(u,v)$的透视图

图 3.4.6 指数型低通滤波器

式中,D_0 是截止频率,n 为阶数。当 $D(u,v)=D_0$、$n=1$ 时,$H(u,v)$降为最大值的 $1/\sqrt{2}$,由于指数型低通滤波器具有比较平滑的过滤带,经此平滑后的图像没有振铃现象;而与巴特沃斯滤波相比,它具有更快的衰减特性,处理的图像稍微模糊一些。

【例 3.4.2】 指数型低通滤波器的实现。

```
[I, map] = imread('winter.bmp');        % 从图形文件中读取图像
noisy = imnoise(I, 'gaussian',0.01 );   % 对原图像添加高斯噪声
imshow(noisy, map);                     % 显示加入高斯噪声后的图像
[M N] = size(I);
F = fft2(noisy);                        % 进行二维快速傅立叶变换
fftshift(F);                            % 把快速傅立叶变换的 DC 组件移到光谱中心
Dcut = 100;
for u = 1: M
  for v = 1: N
    D(u,v) = sqrt(u^2 + v^2);
        EXPOTH(u, v) = exp(log(1/sqrt(2)) * (D(u, v)/Dcut)^2); % 指数型低通滤波器传递函数
  end
end
EXPOTG = EXPOTH. * F;
EXPOTGfiltered = ifft2(EXPOTG);
subplot(2,2,1),imshow(noisy)            % 显示加入高斯噪声后的图像
subplot(2,2,3),imshow(EXPOTGfiltered,map)  % 显示指数型低通滤波后的图像
```

程序运行结果如图 3.4.7 所示。

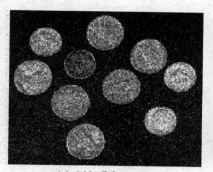
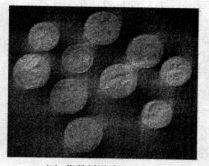

(a) 添加噪声后图像　　　　　　　　(b) 指数低通滤波后图像

图 3.4.7　指数低通滤波器

3.4.4　梯形低通滤波器

梯形低通滤波器（TLPF）的传递函数为：

$$H(u,v) = \begin{cases} 1 & D(u,v) < D_0 \\ \dfrac{D(u,v) - D_1}{D_1 - D_1} & D_0 \leqslant D(u,v) \leqslant D_1 \\ 0 & D(u,v) > D_1 \end{cases} \quad (3.4.5)$$

式中，D_0 称为梯形低通滤波器的截止频率，D_0 和 D_1 按要求预先指定为 $D_0 < D_1$，它的性能介于理想低通滤波器与巴特沃斯低通滤波器之间，对图像有一定的模糊和振铃效应。

【例 3.4.3】　梯形低通滤波器的实现。

```
[I, map] = imread('winter.bmp');        % 从图形文件中读取图像
noisy = imnoise(I, 'gaussian',0.01);    % 对原图像添加高斯噪声
imshow(noisy, map);                     % 显示加入高斯噪声后的图像
[M N] = size(I);
F = fft2(noisy);                        % 进行二维快速傅立叶变换
fftshift(F);                            % 把快速傅立叶变换的 DC 组件移到光谱中心
Dcut = 100;
D0 = 150;
D1 = 250;
for u = 1: M
  for v = 1: N
    D(u,v) = sqrt(u^2 + v^2);
    if   D(u,v) < D0                    % 梯形低通滤波器传递函数
        TRAPEH(u, v) = 1;
      elseif  D(u,v) < = D1
        TRAPEH(u ,v) = (D(u ,v) - D1)/(D0 - D1);
      else
```

```
            TRAPEH(u,v) = 0;
        end
      end
end
TRAPEG = TRAPEH. * F;
TRAPEfiltered = ifft2(TRAPEG);
subplot(2,2,1),imshow(noisy)              % 显示加入高斯噪声后的图像
subplot(2,2,4), imshow(TRAPEfiltered,map)  % 显示梯形低通滤波后的图像
```

程序运行结果如图 3.4.8 所示。

(a) 添加噪声后图像　　　　　　　　　(b) 梯形低通滤波后图像

图 3.4.8　梯形低通滤波器

3.5　形态学滤波去噪技术及应用

　　数学形态学是一门新兴的图像处理与分析学科,其基本理论与方法在文字识别、医学图像处理与分析、图像编码压缩等诸多领域都取得了广泛的应用,已经成为图像工程技术人员必须掌握的基本内容之一。基于数学形态学的形状滤波器可借助于先验的几何特征信息,利用形态学算子有效地滤除噪声,又可以保留图像中的原有信息,因此,数学形态学方法比其他空域或频域图像处理和分析方法具有一些明显的优势。

3.5.1　图像的腐蚀与膨胀运算

1. 击　中

　　对于两幅图像 B 和 A,若存在这样一个点,它既是 B 的元素,又是 A 的元素,即 $A \bigcap B \neq \Phi$,则称 B 击中 A,记作 $B \uparrow A$,如图 3.5.1(a)所示。若不存在任何一个点,它既是 B 的元素,又是 A 的元素,则称 B 不击中 A,即 $B \bigcap A = \Phi$,如图 3.5.1(b)所示。

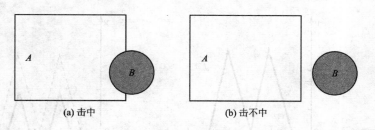

(a) 击中　　　　　　　　　　(b) 击不中

图 3.5.1　击中与击不中

2. 二值图像的腐蚀

数学形态学严格来说是基于几何学为基础的,核心思想结构元素与物体"击中"与"击不中"关系,最基本的算法为腐蚀与膨胀操作。腐蚀操作公式如下:

$$E(X) = X\ominus S = \{x \mid S+x \subseteq X\} \tag{3.5.1}$$

把结构元素 S 平移 a 后得到 Sa。若 Sa 包含于 X,我们记下这个 a 点,所有满足上述条件的 a 点组成的集合称作 X 被 S 腐蚀(Erosion)的结果,如图 3.5.2 所示。

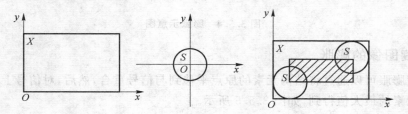

图 3.5.2　二值图像腐蚀示意图

3. 灰度图像的腐蚀

灰度图像腐蚀类似于二值图像的腐蚀,图 3.5.3 表示了定义式的几何意义,其效果相当于半圆形结构元素在被腐蚀函数的下面"滑动"时,其圆心画出的轨迹。但是,这里存在一个限制条件,即结构元素必须在函数曲线的下面平移。从图中不难看出,半圆形结构元素从函数的下面对函数产生滤波作用,这与圆盘从内部对二值图像滤波的情况是相似的。

4. 二值图像的膨胀

膨胀可以看作是腐蚀的对偶运算,其定义是:把结构元素 S 平移 a 后得到 Sa,若 Sa 击中 X,记下这个 a 点。所有满足上述条件的 a 点组成的集合称作 X 被 S 膨胀的结果。一般膨胀定义为:

$$X \oplus S = \{x \mid S+xUx \neq \varnothing\} \tag{3.5.2}$$

从式(3.5.2)可以看出,如果结构元素 S 的原点位移到 (x,y),它与 X 的交集非空,这样的点 (x,y) 组成的集合就是对膨胀产生的结果,如图 3.5.4 所示。

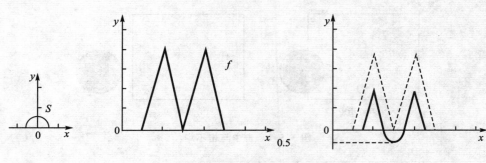

图 3.5.3　半圆结构元素进行灰值腐蚀

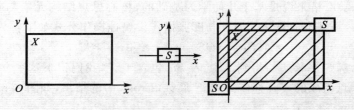

图 3.5.4　膨胀示意图

5. 灰度图像的膨胀

灰度膨胀可以通过将结构元素的原点平移到与信号重合,然后,对信号上的每一点求结构元素的最大值得到,如图 3.5.5 所示。

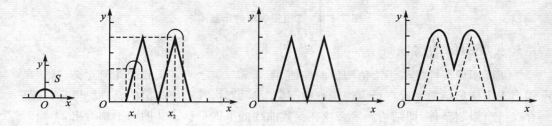

图 3.5.5　灰值膨胀示意图

MATLAB 工具箱带有相关运算函数,膨胀和腐蚀操作函数分别为 imdilate 和 imerode,具体用法格式如下:

```
IM2 = imdilate(IM,SE)
IM2 = imerode(IM,SE)
```

其中,IM 为原图,原图是二值图像或者是灰度图像;SE 是结构元素,可以自己定义,也可以由 strel 函数得到。

【例 3.5.1】　将如图 3.5.6(a)所示的灰度图像用 MATLAB 编程进行腐蚀与膨胀处理,要求:①用 3 阶单位矩阵的结构元素进行腐蚀和膨胀;②用半径为 2 的平坦圆盘形结构元素进行腐蚀和膨胀;③显示所有腐蚀及膨胀结果。

灰值腐蚀与膨胀的 MATLAB 源程序代码如下:

```
bw1 = imread('liftingbody.png');
% bw1 = im2bw(bw0);
subplot(2,6,1:2),imshow(bw1);title('(a)原图');
s = ones(5);
bw2 = imerode(bw1,s);
subplot(2,6,3:4),imshow(bw2);title('(b)腐蚀图像一');
bw3 = imdilate(bw1,s);
subplot(2,6,5:6),imshow(bw3);title('(c)膨胀图像一');
s1 = strel('disk',5);
bw4 = imerode(bw1,s1);
subplot(2,6,8:9),imshow(bw4);title('(d)腐蚀图像二');
bw5 = imdilate(bw1,s1);
subplot(2,6,10:11),imshow(bw5);title('(e)膨胀图像二');
```

图 3.5.6(b)是用 5 阶单位矩阵的结构元素进行腐蚀的结果,图 3.5.6(c)是用 5 阶单位矩阵的结构元素进行膨胀的结果,图 3.5.6(d)是用半径为 2 的平坦圆盘形结构元素进行腐蚀的结果,图 3.5.6(e)是用半径为 2 的平坦圆盘形结构元素进行膨胀的结果。

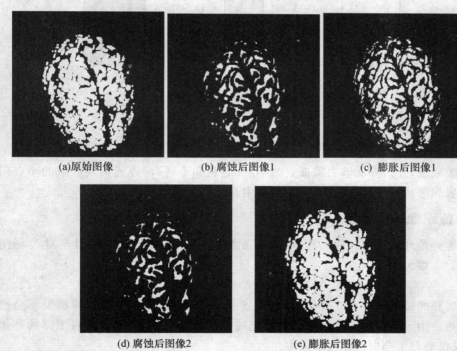

(a)原始图像　　　(b) 腐蚀后图像1　　　(c) 膨胀后图像1

(d) 腐蚀后图像2　　　(e) 膨胀后图像2

图 3.5.6　灰值图像的腐蚀膨胀运算

从结果可知,对于灰值图像的腐蚀,如果结构元素的值都为正的,则输出图像会比输入图像暗;如果输入图像中亮细节的尺寸比结构元素小,则其影响会被减弱,减弱的程度取决于这些亮细节周围的灰度值和结构元素的形状和幅值。对于灰值图像的膨胀运算,如果结构元素的值都为正,则输出图像会比输入图像亮;根据输入图像中暗细节的灰度值以及它们的形状相对于结构元素的关系,它们在膨胀中或被消减或被除掉。

3.5.2　图像的开与闭运算

1. 二值图像的开运算

先腐蚀后膨胀的运算称为开运算,利用图像 S 对比图像 X 做开运算,用符号表示,其定义为:

$$X \bigcirc S = (X \ominus S) \oplus S \tag{3.5.3}$$

图 3.5.7 表示了二值图像先腐蚀后膨胀所描述的开运算。图中给出了利用圆盘对一个矩形先腐蚀后膨胀所得到的结果,可以看出,用圆盘对矩形做开运算会使矩阵的内角变圆。这种圆化的结果可以通过将圆盘在矩形的内部滚动,并计算各个可以填入位置的并集得到。

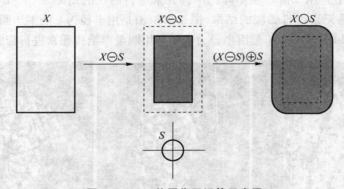

图 3.5.7　二值图像开运算示意图

一般来说,开运算能够去除孤立的小点、毛刺和小桥(即连通两块区域的小点),而总的位置和形状不变,这就是开运算的作用。

2. 二值图像的闭运算

闭运算是开运算的对偶运算,定义为先做膨胀然后再做腐蚀。利用 S 对 X 做闭运算表示为 $X \bullet S$,其定义为:

$$X \bullet S = (X \oplus S) \ominus S \tag{3.5.4}$$

闭运算的过程如图 3.5.8 所示,由于 S 为一个圆盘,故旋转对运算结果不会产生任何影响。闭运算即沿图像的外边缘填充或滚动圆盘。显然,闭运算对图形的外部做滤波,仅仅磨光了凸向图像内部的尖角。

一般来说,闭运算能够填平小湖(即小孔),弥合小裂缝,而总的位置和形状不变。这就是闭运算的作用。

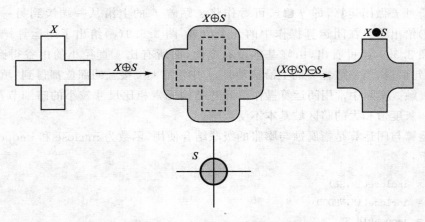

图 3.5.8　二值图像闭运算示意图

3. 灰度图像的开闭运算

灰值图像的开、闭运算与二值图像的开、闭运算十分相似,现以图 3.5.9 为例进行简要说明。图 3.5.9(a)给出了一幅图像 $f(x,y)$ 在 y 为常数时的一个剖面 $f(x)$,其形状为一连串的山峰山谷。假设结构元素 s 是球状的,投影到 x 和 $f(x)$ 平面上是个圆。用 s 对 f 做开运算,即 $f \bigcirc S$,可看作将 s 贴着 f 的下沿从一端滚到另一端。图 3.5.9(b)给出了 s 在开运算中的几个位置,图 3.5.9(c)给出了开运算操作的结果。从图 3.5.9(c)可看出,对所有比 s 直径小的山峰,其高度和尖锐度都减弱了。换句话说,当 s 贴着 f 的下沿滚动时,f 中没有与 s 接触的部位都削减到与 s 接触。实际中常用开运算操作消除与结构元素相比尺寸较小的亮细节,而保持图像整体灰度值和大的亮区域基本不受影响。

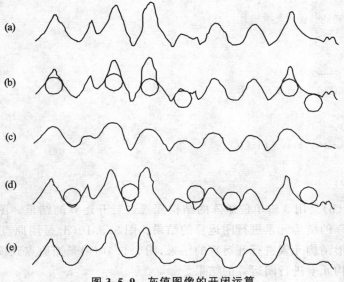

图 3.5.9　灰值图像的开闭运算

用 s 对 f 做闭运算,即 $f \bullet s$,可看作将 s 贴着 f 的上沿从一端滚到另一端。图 3.5.9(d)给出了 s 在闭运算操作中的几个位置,图 3.5.9(e)给出了闭运算操作的结果。从图 3.5.9(e)可看出,山峰基本没有变化,而所有比 s 直径小的山谷得到了"填充"。换句话说,当 s 贴着 f 的上沿滚动时,f 中没有与 s 接触的部位都得到"填充",使其与 s 接触。实际中常用闭运算操作消除与结构元素相比尺寸较小的暗细节,而保持图像整体灰度值和大的暗区域基本不受影响。

开运算与闭运算是指腐蚀与膨胀的级联结合使用,函数为 imclose 和 imopen,调用格式如下:

```
IM2 = imclose(IM,SE)
IM2 = imclose(IM,NHOOD)
IM2 = imopen(IM,SE)
IM2 = imopen(IM,NHOOD)
```

【例 3.5.2】 将如图 3.5.10(a)所示灰度图像用 MATLAB 编程进行开和闭运算,要求:①用 3 阶单位矩阵的结构元素进行开和闭运算;②用原点到顶点距离均为 2 的平坦菱形结构元素进行开和闭运算;③显示所有开和闭运算的结果。

源程序代码如下:

```
bw1 = imread('tt.bmp');
figure(1);
imshow(bw1);
s = ones(2,2);
bw2 = imopen(bw1,s);% 开运算
figure(2);
imshow(bw2);
bw3 = imclose(bw1,s);% 闭运算
figure(3);
imshow(bw3);
s1 = strel('diamond',2);
bw4 = imopen(bw1,s1);% 开运算
figure(4);
imshow(bw4);
bw5 = imclose(bw1,s1);% 闭运算
figure(5);
imshow(bw5);
```

图 3.5.10(b)是用 3 阶单位矩阵的结构元素进行开运算的结果。图 3.5.10(c)是用 3 阶单位矩阵的结构元素进行闭运算的结果。图 3.5.10(d)是用原点到顶点距离均为 2 的平坦菱形结构元素进行开运算的结果,图 3.5.10(e)是用原点到顶点距离均为 2 的平坦菱形结构元素进行闭运算的结果。

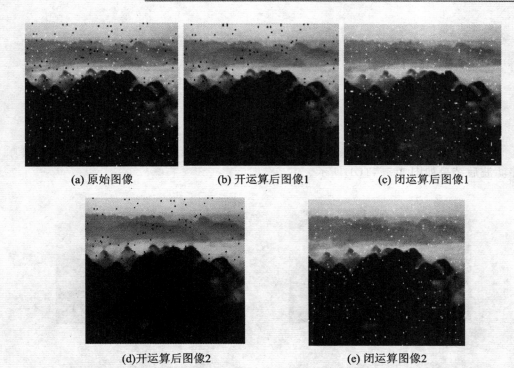

(a) 原始图像　(b) 开运算后图像1　(c) 闭运算后图像1

(d)开运算后图像2　(e) 闭运算图像2

图 3.5.10　开运算和闭运算

3.5.3　图像的滤波技术

前面已经介绍了二值形态学和灰值形态学的基本运算：腐蚀、膨胀、开和闭运算及其一些性质，通过对它们的组合可以得到一系列二值形态学和灰值形态学的实用算法。灰值形态学的主要算法有灰值形态学梯度、形态学平滑、纹理分割等。

【例 3.5.3】　将图 3.5.11(a)采用形态学方法进行滤波，通过 MATLAB 编程实现滤波，并显示部分结果和最终结果。

```
f = imread('tt.bmp');
figure(1);
imshow(f);
se = strel('disk',1);% 构建结构元素
f1 = imopen(f,se);% 开运算
f2 = imclose(f1,se);% 闭运算
figure(2);
imshow(f2);
f3 = imclose(f,se);% 闭运算
f4 = imopen(f3,se); % 开运算
figure(3);
imshow(f4);
```

```
f5 = f;
for k = 2:3
se = strel('disk',k);%构建结构元素
f5 = imclose(imopen(f5,se),se);%先执行开运算,再执行闭运算
end
figure(4);
imshow(f5);
```

开-闭运算结果如图 3.5.11(b)所示,闭-开运算结果如图 3.5.11(c)所示,交替顺序滤波后结果如图 3.5.11(d)所示。

(a) 原始图像

(b) 开-闭运算结果

(c) 闭-开结果运算

(d) 交替顺序滤波后的图像

图 3.5.11　形态学滤波

第4章

图像分析

图像分析是图像处理的高级阶段,目的是使用计算机分析和识别图像,为此必须分析图像的特征。图像特征是指图像中可用作标志的属性,可以分为视觉特征和统计特征。图像分析的基础是图像分割。图像分割是把图像分成若干个有意义的区域的处理技术,从本质上说是将各像素进行分类的过程。分类依据的特性可以是像素的灰度值、颜色特性、多谱特性、空间特性和纹理特性等。图像分割的方法大致可以分为基于阈值选取的图像分割、基于边缘检测的分割和基于区域生成的图像分割。

本章在介绍图像分割、图像分析、图像配准和图像拼接的基础上,重点讲述如何利用 MATLAB 语言实现阈值分割、区域分割、边缘检测、直线提取、几何及形状特征分析、纹理特征分析、图像配准及图像拼接等技术。

4.1 阈值分割及应用

阈值分割法是一种基于区域的图像分割技术,从本质上说是通过阈值将各像素进行分类的过程。常用的阈值分割有很多种,分为人工选择法和自动阈值分割法,其中,自动阈值分割法又分为迭代式阈值分割、最大累间方差阈值分割和最小误差阈值分割等。

4.1.1 灰度直方图的阈值双峰法分割

若灰度图像的灰度级范围为 $i=0,1,\cdots,L-1$,当灰度级为 k 时的像素数为 n_k,则一幅图像的总像素 N 为:

$$N=\sum_{i=0}^{L-1}n_i=n_0+n_1+\cdots+n_{L-1} \tag{4.1.1}$$

灰度级 i 出现的概率为:

$$p_i=\frac{n_i}{N}=\frac{n_i}{n_0+n_1+\cdots+n_{L-1}} \tag{4.1.2}$$

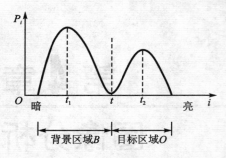

图 4.1.1 直方图的双峰与阈值

当灰度图像中画面比较简单且对象物的灰度分布比较有规律时,背景和对象物在图像的灰度直方图上各自形成一个波峰。由于每两个波峰间形成一个低谷,因而选择双峰间低谷处所对应的灰度值为阈值,可将两个区域分离。

把这种通过选取直方图阈值来分割目标和背景的方法称为直方图阈值双峰法。如图 4.1.1 所示,在灰度级 t_1 和 t_2 两处有明显的峰值,而在 t 处是一个谷点。

具体实现的方法是先做出图像 $f(x,y)$ 的灰度直方图,若只出现背景和目标物两区域部分所对应的直方图呈双峰且有明显的谷底,则可以将谷底点所对应的灰度值作为阈值 t,然后根据该阈值进行分割,就可以将目标从图像中分割出来。这种方法适用于目标和背景的灰度差较大、直方图有明显谷底的情况。

【例 4.1.1】 用直方图双峰法阈值分割图像。

```
%   直方图双峰法阈值分割图像程序
clear
I = imread('pout.tif');    % 读入灰度图像并显示
subplot(1,3,1);
imshow(I);
subplot(1,3,2);
imhist(I);    % 显示灰度图像直方图
Inew = im2bw(I,100/255);    % 图像二值化,根据 100/255 确定的阈值,划分目标与背景
subplot(1,3,3);
imshow(Inew);    % 显示分割后的二值图像
```

分割结果如图 4.1.2 所示,设置一个阈值就能完成分割处理,并形成仅有两种灰度值的二值图像。

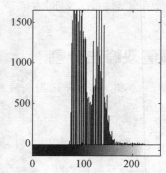

图 4.1.2 直方图阈值双峰法的图像分割效果

双峰法比较简单,在可能情况下常常作为首选的阈值确定方法,但是图像的灰度直方图的形状随着对象、图像输入系统、输入环境等因素的不同而千差万别;当出现波峰间的波谷平坦、各区域直方图的波形重叠等情况时,用直方图阈值法难以确定阈值,必须寻求其他方法来选择适宜的阈值。

4.1.2　迭代式阈值分割

迭代式阈值选择的方法的基本思想是:开始时选择一个阈值作为初始估计值,按照某种策略不断改进这一估计值,直至满足设定的准则为止,那么选择什么样的阈值改进策略显得很重要。好的改进策略应具备如下两个特征:①快速收敛;②每一次迭代后,新的阈值优于上一次的阈值。本文介绍一种常用的迭代方法,步骤如下:

步骤 1:选择整幅图像的灰度中值作为初始的阈值 T_0。

步骤 2:利用初始阈值 T_0 将图像分割为两个区域,分别为 R_1 和 R_2,利用下式计算区域 R_1 和 R_2 的灰度均值 μ_1 和 μ_2。

$$\mu_1 = \frac{\sum_{i=0}^{T_i} p_i}{\sum_{i=0}^{T_i} n_i} \tag{4.1.3}$$

$$\mu_2 = \frac{\sum_{i=T_i}^{L-1} p_i}{\sum_{i=T_i}^{L-1} p_i} \tag{4.1.4}$$

步骤 3:计算出 μ_1 和 μ_2 后,再用下式计算出新的阈值 T_{i+1}:

$$T_{i+1} = \frac{1}{2}(\mu_1 + \mu_2) \tag{4.1.5}$$

步骤 4:重复步骤 2 和步骤 3,直至 T_{i+1} 和 T_i 的差值小于某个给定值。

【例 4.1.2】　迭代全局阈值图像分割。

```
I = imread('coins.png');
subplot(121);imshow(I);title('原图');
I = im2double(I);
T = 0.5 * (min(I(:)) + max(I(:)));
U = false;
while ~U
g = I >= T;
TT = 0.5 * (mean(I(g)) + mean(I(~g)));
if(abs(T - TT) < 0.1)  % 其中 T 为收敛阈值,不同的 T 值下,图像分割效果不同
U = 1;
end
T = TT;
end
```

```
J = im2bw(I,T);
subplot(122);imshow(J);title('迭代法阈值分割');
```

程序运行结果如图 4.1.3 所示。

(a)原图 (b)t=0.05

(c)t=0.07 (d)t=0.2

图 4.1.3 迭代法阈值分割

图 4.1.3 中,以收敛阈值分别为 0.05、0.07 和 0.2 为例,可以看出,分割效果有所不同,收敛阈值较小时分割效果较为明显。

4.1.3 最大累间方差阈值分割

最大累间方差是一种使累间方差最大的自动确定阈值的方法,该方法操作简单,处理速度快,具体算法如下:

①根据图像像素数 N 和灰度范围$[0,L-1]$求出每个灰度级的几率 p_i:

$$p_i = n_i/N, i = 0,1,2,\cdots,L-1 \qquad (4.1.6)$$

$$\sum_{i=0}^{L-1} p_i = 1 \qquad (4.1.7)$$

②把图像中的像素按灰度值用阈值 T 分为两类 C_0 和 C_1。其中,C_0 由$[0,T]$之间的像素组成,C_1 由灰度值在$[T+1,L-1]$之间的像素组成。根据灰度分布的几率,求

得整幅图像的均值：

$$u_T = \sum_{i=0}^{L-1} i p_i \qquad (4.1.8)$$

C_0 和 C_1 的均值分别为：

$$u_0 = \sum_{i=0}^{T} i p_i / \bar{\omega}_0 \qquad (4.1.9)$$

$$u_1 = \sum_{i=T+1}^{l-1} i k p_i / \bar{\omega}_1 \qquad (4.1.10)$$

其中：

$$\bar{\omega}_0 = \sum_{i=0}^{T} p_i \qquad (4.1.11)$$

$$\bar{\omega}_1 = 1 - \bar{\omega}_0 \qquad (4.1.12)$$

由上述式子可得到：

$$u_T = \bar{\omega}_0 u_0 + \bar{\omega}_1 u_1 \qquad (4.1.13)$$

则累间方差定义为：

$$\begin{aligned}
\delta^2 &= \bar{\omega}_0 (u_0 - u_T)^2 + \bar{\omega}_1 (u_1 - u_T)^2 \\
&= \bar{\omega}_0 (u_{0-} u_T)^2 + u_T^2 (\bar{\omega}_0 + \bar{\omega}_1) - 2(\bar{\omega}_0 u_0 + \bar{\omega}_1 u_1) u_T \\
&= \bar{\omega}_0 u_0^2 + \bar{\omega}_1 u_1^2 - u_T^2 \qquad (4.1.14)
\end{aligned}$$

代入式(4.1.13)可得：

$$\delta^2 = \bar{\omega}_0 \bar{\omega}_1 (u_0 - u_1)^2 \qquad (4.1.15)$$

那么取合适的 T 值让 δ^2 最大，$0 < T < L-1$，此时的 T 值即为最大累间方差法的最佳阈值。

MATLAB 图像处理工具箱中，graythresh 函数为采用最大累间方差求取阈值，在二值化的时候采用这个阈值一般比人为选择阈值能更好地将灰度图像转化为二值图像。调用格式如下：

```
level = graythresh(I)
[level EM] = graythresh(I)
```

通过计算获得输入图像 I 的阈值，这个阈值在 $[0,1]$ 范围内，该阈值可以传递给 im2bw 完成灰度图像转换为二值图像的操作。

【例 4.1.3】　使用 graythresh 函数进行图像分割。

```
I = imread('coins. png');
subplot(121);imshow(I);title('原图');
I = im2double(I);
T = graythresh(I);
J = im2bw(I,T);
subplot(122);imshow(J);title('最大累间方差阈值分割');
```

对比图 4.1.4 与图 4.1.3 可以看出，最大累间方差获得的分割效果相对要好一

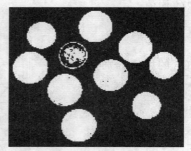

(a)原图   (b)最大累间方差阈值分割

图 4.1.4 最大累间方差法

些,白色圆里的黑点噪声相对少一些。

4.1.4 最小误差阈值分割

最小误差法是一种较为常用的自动阈值分割方法,通常以图像中的灰度为模式特征,假设各模式的灰度是独立分布的随机变量,并假设图像中待分割的模式服从一定的概率分布,则可以获得满足最小误差分类准则的最佳分割阈值。

该算法主要思想是假设图像中只存在背景和目标两种模式。根据目标和背景像素数占图像总像素数的百分比求出其混合概率密度,选定一个阈值 T;再根据将目标像素点错划为背景像素点的概率和把背景像素点错划为目标像素点的概率求出总的错误概率,那么最佳阈值就是使总错误概率最小的阈值。通过公式推导得出,当图像中目标和背景像素灰度呈正态分布,并且标准差相等,目标和背景的像素比例相等,此时最佳阈值就是目标和背景像素灰度均值的平均。

【例 4.1.4】 使用最小误差阈值法进行图像的分割。

```matlab
I = imread('coins.png');
subplot(121);imshow(I);title('原图');
out_im = I;
MAX = double(max(I(:)));  %求得最大值
[M,N] = size(I);  % 得到图像的大小
tab(1:MAX + 1) = 0;
h = imhist(I);
h = h/(M * N);    %直方图归一化
p = 0.0;u = 0.0;
for i = 0:MAX
    p = p + h(i + 1);
    u = u + h(i + 1) * i;
end
for t = 0:MAX
    p1 = 0.0;u1 = 0.0;
    k1 = 0.0;k2 = 0.0;
```

```
pp1 = 0.0;pp2 = 0.0;
kk1 = 0.0;kk2 = 0.0;
for i = 0:t                    % 计算一阶统计矩
   p1 = p1 + h(i + 1);
   u1 = u1 + h(i + 1) * i;
end
if((p - p1)~ = 0)
   u2 = (u - u1)/(p - p1);
else
   u2 = 0;
end
if(p1~ = 0)
    u1 = u1/p1;
else
    u1 = 0;
end


for j = 0:t                       % 计算 2 阶统计矩
    k1 = k1 + (j - u1) * (j - u1) * h(j + 1);
end
for m = t + 1:MAX
    k2 = k2 + (m - u2) * (m - u2) * h(m + 1);
end


if(p1~ = 0)
    k1 = sqrt(k1/p1);
    pp1 = p1 * log(p1);
end


if((p - p1)~ = 0)
    k2 = sqrt(k2/(p - p1));
    pp2 = (p - p1) * log(p - p1);
end
if(k1~ = 0)
   kk1 = p1 * log(k1);
end
if((k2)~ = 0)
   kk2 = (p - p1) * log(k2);
end
    tab(t + 1) = 1 + 2 * (kk1 + kk2) - 2 * (pp1 + pp2);    % 判别函数
end
Min = min(tab);
```

```
threshold = find(tab = = Min);          % 最佳阈值
for i = 1:M
    for j = 1:N
        if (out_im(i,j)>threshold)
            out_im(i,j) = 255;
        else
            out_im(i,j) = 0;
        end
    end
end
subplot(122);imshow(out_im);title('最小误差法阈值分割');
```

运行结果如图 4.1.5 所示,可以看出,最小阈值法取得了良好的图像分割效果。

 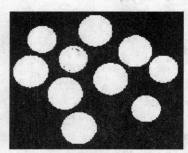

(a)原图   (b)最小误差法阈值分割

图 4.1.5 最小误差法阈值分割

4.2 区域分割及应用

阈值分割可以认为是将图像由大到小(即从上到下)进行拆分开,而区域分割则相当于由小到大(从下到上)对像素进行合并。如果将上述两种方法结合起来对图像进行划分,就是分裂-合并算法。区域生长法、分裂-合并法是区域图像分割的重要方法。

4.2.1 区域生长法

区域生长也称为区域增长,基本思想是将具有相似性质的像素集合起来构成一个区域,实质就是将具有"相似"特性的像素元连接成区域。

在实际应用区域生长法时需要由以下 3 个步骤来实现:

①确定选择一组能正确代表所需区域的起始点种子像素。

②确定在生长过程中将相邻像素包括进来的(相似性判别生长)准则,这个相似性准则可以是灰度级、彩色值、结构、梯度或其他特征。相似性的测度可以由所确定的阈值来判定。

③确定区域生长过程停止的条件或规则。

当然,区域生长法针对不同的实际应用需要,根据具体图像的具体特征来确定种子像素、生长及停止准则。这里以灰度差判别式准则为例来介绍,相似性的判别值可以选取像素与邻域像素间的灰度差,也可以选取微区域与相邻微区域间的灰度差。

　　设(m,n)为基本单元(即像素或微区域)的坐标,$f(m,n)$为基本单元灰度值或微区域的平均灰度值,T为灰度差阈值,$f(i,j)$为与$f(m,n)$相邻的、尚不属于任何区域的基本单元的灰度值,并设有标记。则灰度差判别式为:

$$\{C=\mid f(i,j)-f(m,n)\mid\} \quad \begin{cases} <T & \text{合并,属于同一标记} \\ \geqslant T & \text{不变} \end{cases} \quad (4.2.1)$$

　　当$C<T$时,说明基本单元(i,j)与(m,n)相似,(i,j)应与(m,n)合并,即加上与(m,n)相同的标志,并计算合并后微区域的平均灰度值;当$C\geqslant T$时,说明两者不相似,$f(i,j)$保持不变,仍为不属于任何区域的基本单元。

【例 4.2.1】 利用灰度差判别法对图像进行分割,具体程序如下:

```
I = imread('cameraman.tif');
figure,imshow(I),title('原图')
I = double(I);
[M,N] = size(I);
[y,x] = getpts;    % 获取生长起始点
x1 = round(x);
y1 = round(y);
seed = I(x1,y1);    % 将生长点保存
Y = zeros(M,N);    % 新建输出图像
Y(x1,y1) = 1;
sum = seed;    % 存储符合条件点的灰度值的和
suit = 1;        % 存储符合生长的点个数
count = 1;      % 记录每次判断一点周围的点符合条件的新点的数目
threshold = 100;  % 设定生长阈值
while count>0
s = 0;
count = 0;
for i = 1:M
  for j = 1:N
    if Y(i,j) = = 1
      if (i-1)>0 && (i+1)<(M+1) && (j-1)>0 && (j+1)<(N+1) % 防止越界
for u = -1:1                        % 判断邻域范围内像素是否符合条件
      for v = -1:1
        if Y(i+u,j+v) = = 0 & abs(I(i+u,j+v) - seed)< = threshold  % 生长条件
      Y(i+u,j+v) = 1;                % 符合条件即输出
          count = count + 1;
          s = s + I(i+u,j+v);
        end
      end
```

```
            end
          end
        end
    end
end
suit = suit + count;
sum = sum + s;    % 将 s 加入符合点的灰度值中
seed = sum/suit;  % 计算新灰度平均值
end
figure,imshow(Y),title('区域生长法')
```

运行结果如图 4.2.1 所示,具有很好的图像分割效果。

(a) 原图   (b) 选取生长点   (c) 区域生长法

图 4.2.1 区域生长法图像分割

4.2.2 区域的分裂与合并

分裂-合并分割方法是指从树的某一层开始,按照某种区域属性的一致性测度,合并该合并的相邻块,对于该进一步划分的块再进行划分的分割方法。分裂-合并分割方法可以说是区域生长的逆过程,它从整个图像出发,不断分裂得到各个子区域,然后再把前景区域合并,实现目标提取。典型的分割技术是以图像四叉树或金字塔作为基本数据结构的分裂-合并方法。

图像的四叉树分解指的是将一幅图像分解成一个个具有同样特性的子块。这一方法能揭示图像的结构信息,同时,作为自适应压缩算法的第一步。实现四叉树分解可以使用 qtdecomp 函数。该函数首先将一幅方块图像分解成 4 个小方块图像,然后检测每一小块中像素值是否满足规定的同一性标准。如果满足就不再分解。如果不满足,则继续分解,重复迭代,直到每一小块达到同一性标准。这时小块之间进行合并,最后的结果是几个大小不等的块。

MATLAB 图像处理工具箱中提供了专门的 qtdecomp 四叉树分解函数,调用格式为:

```
S = qtdecomp(I)
```

```
S = qtdecomp(I,threshold,mindim)
```

其中,qtdecomp(I)为对灰度图像 I 进行四叉树分解,返回的四叉树结构是稀疏矩阵 **S**,直到分解的每一小块内的所有元素值相等。qtdecomp(I,threshold)通过指定阈值 threshold,使分解图像的小块中最大像素值和最小像素值之差小于阈值。

注意,qtdecomp 函数本质上只适合方阵的阶为 2 的正整数次方。

例如,128×128 或 512×512 可以分解到 1×1。如果图像不是 2 的正整数次方,分到一定的块后就不能再分解了。例如,图像是 96×96,可以分块 48×48、24×24、12×12、6×6,最后 3×3 不能再分解了。四叉树分解处理这个图像就需要设置最小值 mindim 为 3(或 2 的 3 次方)。

【例 4.2.2】 调用 qtdecomp 函数实现对图像的四叉树分解。

```
% 用 qtdecomp 函数实现四叉树分解
I = imread('cameraman.tif');        % 读入原始图像
S = qtdecomp(I,0.25);          % 四叉树分解,返回的四叉树结构稀疏矩阵 S
blocks = repmat(uint8(0),size(S));
for dim = [512 256 128 64 32 16 8 4 2 1];  % 定义新区域显示分块
  numblocks = length(find(S == dim));      % 各分块的可能维数
  if (numblocks > 0)                       % 找出分块的现有维数
    values = repmat(uint8(1),[dim dim numblocks]);
    values(2:dim,2:dim,:) = 0;
    blocks = qtsetblk(blocks,S,dim,values);
  end
end
blocks(end,1:end) = 1;
blocks(1:end,end) = 1;
subplot(1,2,1);imshow(I);title('原始图像');    % 显示原始图像
subplot(1,2,2),imshow(blocks,[]);title('分解后图像');% 显示四叉树分解后的图像
```

结果如图 4.2.2(b)所示。

(a) 原始图像　　　　　　　　　(b) 四叉树分解后的图像

图 4.2.2　用 qtdecomp 函数实现四叉树分解

4.3 边缘提取及应用

图像边缘是图像最基本的特征,边缘在图像分析中起着重要的作用。所谓边缘是指图像局部特性的不连续性、灰度或结构等信息的突变处称为边缘,例如,灰度级的突变、颜色的突变、纹理结构的突变等。边缘是一个区域的结束,也是另一个区域的开始,利用该特征可以分割图像。

4.3.1 边缘检测算子

1. 一阶微分算子

常用的一阶微分边缘检测算子模板有 Sobel、Prewitt 和 Roberts。

(1)Sobel 算子

以待增强图像 $f(i,j)$ 的任意像素 (i,j) 为中心,取 3×3 像素窗口,分别计算窗口中心像素在 x 和 y 方向的梯度:

$$S_x = [f(i-1,j-1)+2f(i-1,j)+f(i-1,j+1)]$$
$$- [f(i+1,j-1)+2f(i+1,j)]+f(i+1,j+1) \tag{4.3.1}$$
$$S_y = [f(i-1,j-1)+2f(i,j-1)]+f(i+1,j-1)]$$
$$- [f(i-1,j+1)+2f(i,j+1)+f(i+1,j+1)] \tag{4.3.2}$$

增强后的图像在 (i,j) 处的灰度值为:

$$f'(i,j) = (S_x^2 + S_y^2)^{\frac{1}{2}} = \sqrt{S_x^2 + S_y^2} \tag{4.3.3}$$

用模板表示为:

$$S_x = \begin{bmatrix} 1 & 0 & -1 \\ 2 & 0 & -2 \\ 1 & 0 & -1 \end{bmatrix} \quad S_y = \begin{bmatrix} 1 & 2 & 1 \\ 0 & 0 & 0 \\ -1 & -2 & -1 \end{bmatrix} \tag{4.3.4}$$

(2)Prewitt 算子

$$f'(i,j) = (S_x^2 + S_y^2)^{\frac{1}{2}} = \sqrt{S_x^2 + S_y^2} \tag{4.3.5}$$

用模板表示为:

$$S_x = \begin{bmatrix} 1 & 0 & -1 \\ 1 & 0 & -1 \\ 1 & 0 & -1 \end{bmatrix} \quad S_y = \begin{bmatrix} -1 & -1 & -1 \\ 0 & 0 & 0 \\ 1 & 1 & 1 \end{bmatrix} \tag{4.3.6}$$

(3)Roberts 算子

利用 Roberts 梯度的差分算法,可得差分梯度为:

$$|G[f(i,j)]| = \Delta f(i,j) \approx |f(i+1,j+1) - f(i,j)|$$
$$+ |f(i,j+1) - f(i+1,j)| \tag{4.3.7}$$

其中,G_x 和 G_y 模板如下所示:

$$G_x = \begin{bmatrix} 1 & 0 \\ 0 & -1 \end{bmatrix}, \quad G_y = \begin{bmatrix} 0 & 1 \\ -1 & 0 \end{bmatrix} \qquad (4.3.8)$$

这些算子都是利用边缘处的梯度最大这一性质来进行边缘检测的,即利用了灰度图像的拐点位置是边缘的性质。

MATLAB 图像处理工具箱中的函数 edge 可用来检测边界,下面针对上述一阶微分算子的调用方法进行介绍:

①对于 Sobel 方法,常用调用方法如下:

```
BW = edge(I,'sobel')
BW = edge(I,'sobel',thresh)
BW = edge(I,'sobel',thresh,direction)
BW = edge(I,'sobel',thresh,direction,options)
```

其中,I 为输入图像,'sobel' 为所用的边缘检测方法;thresh 为阈值;direction 是指 sobel 方法的检测方向,可取值 horizontal、vertical 或者 both;'option' 是一个可选的输入,默认为 'thinning',执行细化操作,选择 'nothing' 的时候不执行细化操作;BW 为返回图像的边缘信息。

②对于 Prewitt 方法,常见调用方式如下:

```
BW = edge(I,'prewitt')
BW = edge(I,'prewitt',thresh)
BW = edge(I,'prewitt',thresh,direction)
```

其中,I 为输入图像,'prewitt' 为所用的边缘检测方法;thresh 为阈值;direction 是指 prewitt 方法的检测方向,可取值 horizontal、vertical 或者 both;BW 为返回图像的边缘信息。

③对于 Roberts 方法,常见调用方式如下:

```
BW = edge(I,'roberts')
BW = edge(I,'roberts',thresh)
BW = edge(I,'roberts',thresh,option)
```

其中,I 为输入图像,'roberts' 为所用的边缘检测方法;thresh 为阈值;'option' 是一个可选的输入,默认为 'thinning',执行细化操作,选择 'nothing' 的时候不执行细化操作;BW 为返回图像的边缘信息。

【例 4.3.1】 一阶微分算子边缘检测。

```
%   MATLAB  调用 edge 函数实现各算子进行边缘检测例程
I = imread('tire.tif');   % 读入原始灰度图像并显示
figure(1),imshow(I);
BW1 = edge(I,'sobel',0.1);   % 用 Sobel 算子进行边缘检测,判别阈值为 0.1
figure(2),imshow(BW1)
BW2 = edge(I,'roberts',0.1);   % 用 Roberts 算子进行边缘检测,判别阈值为 0.1
figure(3),imshow(BW2)
```

```
BW3 = edge(I,'prewitt',0.1);   % 用 Prewitt 算子进行边缘检测,判别阈值为 0.1
figure(4),imshow(BW3)
```

从图 4.3.1 中可以看出,在采用一阶微分算子进行边缘检测时,除了微分算子对边缘检测结果有影响外,阈值选择也对边缘检测有着重要的影响。

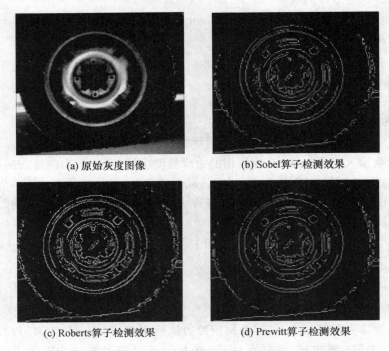

(a) 原始灰度图像   (b) Sobel算子检测效果

(c) Roberts算子检测效果   (d) Prewitt算子检测效果

图 4.3.1   一阶微分算子边缘检测

2. 二阶微分算子

常见的二阶微分算子有 LOG 和 Canny 算子,其代表是拉普拉斯高斯(LOG)算子。前边介绍的边缘检测算法是基于微分方法的,依据是图像的边缘对应一阶导数的极大值点和二阶导数的过零点。Canny 算子是另外一类边缘检测算子,不是通过微分算子检测边缘,而是在满足一定约束条件下推导出的边缘检测最优化算子,计算步骤如下:

①用高斯滤波器对原图像进行平滑。

②分别用水平、垂直、正对角线和反对角线 4 个掩码检测边缘,获得亮度梯度图及其方向。

③利用高低阈值处理,跟踪边缘得到轮廓。

常见使用方式如下:

(1)LOG 算子

```
BW = edge(I,'log')

BW = edge(I,'log',thresh)
BW = edge(I,'log',thresh,sigma)
```

其中,I 为输入图像,'log'为所用的边缘检测方法;thresh 为阈值;sigma 是指拉普拉斯高斯滤波器的标准差,默认值为 2;BW 为返回图像的边缘信息。

(2)Canny 算子

```
BW = edge(I,'canny')

BW = edge(I,'canny',thresh)

BW = edge(I,'canny',thresh,sigma)
```

其中,I 为输入图像,'canny'为所用的边缘检测方法;thresh 为阈值;若为两个元素的向量,则第一个元素为低阈值,第二个元素为高阈值;若为标量,则为高阈值,低阈值为其的一半;sigma 是指拉普拉斯高斯滤波器的标准差,默认值为 1;BW 为返回图像的边缘信息。

【例 4.3.2】 二阶微分算子边缘检测。

其程序代码示例如下,检测效果如图 4.3.1(b)~图 4.3.1(d)所示:

```
%  MATLAB  调用 edge 函数实现各算子进行边缘检测例程
I = imread('tire.tif');  % 读入原始灰度图像并显示
BW1 = edge(I,'log',0.01);  % 用 LOG 算子进行边缘检测,判别阈值为 0.01
figure(1),imshow(BW1)
BW2 = edge(I,'canny',0.1);  % 用 Canny 算子进行边缘检测,判别阈值为 0.1
figure(2),imshow(BW2)
```

比较图 4.3.2 中边缘检测结果,可以看出,Canny 算子提取边缘较完整,其边缘连续性很好,效果优于 log 算子。

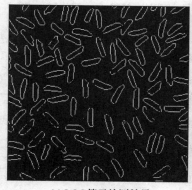
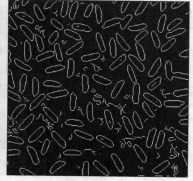

(a) LOG算子检测效果   (b) Canny算子检测效果

图 4.3.2　采用各种边缘检测算子得到的边缘图像效果

4.3.2　直线提取

1. Hough 变换

霍夫(Hough)变换是一种线描述方法,可以将图像空间中用直角坐标表示的直线变换为极坐标空间中的点。一般常将 Hough 变换称为线-点变换,利用 Hough 变换法提取直线的基本原理是:把直线上点的坐标变换到过点的直线的系数域,通过利用共线和直线相交的关系使直线的提取问题转化为计数问题。Hough 变换提取直线的主要优点是受直线中的间隙和噪声影响较小。

以极坐标中的 Hough 变换为例,下面简要介绍其变换原理。

如果用 ρ 表示原点距直线的法线距离,θ 为该法线与 x 轴的夹角,则可用如下参数方程来表示该直线,这一直线的霍夫变换为:

$$\rho = x\cos\theta + y\sin\theta \tag{4.3.9}$$

直角坐标系的线与极坐标域的一个点的对应如图 4.3.3(a)、(b)所示。如图 4.3.3(c)~(f)所示,在 xy 直角坐标系中,通过公共点的一簇直线映射到 $\rho\theta$ 极坐标系中便是一个点集。反之在 xy 直角坐标系中共线的点映射到 $\rho\theta$ 极坐标系便成为共点的一簇曲线。由此可见,Hough 变换使不同坐标系中的线和点建立了一种对应关系。

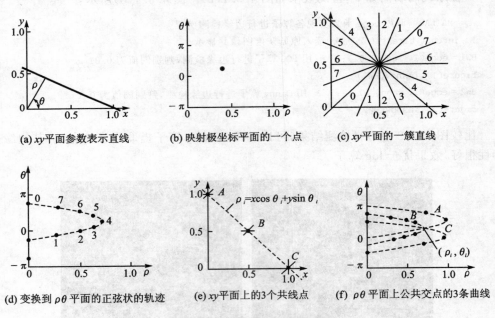

(a) xy 平面参数表示直线   (b) 映射极坐标平面的一个点   (c) xy 平面的一簇直线

(d) 变换到 $\rho\theta$ 平面的正弦状的轨迹   (e) xy 平面上的 3 个共线点   (f) $\rho\theta$ 平面上公共交点的 3 条曲线

图 4.3.3 霍夫变换的原理示意图

由图 4.3.3(e)和(f)可知,若在 xy 平面上有 3 个共线点,它们变换到 $\rho\theta$ 平面上为有一公共交点的 3 条曲线,交点的 $\rho\theta$ 参数就是 3 点共线的直线参数。

MATLAB 图像处理工具箱中使用 hough 变换函数组来检测图像中的直线,它们是 hough、houghpeaks 和 houghlines 函数。

①hough 函数常见调用方式如下:

[H,theta,rho] = hough(BW)

其中,**H** 为返回的变换矩阵,theta 和 rho 是返回的角度和距离向量,BW 是二值图像。

②houghpeaks 函数常见调用方法如下：

```
peaks = houghpeaks(H,numpeaks)
```

其中，**H** 是 hough 函数返回的变换矩阵，numpeaks 是极值点个数，peaks 是返回的极值点坐标。

③houghlines 函数常见调用方法如下：

```
lines = houghlines(BW,theta,rho,peaks)
```

其中，BW 为二值图像；theta 和 rho 是角度和距离向量；peaks 是返回的极值点坐标；lines 是返回的结构数组，包含了直线端点的信息。

2. 应用实例分析

【例 4.3.3】　利用 Hough 变换在图像中检测直线。

```
% 用 Hough 变换对直线的检测
clc;
close all;
I = imread('circuit.tif');      % 读入原始图像
figure(1);subplot(1,3,1), imshow(I);title('原始图像');% 显示'电路'原始图像
Img = edge(I,'prewitt');        % 利用 prewitt 算子提取边缘
subplot(1,3,2), imshow(Img);title('提取图像边缘');    % 显示提取边缘的图片
[H, T, R] = hough(Img);         % hough 变换
figure(2),imshow(sqrt(H), []); title('映射到一簇曲线 ');  % 显示 hough 变换的映射
P = houghpeaks(H, 15, 'threshold', ceil(0.3 * max(H(:))));   % 寻找最大点
lines = houghlines(Img,T,R,P,'FillGap',10,'MinLength',20 );% 返回找到的直线
figure(1);subplot(1,3,3), imshow(I),title('表示出图像查找的直线');
hold on       % 在原始图像上标识出查找的直线
    max_len = 0;
    for k = 1:length(lines)
        xy = [lines(k).point1; lines(k).point2];
        plot(xy(:,1),xy(:,2),'LineWidth',2,'Color','green');
        plot(xy(1,1),xy(1,2),'x','LineWidth',2,'Color','yellow');
        plot(xy(2,1),xy(2,2),'x','LineWidth',2,'Color','red');
    end
```

程序运行结果如图 4.3.4 所示。

　　(a) 原始图像　　　　　(b) 提取图像边缘　　　(c) 映射到$\rho\theta$的一簇曲线　　(d) 标识出查找的直线

图 4.3.4　用 Hough 变换在图像中查找直线

4.4　几何及形状特征分析及应用

4.4.1　像素值的获取

　　像素值是组成图像矩阵的基本元素。在进行图像处理时,有时需要知道图像的像素值。为了确定一幅图像中一个点或者多个点的像素值信息,MATLAB 图像处理工具箱提供了 impixel 函数来获得像素值的信息,该函数常见使用方法如下:

```
p = impixel(I);
p = impixel(X,map);
p = impixel(RGB);
p = impixel(I,c,r);
p = impixel(X,map,c,r);
p = impixel(RGB,c,r);
```

　　其中,I 是输入图像,X 为索引图像,map 是颜色映射表,RGB 是输入的真彩色图像,c 和 r 分别是像素值的坐标,p 是返回指定点的像素值。当图像是灰度图像和索引图像时,返回的是一维向量;对于真彩色图像,返回的是矩阵,分别对应着 R、G 和 B 分量。

　　【例 4.4.1】　返回图 4.4.1 中指定位置的像素值大小。

```
I = imread('pears.png');
c = [10 20 30];
r = [20 30 40];
pix = impixel(I,c,r)
```

运行结果如下所示:

```
pix =
    125   141    98
    119   132    91
    101   112    63
```

图 4.4.1　原图

4.4.2 图像质心、周长和面积的计算

1. 质 心

由于目标在图像中总是有一定的面积大小,通常不是一个像素的,因此有必要定义目标在图像中的精确位置。定义目标面积中心点就是该目标物在图像中的位置,面积中心就是单位面积质量恒定的相同形状图形的质心。

对大小为 $M \times N$ 的数字图像 $f(x,y)$,其质心坐标定义为:

$$\bar{x} = \frac{1}{MN} \sum_{x=1}^{M} \sum_{y=1}^{N} x_i f(x_i, y_j)$$

$$\bar{y} = \frac{1}{MN} \sum_{x=1}^{M} \sum_{y=1}^{N} y_j f(x_i, y_j)$$

(4.4.1)

若求二值图像的质心,因其质量分布均匀,令式(4.4.1)中 $f(x,y)$ 值为 1 即可。

【例 4.4.2】 求图 4.4.2 的质心坐标。

```
I = imread('coins.png');
L = logical(I);  % 将数据类型转换为逻辑类型
s = regionprops(L, 'centroid');  % 统计被标记的
                                 % 区域的面积分布
centroids = cat(1, s.Centroid);  % 获取质心
imshow(I);
```

程序运行结果如下所示:

```
centroids =
  150.5000   123.5000
```

图 4.4.2 原图

2. 周长计算

区域的周长即区域的边界长度,一个形状简单的物体用相对较短的周长来包围它所占有面积内的像素,周长就是围绕所有这些像素的外边界的长度。通常,测量这个长度时包含了许多 90° 的转弯,从而夸大了周长值。区域的周长在区别具有简单或复杂形状物体时特别有用。由于周长的表示方法不同,因而计算方法也不同,常用的简便方法如下:

①隙码表示:当把图像中的像素看作单位面积小方块时,图像中的区域和背景均由小方块组成,区域的周长即为区域和背景缝隙的长度和,交界线有且仅有水平和垂直两个方向。

②链码表示:当把像素看作一个个点时,周长定义为区域边界像素的 8 链码的长度之和。当链码值为奇数时,其长度记作 $\sqrt{2}$;当链码值为偶数时,其长度记作 1。则周长 p 表示为:

$$p = N_e + \sqrt{2} N_o$$

(4.4.2)

式中,N_e 和 N_o 分别是 8 方向边界链码中走偶数步与走奇数步的数目。

③边界所占面积表示:即周长用区域的边界点数之和表示。

【例 4.4.3】 计算图 4.4.3 用隙码表示的周长。

```
img_dst = imread('circles.png');
[x,y] = size(img_dst);
BW = bwperim(img_dst,8);% 提取二值图像边缘
P1 = 0;
Ny = 0; % 垂直方向连续周长像素点个数
for i = 1:x
  for j = 1:y
    if (BW(i,j)>0)
      P2 = j;
      if ((P2 - P1) == 1) % 判断是否为垂直方向连续的周长像素点
      Ny = Ny + 1;
      end
      P1 = P2;
    end
    end
end
% 水平方向连续周长像素点
P1 = 0;
Nx = 0; % 记录水平方向连续周长像素点的个数
for j = 1:y
    for i = 1:x
      if (BW(i,j)>0)
        P2 = i;
        if ((P2 - P1) == 1) % 判断是否为水平方向连续的周长像素点
            Nx = Nx + 1;
        end
        P1 = P2;
      end
    end
end
L = Nx + Ny % 隙码周长
```

运行结果如下:

```
L =
      1362
```

【例 4.4.4】 计算图 4.4.3 用链码表示的周长。

```
function zhouchang_main
i = bwperim(imread('circles.png'),8);% 获取二值图像边界
```

```
c8 = chain8(i);%8 链码
sum1 = 0;sum2 = 0;
for k = 1:length(c8)
    if c8(k) == 0 ||c8(k) == 2 ||c8(k) == 4 ||c8(k) == 6
        sum1 = sum1 + 1;
    else
        sum2 = sum2 + 1;
    end
end
L = sum1 + sum2 * sqrt(2)
```

子函数：

```
%8 连通链码
function out = chain8(I)
n = [0 1;-1 1;-1 0;-1 -1;0 -1;1 -1;1 0;1 1]; %设定标志
flag = 1; %初始化输出链码串为空
cc = []; %找到起始点
[x y] = find(I == 1);
x = min(x);
imx = I(x,:);
y = find(imx == 1,1);
first = [x y];
dir = 7;
while flag == 1
        tt = zeros(1,8);
        newdir = mod(dir + 7 - mod(dir,2),8);
        for i = 0:7
            j = mod(newdir + i,8) + 1;
            tt(i + 1) = I(x + n(j,1),y + n(j,2));
        end
    d = find(tt == 1,1);
        dir = mod(newdir + d - 1,8);
            %找到下一个像素点的方向码后补充在链码后面
    cc = [cc,dir];
    x = x + n(dir + 1,1);y = y + n(dir + 1,2);
    %判别链码的结束标志
    if x == first(1)&&y == first(2)
        flag = 0;
    end
end
out = cc;
```

运行结果如下：

```
L =
        999.2590
```

【例 4.4.5】 计算图 4.4.3 用隙码边界所占面积表示的周长。

图 4.4.3 原图

```
img = imread('circles. png');
img = im2bw(img);
img1 = bwperim(img,8);% 求二进制图像中的边缘点
[m,n] = size(img);
P = 0;% 周长初始化
for i = 1:m
    for j = 1:n
        if (img1(i,j)>0)
            P = P + 1;   % 统计边界所占像素点
        end
    end
end
L = P
```

运行结果如下:

```
L =
    1362
```

3. 面积的计算

面积是物体的总尺寸的一个方便的度量,面积只与该物体的边界有关,而与其内部灰度级的变化无关。一个形状简单的物体可用相对较短的周长来包围它所占有的面积。MATLAB 中求面积的函数为 bwarea,具体调用格式如下:

```
S = bwarea(I)
```

其中,I 为要求面积的图像,S 为输出结果。

【例 4.4.6】 计算图 4.4.3 的面积。

```
img_dst = imread('circles. png');
S = bwarea(img_dst)% 面积函数
```

运行结果如下:

```
S =
    1. 4187e + 004
```

4.4.3　图像均值、标准差和方差的计算

图像的均值为图像所有像素值相加除以总像素数目得到的平均像素值,标准差可以看作数据的分布分散度,二者在直方图分析中有很重要的作用。

MATLAB 图像处理工具箱提供了计算图像的均值、标准差和方差的函数。

➢ 计算均值函数:mean2(img);

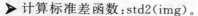

> 计算标准差函数：std2(img)。

【例 4.4.7】 计算图 4.4.4 的均值、标准差和方差。

```
I = imread('liftingbody.png');
JunZhi = mean2(I)
BiaoZhunCha = std2(I)
FangCha = BiaoZhunCha * BiaoZhunCha
```

运行结果如下：

```
JunZhi =
  140.2991
BiaoZhunCha =
  31.6897
FangCha =
  1.0042e + 003
```

图 4.4.4　原图

4.4.4　形状特征的主要参数计算

1. 矩形度的计算

图像区域面积 A_0 与其最小外接矩形的面积 A_{MER} 之比即为矩形度：

$$R = \frac{A_0}{A_{\text{MER}}} \qquad (4.4.1)$$

矩形度反映区域对其最小外接矩形的充满程度，当区域为矩形时，矩形度 $R=1.0$；当区域为圆形时，$R=\pi/4$；对于边界弯曲、呈不规则分布的区域，$0<R<1$。

【例 4.4.8】 计算图 4.4.5 的矩形度。

```
img_dst = imread('1.jpg');
BW = bwperim(img_dst,8);% 提取二值图像边缘
[x,y] = size(img_dst);
P1 = 0;
Ny = 0;  % 垂直方向连续周长像素点个数
for i = 1:x
  for j = 1:y
    if (BW(i,j)>0)
      P2 = j;
      if ((P2 - P1) = = 1) % 判断是否为垂直方向连续的周长像素点
      Ny = Ny + 1;
      end
    P1 = P2;
    end
  end
```

```
end
% 水平方向连续周长像素点
P1 = 0;
Nx = 0; % 记录水平方向连续周长像素点的个数
for j = 1:y
    for i = 1:x
        if (BW(i,j)>0)
            P2 = i;
            if ((P2 - P1) == 1) % 判断是否为水平方向连续的周长像素点
                Nx = Nx + 1;
            end
            P1 = P2;
        end
    end
end
H = max(sum(img_dst)); % 计算目标高度
W = max(sum(img_dst')); % 图像 I 经矩阵转置后,计算宽度
A = bwarea(img_dst); % 计算目标面积
R = A/(H * W) % 计算矩形度
```

运行结果如下:

```
R =
    0.9673
```

图 4.4.5　原图

2. 圆形度

圆形度用来刻画物体边界的复杂程度,有 4 种圆形度测度,这里只介绍致密度。致密度又称复杂度,也称分散度,其定义为区域周长(P)的平方与面积(A)的比:

$$C = \frac{P^2}{A} \tag{4.4.2}$$

致密度描述了区域单位面积的周长大小,致密度大,表明单位面积的周长大,即区域离散,为复杂形状;反之,致密度小,为简单形状。当图像区域为圆时,C 有最小值 4π;其他任何形状的图像区域,$C > 4\pi$;且形状越复杂,C 值越大。例如,不管面积多大,正方形区域致密度 $C = 16$,正三角形区域致密度 $C = 12\sqrt{3}$。

【例 4.4.9】　计算图 4.4.6 的圆形度。

```
img = imread('tuoyuan.jpg');
img = im2bw(img);
img1 = bwperim(img,8); % 求得二进制图像中的边缘点
[m,n] = size(img);
P = 0; % 周长初始化
for i = 1:m
```

```
    for j = 1:n
        if (img1(i,j)>0)
            P = P + 1;    % 所有物体边缘点之和为周长
        end
    end
end
A = bwarea(img);    % 计算目标面积
C = (P * P)/A
```

运行结果：

```
C =
    20.1108
```

图 4.4.6   椭圆

3. 欧拉数

欧拉数也是一个区域的拓扑描述符,欧拉数 E 定义为: $E = C - H$。对于图 4.4.7 所示的图像中,字母 B 有一个连接部分和 2 个孔,所以它的欧拉数 E 为 -1。

MATLAB 图像处理工具箱中的 bweuler 可用来计算二值图像的欧拉数,具体用法为:

```
BW = bweuler(I,n)
```

其中,n 为连通数,默认值为 8,n＝8 表示采用 8 邻域定义,n＝4 表示采用 4 邻域定义。

【例 4.4.10】   计算图 4.4.8 的欧拉数。

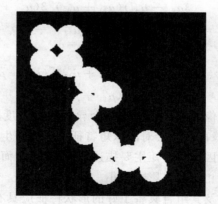

$$B$$

图 4.4.7   欧拉数为－1 的图形   图 4.4.8   原始图像

```
BW = imread('circles.png');    % 读取图像
figure, imshow(BW)                    % 显示图像
eulernum = bweuler(BW)                % 求欧拉数
```

运行程序显示的欧拉数结果为：

```
eulernum = - 3
```

4.4.5　不变矩的计算

矩特征是利用力学中矩的概念,将区域内部的像素作为质点,像素的坐标作为力臂,从而以各阶矩的形式来表示区域的形状特征。

对于大小为 $M \times N$ 的数字图像 $f(i,j)$,其 $p+q$ 阶矩为：

$$M_{pq} = \sum_{i=1}^{M} \sum_{j=1}^{N} i^p j^q f(i,j) \quad p,q = 0,1,2,\cdots \tag{4.4.3}$$

相应的 $(p+q)$ 阶中心矩定义为：

$$(\bar{i}, \bar{j}) = (M_{10}/M_{00}, M_{01}/M_{00}) \tag{4.4.4}$$

$$m_{pq} = \sum \sum (i - \bar{i})^p (j - \bar{j})^q f(i,j) \tag{4.4.5}$$

式中, $f(i,j)$ 相当于一个像素的质量, M_{pq} 为不同 p、q 值下的图像的矩。

利用归一化的中心矩可以获得利用 μ_{pq} 表示的 7 个具有平移、比例和旋转不变性的矩不变量(注意, φ_7 只具有比例和平移不变性)：

$$\varphi_1 = \mu_{20} + \mu_{02} \tag{4.4.6}$$

$$\bar{\omega}_2 = (\mu_{20} - \mu_{02})^2 + 4\mu_{11}^2 \tag{4.4.7}$$

$$\varphi_3 = (\mu_{30} - 3\mu_{12})^2 + (3\mu_{21} - \mu_{03})^2 \tag{4.4.8}$$

$$\varphi_4 = (\mu_{30} + \mu_{12})^2 + (\mu_{21} + \mu_{03})^2 \tag{4.4.9}$$

$$\varphi_5 = (\mu_{30} - 3\mu_{12})(\mu_{30} + \mu_{12})[(\mu_{30} + \mu_{12})^2 - 3(\mu_{21} + \mu_{03})^2] + $$
$$(3\mu_{21} - \mu_{03})(\mu_{21} + \mu_{03})[3(\mu_{30} + \mu_{12})^2 - (\mu_{21} + \mu_{03})^2] \tag{4.4.10}$$

$$\varphi_6 = (\mu_{20} - \mu_{02})[(\mu_{30} + \mu_{12})^2 - (\mu_{21} + \mu_{03})^2] + 4\mu_{11}(\mu_{30} + \mu_{12}) + $$
$$(\mu_{21} + \mu_{03}) \tag{4.4.11}$$

$$\varphi_7 = (3\mu_{21} - \mu_{03})(\mu_{30} + \mu_{12})[(\mu_{30} + \mu_{12})^2 - 3(\mu_{21} + \mu_{03})^2] - $$
$$(\mu_{30} - 3\mu_{12})(\mu_{21} + \mu_{03})[3(\mu_{30} + \mu_{12})^2 - (\mu_{21} + \mu_{03})^2] \tag{4.4.12}$$

由于图像经采样和量化后会导致图像灰度层次和离散化图像的边缘表示的不精确,因此图像离散化会对图像矩特征的提取产生影响,特别是对高阶矩特征的计算影响较大。这是因为高阶矩主要描述图像的细节,而低阶矩主要描述图像的整体特征,如面积、主轴等,相对而言影响较小。

不变矩及其组合具备了好的形状特征应具有的某些性质,已经用于印刷体字符的识别、飞机形状区分、景物匹配和染色体分析的应用中。

【例 4.4.11】　图 4.4.8(a)为原始图像,分别对其进行逆时针旋转 5°、垂直镜像、尺度缩小为原图的一半,分别求出原图及变换后的各个图像的 7 阶矩,从而得出这 7 个矩的值对于旋转、镜像及尺度变换不敏感的结论。

主程序 MATLAB 源代码如下：

```
clc
I = imread('pout.tif');          % 读取图像
I1 = I;
I0 = I;
subplot(141);imshow(I1);             % 显示图像
I2 = imrotate(I,5,'bilinear');    % 旋转变化
subplot(142);imshow(I2)
I3 = fliplr(I);                  % 镜像变化
subplot(143);imshow(I3)
I4 = imresize(I,0.1,'bilinear');   % 尺度变化
subplot(144);imshow(I4)
display('原图像')
qijieju(I1);                     % 计算原图像的 7 阶矩
display('旋转变化')
qijieju(I2);                     % 计算旋转变化图像的 7 阶矩
display('镜像变化')
qijieju(I3);                     % 计算镜像变化图像的 7 阶矩
display('尺度变化')
qijieju(I4);                     % 计算尺度变化图像的 7 阶矩
```

子程序 MATLAB 源代码如下：

```
function qijieju(I0)                  % 求 7 阶矩 qijieju 函数清单
A = double(I0);
[nc,nr] = size(A);
[x,y] = meshgrid(1:nr,1:nc);
x = x(:);
y = y(:);
A = A(:);
m00 = sum(A);
if m00 = = 0
    m00 = eps;
end
m10 = sum(x. * A);
m01 = sum(y. * A);
xmean = m10/ m00;
ymean = m01/ m00;
cm00 = m00;
cm02 = (sum((y - ymean).^2. * A))/( m00^2);
cm03 = (sum((y - ymean).^3. * A))/( m00^2.5);
cm11 = (sum((x - xmean). * (y - ymean). * A))/( m00^2);
cm12 = (sum((x - xmean). * (y - ymean).^2. * A))/(m00^2.5);
cm20 = (sum((x - xmean).^2. * A))/( m00^2);
cm21 = (sum((x - xmean).^2. * (y - ymean). * A))/(m00^2.5);
```

```
cm30 = (sum((x − xmean).^3. * A))/(m00^2.5);
ju(1) = cm20 + cm02;                          % 求 7 阶矩
ju(2) = (cm20 − cm02)^2 + 4 * cm11^2;
ju(3) = (cm30 − 3 * cm12)^2 + (3 * cm21 − cm03)^2;
ju(4) = (cm30 + cm12)^2 + (cm21 + cm03)^2;
ju(5) = (cm30 − 3 * cm12) * (cm30 + cm12) * ((cm30 + cm12)^2 − 3 * (cm21 + cm03)^2) + (3 * cm21
        − cm03) * (cm21 + cm03) * (3 * (cm30 + cm12)^2 − (cm21 + cm03)^2);
ju(6) = (cm20 − cm02) * ((cm30 + cm12)^2 − (cm21 + cm03)^2) + 4 * cm11 * (cm30 + cm12) * (cm21
        + cm03);
ju(7) = (3 * cm21 − cm03) * (cm30 + cm12) * ((cm30 + cm12)^2 − 3 * (cm21 + cm03)^2) + (3 * cm12
        − cm30) * (cm21 + cm03) * (3 * (cm30 + cm12)^2 − (cm21 + cm03)^2);
qijieju = abs(log(ju))
```

图 4.4.9(a)原始图像经过旋转变化、镜像变化和尺度变化后的结果图如图 4.4.9 (b)、(c)、(d)所示。程序运行所得 7 阶矩数据结果如下：

   (a)原始图像   (b)旋转变化   (c)镜像变化   (d)尺度变化

图 4.4.9　程序运行结果图

原图像
qijieju=
    6.5235   16.3199   25.7319   24.5010   50.4446   32.6666   49.8227

旋转变化
qijieju=
    6.5234   16.3197   25.7313   24.5006   50.4431   32.6661   49.8220

镜像变化
qijieju=
    6.5235   16.3199   25.7319   24.5010   50.4446   32.6666   49.7236

尺度变化
qijieju=
    6.5216   16.0377   25.5369   24.5563   50.3762   32.5770   49.8218

4.5　纹理特征分析及应用

图像的纹理分析已在许多学科得到了广泛的应用，通过观察不同物体的图像，可以抽取出构成纹理特征的两个要素：

①纹理基元：纹理基元是一种或多种图像基元的组合，有一定的形状和大小，如花布的花纹。

②纹理基元的排列组合：排列的疏密、周期性、方向性等的不同能使图像的外观产生极大的改变。例如，在植物长势分析中，即使是同类植物，由于地形的不同、生长条件及环境的不同，植物散布形式亦有不同，反映在图像上就是纹理的粗细（植物生长的稀疏）、走向（如靠阳和水的地段应有生长茂盛的植被）等特征的描述和解释。

纹理特征提取指的是通过一定的图像处理技术抽取出纹理特征，从而获得纹理的定量或定性描述的处理过程。因此，纹理特征提取应包括两方面的内容：检测出纹理基元和获得有关纹理基元排列分布方式的信息。

4.5.1　纹理分析函数

MATLAB 图像处理工具箱中提供了进行纹理分析的函数：rangefilt、stdfilt 和 entropyfilt。这些函数使用标准的统计量对图像进行滤波，它们提供了图像中局部区域像素值的变化特性。当图像较为光滑时，局部像素值变化范围很小；当图像较为粗糙时，局部像素值变化范围就会较大。

①rangefilt 函数用来计算图像的局部最大差值，常用调用方法如下：

```
J = rangefilt(I)
J = rangefilt(I,Nhood)
```

其中，I 为输入图像；Nhood 是一个多维矩阵，滤波操作的邻域范围主要由非零元素规定；J 是返回的与 I 同样大小的矩阵。

【例 4.5.1】　计算图像局部最大差值。

```
I = imread('coins. png');
subplot(121),imshow(I);
J = rangefilt(I);
subplot(122),imshow(J);
```

运行结果如图 4.5.1 所示。

(a)原图　　　　　　　　　　　(b)图像局部最大差值

图 4.5.1　图像的局部最大差值

②stdfilt 和 entropyfilt 函数分别用来计算局部标准差和局部熵,常见调用方法如下:

```
J = stdfilt(I)
J = stdfilt(I,Nhood)
J = entropyfilt(I)
J = entropyfilt(I,Nhood)
```

其中,输入参数含义与函数 rangefilt 相同,stdfilt 函数输出的矩阵为局部标准差,entropyfilt 函数输出结果为局部熵。

【例 4.5.2】 计算图像的局部标准差。

```
I = imread('rice. png');
subplot(121),imshow(I);
J = stdfilt(I);
subplot(122),imshow(J,[]);
```

运行结果如图 4.5.2 所示。

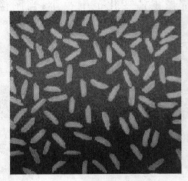 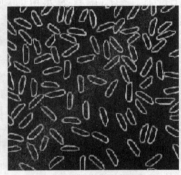

(a)原图   (b) 图像局部标准差

图 4.5.2 图像的局部标准差

【例 4.5.3】 计算图像的局部熵。

```
I = imread('rice. png');
subplot(121),imshow(I);
J = entropyfilt(I);
subplot(122),imshow(J,[]);
```

运行结果如图 4.5.3 所示。

(a)原图

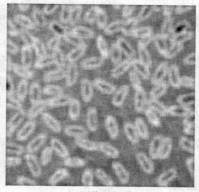
(b)图像局部熵

图 4.5.3　图像局部熵

4.5.2　灰度共生矩阵

1. 定　义

由于纹理是由灰度分布在空间位置上反复出现而形成的,因而在图像空间中相隔某距离的两像素间会存在一定的灰度关系,这种关系被称为图像中灰度的空间相关特性。通过研究灰度的空间相关性来描述纹理,这正是灰度共生矩阵的思想基础。

从灰度级为 i 的像素点出发,距离为 δ 的另一个像素点的同时发生的灰度级为 j,定义这两个灰度在整个图像中发生的概率分布,称为灰度共生矩阵。灰度共生矩阵用 $P_\delta(i,j)(i,j=0,1,2,\cdots,L-1)$ 符号表示,其中,i,j 分别为两个像素的灰度;L 为图像的灰度级数;δ 决定了两个像素间的位置关系,用 $\delta=(\Delta x,\Delta y)$ 表示,即两个像素在 x 方向和 y 方向上的距离分别为 Δx 和 Δy,如图 4.5.4 所示。

这样,两个像素灰度级同时发生的概率就将 (x,y) 的空间坐标转换为 (i,j) 的"灰度对"的描述。灰度共生矩阵可以理解为像素对或灰度级对的直方图,这里所说的像素对和灰度级对是有特定含义的,一是像素对的距离不变,二是像素灰度级不变。

2. 特征参数

从灰度共生矩阵抽取出的纹理特征参数有以下几种:

(1)角二阶矩

$$f_1 = \sum_{i=0}^{L-1}\sum_{j=0}^{L-1} p_\delta^2(i,j) \qquad (4.5.1)$$

角二阶矩是图像灰度分布均匀性的度量。当灰度共生矩阵中的元素分布较集中于主对角线时,说明从局部区域观察图像的灰度分布是较均匀的。从图像整体来观察,纹理较粗,此时角二阶矩值 f_1 较大;反过

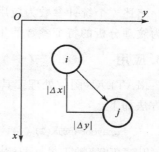

图 4.5.4　两个像素间的位置关系

来,则角二阶矩值 f_1 较小。角二阶矩是灰度共生矩阵元素值平方的和,所以,也称为能量。粗纹理角二阶矩值 f_1 较大,可以理解为粗纹理含有较多的能量。细纹理 f_1 较小,即它含有较少的能量。

(2)对比度

$$f_2 = \sum_{n=0}^{L-1} n^2 \left\{ \sum_{i=0}^{L-1} \sum_{j=0}^{L-1} p_\delta^2(i,j) \right\} \tag{4.5.2}$$

式中,$|i-j|=n$。

图像的对比度可以理解为图像的清晰度,即纹理清晰程度。在图像中,纹理的沟纹越深,则其对比度 f_2 越大,图像的视觉效果越是清晰。

(3)相关

$$f_3 = \frac{\sum_{i=0}^{L-1} \sum_{j=0}^{L-1} ij\, p_\delta(i,j) - u_1 u_2}{\sigma_1^2 \sigma_2^2} \tag{4.5.3}$$

式中,u_1、u_2、σ_1、σ_2 分别定义为:

$$u_1 = \sum_{i=0}^{L-1} i \sum_{j=0}^{L-1} \hat{p}_\delta(i,j) \qquad u_2 = \sum_{j=0}^{L-1} j \sum_{i=0}^{L-1} \hat{p}_\delta(i,j)$$

$$\sigma_1^2 = \sum_{i=0}^{L-1} (i-u_1)^2 \sum_{j=0}^{L-1} p_\delta(i,j) \qquad \sigma_2^2 = \sum_{j=0}^{L-1} (j-u_2)^2 \sum_{i=0}^{L-1} p_\delta(i,j)$$

相关是用来衡量灰度共生矩阵的元素在行的方向或列的方向的相似程度。例如,某图像具有水平方向的纹理,则图像在 $\theta=0°$ 的灰度共生矩阵的相关值 f_3 往往大于 $\theta=45°$、$\theta=90°$、$\theta=135°$ 的灰度共生矩阵的相关值 f_3。

(4)熵

$$f_4 = -\sum_{i=0}^{L-1} \sum_{j=0}^{L-1} \hat{p}_\delta(i,j) \log \hat{p}_\delta(i,j) \tag{4.5.4}$$

熵值是图像具有的信息量的度量,纹理信息也属于图像的信息。若图像没有任何纹理,则灰度共生矩阵几乎为零阵,则熵值 f_4 接近为零。若图像充满着细纹理,则 $\hat{p}_\delta(i,j)$ 的数值近似相等,该图像的熵值 f_4 最大。若图像中分布着较少的纹理,$\hat{p}_\delta(i,j)$ 的数值差别较大,则该图像的熵值 f_4 较小。

上述 4 个统计参数为应用灰度共生矩阵进行纹理分析的主要参数,可以组合起来成为纹理分析的特征参数使用。

3. 应用

MATLAB 图像处理工具箱中,graycomatrix 函数用来创建灰度共生矩阵,常见调用方法如下:

```
glc = graycomatrix(I)
glc = graycomatrix(I,param1,val1,param2,val2)
```

其中,I 是输入图像;param1、val1、param2、val2 是可选参数,glc 是返回的灰度共生矩阵。

创建了灰度共生矩阵后,可以使用函数 graycoprop 来统计信息,这些信息包括对比度、相关性、能量和熵。常见调用方式如下:

stats = graycoprops(glc,properties)

其中,glc 是输入的灰度共生矩阵;properties 是需要计算的统计量,分别为'contrast'、'correlation'、'energy'和'homogeity'。stats 为返回的统计量。

【例 4.5.4】 计算图 4.5.5 灰度共生矩阵的统计量。

图 4.5.5 原图

```
I = imread('cameraman.tif');
subplot(111),imshow(I);
glcms = graycomatrix(I);
stats1 = graycoprops(glcms,'Contrast')
stats2 = graycoprops(glcms,'Correlation')
stats3 = graycoprops(glcms,'Energy')
stats4 = graycoprops(glcms,'Homogeneity')
```

该程序分别计算了对比度、相关性、能量和熵,运行结果如下:

stats1 =
    Contrast: 0.5006
stats2 =
    Correlation: 0.9269
stats3 =
    Energy: 0.1636
stats4 =
    Homogeneity: 0.8925

4.6 图像配准技术及应用

图像配准是对取自不同时间、不同传感器或者不同视角的同一场景的两幅图像或者多幅图像配准的过程。图像配准的方法有基于特征的图像配准、基于互信息的图像配准等。本节着重介绍归一化互相关的图像配准和基于特征点的图像配准两种方法。

4.6.1　归一化互相关图像配准

当待配准图像是另一幅图像的子图像时,可以计算两幅图像子区域之间的归一化互相关。根据互相关的最大值来确定配准的位置,从而在另一幅图像中显示配准的图像。MATLAB 工具箱中,计算互相关的函数是 normxcorr2。

【例 4.6.1】　计算图 4.6.1 的归一化互相关图像配准。

```
PartPicture = imread('2.jpg'); %读取图像 2
AllPicture = imread('1.jpg'); % 读取图像 1
figure; subplot(121),
imshow(PartPicture) % 显示图像
subplot(122),
imshow(AllPicture) % 显示图像
rect_PartPicture = [111 33 65 58]; %确定图像 2 的区域
rect_AllPicture = [163 47 143 151]; %确定图像 1 的区域
sub_PartPicture = imcrop(PartPicture,rect_PartPicture); %裁剪图像 2
sub_AllPicture = imcrop(AllPicture,rect_AllPicture); %裁剪图像 1
figure;  subplot(121),
imshow(sub_PartPicture) % 显示裁剪后的子图像
subplot(122),
imshow(sub_AllPicture) % 显示裁剪后的子图像
c = normxcorr2(sub_PartPicture(:,:,1),...
    sub_AllPicture(:,:,1)); %对红色色带进行归一化互相关
figure,
surf(c), % 显示两幅子图像的归一化互相关
shading flat
[max_c, imax] = max(abs(c(:))); %确定归一化互相关最大值及其位置
[ypeak, xpeak] = ind2sub(size(c),imax(1)); % 把一维坐标变为 2 维
corr_offset = [(xpeak - size(sub_PartPicture,2))
        (ypeak - size(sub_PartPicture,1))]; %利用相关找偏移量
rect_offset = [(rect_AllPicture(1) - rect_PartPicture(1))
(rect_AllPicture(2) - rect_PartPicture(2))]; %位置引起的偏移量
offset = corr_offset + rect_offset; %总得偏移量
xoffset = offset(1); % x 轴方向的偏移量
yoffset = offset(2); % y 轴方向的偏移量
xbegin = round(xoffset + 1); % x 轴起始位置
xend  = round(xoffset + size(PartPicture,2)); % x 轴结束位置
ybegin = round(yoffset + 1); % y 轴起始位置
yend  = round(yoffset + size(PartPicture,1)); % y 轴结束位置
extracted_PartPicture = AllPicture(ybegin:yend,xbegin:xend,:); % 提取子图
```

```
if isequal(PartPicture,extracted_PartPicture)
    disp('onion. png was extracted from peppers. png') % 判断两图是否相同
end
recovered_PartPicture = uint8(zeros(size(AllPicture)));
recovered_PartPicture(ybegin:yend,xbegin:xend,:) = PartPicture; % 恢复子图
figure,
imshow(recovered_PartPicture) % 显示
[m,n,p] = size(AllPicture);
mask = ones(m,n);
i = find(recovered_PartPicture(:,:,1) = = 0);
mask(i) = .2；% 可使用不同的值进行实验
figure,
imshow(AllPicture(:,:,1)) % 显示其红色色带
hold on
h = imshow(recovered_PartPicture); % 显示恢复的图像
set(h,'AlphaData',mask)
```

(a) PartPicture   (b) AllPicture

图 4.6.1 待配准图像

从图 4.6.1 中可以看出，PartPicture 为 AllPicture 的子图像。程序里的 imcrop 函数是通过图像下标的方式来选择子区域,运行结果如图 4.6.2 所示。

归一化求取峰值是衡量两幅子图像相关的程度,本文配准的图像为彩色图像,而函数 normxcorr2 只适用于灰度图像,故程序里只适用每幅子图像的红色色带进行归一化互相关,然后选取归一化互相关最大值来达到目的。

总的偏移量分为由相关引起的偏移量和子图像的位置引起的偏移量两部分,程序里也做了说明,它依赖于互相关矩阵中峰值的位置、子图像的大小和子图像在原图像中的位置。两幅子图像的归一化相关如图 4.6.3 所示。

经上述处理,程序会进行配准处理,运行结果如图 4.6.4 和图 4.6.5 所示。其中,图 4.6.4 为在一个与 AllPicture 图像同样大小背景下显示 PartPicture。图 4.6.5 为最后配准的图像。

(a) sub_PartPicture   (b) sub_AllPicture

图 4.6.2　选取子区域

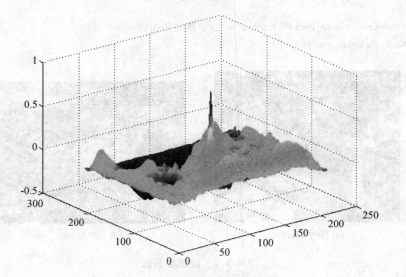

图 4.6.3　子图像归一化相关

图 4.6.4　在 AllPicture 图像同样大小背景下显示 PartPicture

图 4.6.5 配准后的图像

4.6.2 特征点的图像配准

基于特征的图像配准是配准中最常见的方法,对于不同特性的图像,选择图像中容易提取并能够在一定程度上代表待配准图像相似性的特征作为配准依据。它可以克服利用图像灰度信息进行图像配准的缺点,主要体现在以下 3 个方面:

①图像的特征点比图像的像素点要少很多,从而大大减少了匹配过程的计算量;

②特征点的匹配度量值对位置变化比较敏感,可以大大提高匹配的精度;

③特征点的提取过程可以减少噪声的影响,对灰度变化、图像形变以及遮挡等都有较好的适应能力。

因此,基于特征的图像配准方法是实现高精度、快速有效和适用性广的配准算法的最佳选择。

基于特征的图像配准算法的基本流程如图 4.6.6 所示,具体步骤如下:

(1)图像预处理

不同条件下得到的两幅图像之间存在着一定的差异,主要包括灰度值偏差和几何变形。为了图像配准能够顺利进行,在图像配准之前应尽量消除或减少图像间的这些差异。

(2)特征选择

根据图像性质提取适合于图像配准的几何或灰度特征。在特征选择时,要遵循如下几个原则:一是相似性原则,即配准的特征应该是相同类型的,且具有某种不变性;二是唯一性原则,即最终确定的配准特征应该是一一对应的,而不允许出现一对多和多对一的情况;三是稳定性原则,当图像受噪声影响或者两幅图像成像时间、成像设备等不同时,从两幅图像中说提取的特征应该是一致的,不会发生剧烈的变化。同时,要求所提取的特征在两幅图像比例缩放、旋转、平移等变换中保持一致性。

(3)特征匹配

将待配准图像和标准图像中的特征一一对应,删除没有对应的特征。

(4)图像转换

利用匹配好的特征带入符合图像形变性质的图像转换,以最终配准两幅图像。

根据特征选择和特征匹配方法的不同衍生出多种不同的基于特征的图像配准方法,可分为基于点特征的图像配准算法和基于线特征的图像配准算法。这里介绍基于点特征的图像配准算法,过程如图 4.6.6 所示。

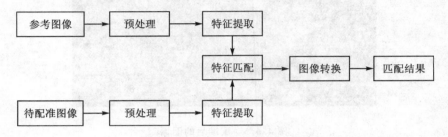

图 4.6.6 基于特征的图像配准过程

已知 $P = \{p_1, p_2, \cdots, p_m\}$ 是标准参考图像上的特征点集,$Q = \{q_1, q_2, \cdots, q_n\}$ 是待配准图像上的特征点集,配准要实现的目的就是确立两个点集之间的对应关系。利用对应关系来求解变换模型参数。

【例 4.6.2】 遥感图像特征点配准算法设计。标准图像和待配准图像分别如图 4.6.7(a)和图 4.6.7(b)所示,基于点特征的图像配准过程如下:

(a) 标准图像　　　　　　(b) 待配准图像　　　　　　(c) 配准后的图像

图 4.6.7 遥感图像的配准结果

①对参考图像上的特征点集 P 中的一个特征点 p_i 建立以其为中心,大小为 $n \times n$ 的目标窗口 P_{nn}。

②相对于参考图像上的特征点 p_i,在待配准图像上取大小为 $m \times m$ 的窗口 Q_{mm} ($m \gg n$),确保特征点 p_i 的同名特征点在搜索窗口 Q_{mm} 内;

③目标窗口 P_{nn} 在搜索窗口 Q_{mm} 上滑动,同时计算其相似性度量,确定特征点 p_i 的同名特征点 q_i。

源代码如下：

```
%读标准图像和待配准图像
unregistered = imread('westconcordaerial.png');
figure,imshow(unregistered)
figure,imshow('westconcordorthophoto.png')
%选取目标窗口和控制点
load westconcordpoints
cpselect(unregistered(:,:,1),'westconcordorthophoto.png',input_points,base_points)
%根据选取的控制点对待配准图像进行变换
info = imfinfo('westconcordorthophoto.png');
registered = imtransform(unregistered,t_concord,'XData',[1 info.Width],'YData',[1
            info.Height]);
figure,imshow(registered)
```

程序运行结果如图 4.6.7(c)所示。

4.7 图像拼接技术及应用

图像拼接技术也称为图像镶嵌技术，就是将一组重叠图像集合拼接成一幅大型的无缝高分辨率图像，目的是将一系列真实世界的图像拼接成一幅更宽视野的大型场景图像。图像拼接技术是一种利用计算机表示真实世界的有效方法，通常参与拼接的真实世界的序列图像有一定程度的重叠，采用图像拼接技术可以剔除冗余信息、压缩信息存储量，从而更加客观而形象有效地表示真实世界。本节将介绍如何基于 MATLAB 利用数字图像模式识别技术实现对两幅图像的拼接。

4.7.1 图像拼接流程

基于特征的数字图像拼接系统典型流程如图 4.7.1 所示，主要分为 3 大部分：特征提取及描述子的生成、基于描述子的特征匹配和图像无缝融合。

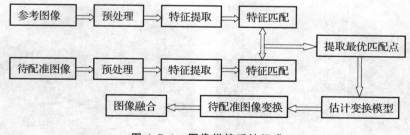

图 4.7.1 图像拼接系统组成

(1)预处理

预处理的目的包括减小噪声影响、纠正图像形变和凸显图像特征等，主要操作包括滤波处理、直方图操作、模板选取和对图像进行某种变换，如 wavelet 变换、Gabor 变换、频域内 FFT 变换等。它并不是图像拼接的必要阶段。

(2)特征提取

特征点的提取是进行图像拼接的第一步,特征选择的成功与否对于下一步的匹配有着至关重要的影响。在特征的选取上必须考虑 3 点因素:首先,选取的特征必须是参考图像和待配准图像共同具有的特征;其次,特征集必须包含足够多的特征,并且这些特征在图像上要分布均匀;最后,选取的特征必须易于进行特征匹配。选择合理的特征空间可以提高配准算法的适应性、降低搜索空间、减小噪声等不确定性因素对匹配算法的影响。本节主要对基于多尺度空间的 SIFT 特征描述符进行讨论。

(3)特征匹配

特征匹配包括点特征匹配和线特征匹配,即使用特征描述算子在规定的搜索空间中进行点和距离之间的匹配,配准策略可采用距离函数和穷尽搜索等。

(4)最优匹配点的提取

目的是在初步提取到的特征中进行筛选,鲁棒性最好的特征作为内点保留。变换模型的选择对拟合结果尤为重要。

(5)变换模型的估计

即建立一个参考图像和待配准图像之间的转换关系,包含了图像间形变、旋转、移位等变换信息,一般情况下符合投影变换的规律。

(6)图像融合

图像融合作为图像拼接的最后一步,可以消除缝隙处的拼接线,并实现融合处的平滑过渡,实现较好的视觉效果。在求取变换矩阵之后,以参考图像为标准,对待配准图像进行一个投影过程。因为前后坐标系不同,变换图像中像素点坐标须进行插值和重采样操作,以便拥有整数坐标值。

本节在讲述基础算法之后,以图 4.7.2 中两幅图像作为参考图像及待配准图像进行特征提取、配准及融合的实验。

图 4.7.2　参考图片和待配准图片

4.7.2　SIFT 描述子的提取

SIFT 算法全称是 Scale Invariant Feature Transform，即尺度不变特征变换。SIFT 算法首先在尺度空间进行特征检测，并确定特征点的位置和特征点所处的尺度，然后使用特征点邻域梯度的主方向作为该特征点的方向特征，以实现算子对尺度和方向的无关性。下面对 SIFT 的算法原理做详细的介绍。

1. 高斯尺度空间的极值检测

高斯核是实现尺度变换的唯一变换核，也是唯一的线性核。因此，尺度空间理论的主要思想是利用高斯核对原始图像进行尺度变换，获得图像多尺度下的尺度空间表示序列，再对这些序列进行尺度空间特征提取。

一幅二维图像的尺度空间可由高斯函数与原图像卷积得到，定义为：

$$L(x,y,\sigma) = G(x,y,\sigma) * I(x,y) \tag{4.7.1}$$

式中，$G(x,y,\sigma)$ 为尺度可变的高斯函数：

$$G(x,y,\sigma) = \frac{1}{2\pi\sigma^2} e^{\frac{-(x^2+y^2)}{2\sigma^2}} \tag{4.7.2}$$

σ 称为尺度空间因子，其值越小表征该图像被平滑的越少，相应的尺度也越小。大尺度对应图像的概貌特征，而小尺度则对应图像的细节特征。L 代表了图像所在的尺度空间，选择合适的尺度平滑因子是建立尺度空间的关键。

(1)建立高斯金字塔

将图像 $I(x,y)$ 与不同尺度因子下的高斯核函数 $G(x,y,\sigma)$ 进行卷积操作构建高斯金字塔。在构建高斯金字塔过程中要注意，第一阶第一层是放大两倍的原始图像，其目的是得到更多的特征点；在同一阶中相邻两层的尺度因子比例是 k，则第一阶第 2 层的尺度因子是 k，然后其他层以此类推则可；第 2 阶的第一层由第一阶的中间层尺度图像进行子抽样获得，其尺度因子是 k^2，然后第 2 阶的第 2 层的尺度因子是第一层的 k 倍即 k^3。第 3 阶的第一层由第 2 阶的中间层尺度图像进行子抽样获得。其他阶的构成依此类推，本次计算 k 取值为 $\sqrt[3]{2}$。

(2)建立差分金字塔(DOG)

为了更加高效地在尺度空间检测出特征点，我们采用高斯差值方程同图像卷积得到差分尺度空间并求取极值。高斯差值方程用 $D(x,y,\sigma)$ 表示：

$$D(x,y,\sigma) = (G(x,y,k\sigma) - G(x,y,\sigma)) * I(x,y) = L(x,y,k\sigma) - L(x,y,\sigma) \tag{4.7.3}$$

每一阶相邻尺度空间的高斯图像相减就得到了高斯差分图像，即 DOG 图像。

(3)求取 DOG 极值

为了得到高斯差分图像中的极值点，样本像素点需要和它同层相邻的 8 个像素点和上下相邻图像层中的各 9 个像素点进行比较，共需要与 26 个像素进行比较。图 4.7.3 为 DOG 同一尺度空间的 3 个相邻尺度图像，如果样本点是这些点中的灰度

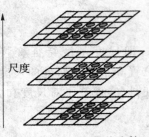

尺度

图 4.7.3　DOG 极值比较

极值点(极大值或极小值),则把这个点当作候选特征点提取出来;否则,按此规则继续比较其他的像素点。极值点提取出来以后要记下极值点的位置和尺度。

2. 特征点位置的确定

由于 DOG 对噪声和边缘比较敏感,因此应当将特征点中低对比度及位于边缘的点过滤掉,以增强匹配稳定性和抗噪能力。

(1)滤去低对比度的特征点

将尺度空间函数按泰勒级数展开:

$$D(X) = D + \frac{\partial D^{\mathrm{T}}}{\partial X}X + \frac{1}{2}X^{\mathrm{T}}\frac{\partial^2 D}{\partial X^2}X \tag{4.7.4}$$

式中,$X=(x,y,\sigma)^{\mathrm{T}}$,$\dfrac{\partial D^{\mathrm{T}}}{\partial X}=\begin{bmatrix}\dfrac{\partial D}{\partial x} & \dfrac{\partial D}{\partial y} & \dfrac{\partial D}{\partial \sigma}\end{bmatrix}$,$\dfrac{\partial^2 D}{\partial X^2}=\begin{bmatrix}\dfrac{\partial^2 D}{\partial x^2} & \dfrac{\partial^2 D}{\partial xy} & \dfrac{\partial^2 D}{\partial \sigma} \\[2mm] \dfrac{\partial^2 D}{\partial yx} & \dfrac{\partial^2 D}{\partial y^2} & \dfrac{\partial^2 D}{\partial y\sigma} \\[2mm] \dfrac{\partial^2 D}{\partial \sigma x} & \dfrac{\partial^2 D}{\partial \sigma y} & \dfrac{\partial^2 D}{\partial \sigma^2}\end{bmatrix}$,

求导并令方程等于 0 可得到极值点:

$$\hat{X} = -\frac{\partial^2 D^{-1}}{\partial X^2}\frac{\partial D}{\partial X} \tag{4.7.5}$$

代入式(4.7.4)得:

$$D(\hat{X}) = D + \frac{1}{2}\frac{\partial D^{\mathrm{T}}}{\partial X} \tag{4.7.6}$$

$D(\hat{X})$ 的值对于剔除低对比度的不稳定特征点十分有用,通常将 $D(\hat{X}) < 0.03$ 的极值点视为低对比度的不稳定特征点进行剔除。同时,在此过程中获取了特征点的精确位置以及尺度。

(2)滤去边缘特征点

利用图像边缘的特征点在高斯差分函数的峰值处与边缘交叉处的主曲率值较大,而在垂直方向曲率值较小的特征可以滤去边缘特征点。

特征点的 Hessian 矩阵的特征值与 D 的主曲率是成正比的,这里借助于 Harris 角点检测的方法,只求特征值的比值。Hessian 矩阵为:

$$\boldsymbol{H} = \begin{bmatrix} D_{xx} & D_{xy} \\ D_{xy} & D_{yy} \end{bmatrix} \tag{4.7.7}$$

设 α、β 分别是 Hessian 矩阵 $\boldsymbol{H}$ 的最大和最小特征值,且 $\gamma = \dfrac{\alpha}{\beta}$,则有:

$$\mathrm{tr}(\boldsymbol{H}) = D_{xx} + D_{xy} = \alpha + \beta$$
$$\mathrm{Det}(\boldsymbol{H}) = D_{xx}D_{xy} - (D_{xy})^2 = \alpha\beta \tag{4.7.8}$$

$$\frac{\mathrm{tr}(\boldsymbol{H})}{\mathrm{Det}(\boldsymbol{H})}=\frac{(\alpha+\beta)^2}{\alpha\beta}=\frac{(\gamma\beta+\beta)^2}{\gamma\beta^2}=\frac{(\gamma+1)^2}{\gamma} \tag{4.7.9}$$

当两个特征值相等时,式(4.7.9)取得的值最小,随着 γ 的增大而增大。为了剔除边缘响应点,需要让该比值小于一定的阈值,一般取 $\gamma=10$,即 $\dfrac{\mathrm{tr}(\boldsymbol{H})}{\mathrm{Det}(\boldsymbol{H})}<\dfrac{(\gamma+1)^2}{\gamma}$ 时保留该特征点,否则滤去。在某些情况下如果行列式 $\boldsymbol{H}$ 的值为负,则曲率值会有不同的符号,那么该点被过滤掉而不被作为极值来处理。

3. 特征点方向的确定

利用特征点邻域像素的梯度方向分布特性为每个特征点指定方向参数,从而使算子具备旋转不变性。(x,y) 处的梯度值和方向分别为:

$$\begin{cases} m(x,y)=\sqrt{(L(x+1,y)-L(x-1,y))^2+(L(x,y+1)-L(x,y-1))^2} \\ \theta(x,y)=\tan^{-1}\dfrac{((L(x,y+1)-L(x,y-1))}{(L(x+1,y)-L(x-1,y)))} \end{cases} \tag{4.7.10}$$

其中,L 所用的尺度为每个关键点各自所在的尺度。在以特征点为中心的邻域窗口内采样,并用梯度方向直方图来统计邻域像素的梯度方向。梯度直方图的范围是 $0\sim360°$,其中,每 $10°$ 一个柱,总共 36 个柱。梯度方向直方图的峰值代表了该特征点处邻域梯度的主方向,即作为该特征点的主方向。当存在另一个相当于主峰值 80% 能量的峰值时,则将这个方向认为是该特征点的辅方向。一个特征点可能会被指定具有多个方向(一个主方向,一个以上辅方向),这可以增强匹配的鲁棒性。如图 4.7.4 所示,圆形区域内箭头所指方向为其邻域梯度的主方向,在梯度直方图中红色区域所在角度为其主方向所在角度。

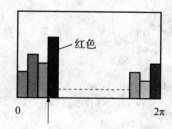

图 4.7.4　主梯度方向示意图

4. 生成 SIFT 特征描述符

计算特征向量是为了更精确地描述特征点邻域内像素的特点。为了保持旋转的不变性,首先要将坐标轴旋转至特征点方向。然后在特征点周围的邻域中选取一个 8×8 的窗口,特征点所在行和所在列不选。计算所选邻域区域内每个像素点的梯度值和方向,如图 4.7.5 所示,图中每个方框代表一个像素点,方框里的箭头和长短分别代表该像素点的梯度和方向大小。然后在每个 4×4 的窗口上计算该窗口里所有像素的梯度值和方向的统计,将梯度值累加分配到 8 个方向上,那么每个 4×4 窗口就生成了一个 8 维的向量,而特征点周围有 4 个这样的窗口,那就生成了一个 32 维的向量。图中的圆圈为高斯加权范围,对越靠近中心像素点的像素点梯度给予越大的权值。这种邻域方向性信息联合的思想增强了算法抗噪声的能力,同时对于含有定位误差的特征匹配也提供了很好的容错性。

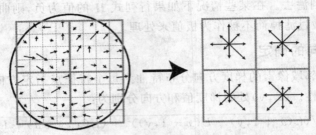

图 4.7.5　特征描述子生成

此次在计算每个关键点的特征描述符时共使用 16(即 4×4)个种子点来描述,一个关键点共用 128 个数据来描述,最终生成 128 维的特征向量,此时 SIFT 特征向量已经去除了尺度变化、旋转等集合变形因素的影响,再继续将特征向量的长度归一化,则可以进一步去除光照变化的影响。

【例 4.7.1】　SIFT 特征检测。

```
function [ pos, scale, orient, desc ] = features_detection( im, octaves, intervals,
object_mask, contrast_threshold, curvature_threshold, interactive )
  % 设置输入参数默认值
  if ~exist('octaves') % 最大阶数
    octaves = 4;
  end
  if ~exist('intervals') % 每阶最大层数
    intervals = 2;
  end
  if ~exist('object_mask') % 计算模板大小
    object_mask = ones(size(im));
  end
  if size(object_mask) ~= size(im)
    object_mask = ones(size(im));
  end
  if ~exist('contrast_threshold') % 设置去除低对比度特征点阈值大小
    contrast_threshold = 0.02;
  end
  if ~exist('curvature_threshold') % 设置去除边缘特征点阈值大小
    curvature_threshold = 10.0;
  end
```

```matlab
if ～exist('interactive')% 设置迭代次数
   interactive = 1;
end
tic;
antialias_sigma = 0.5;% 高斯平滑参数
if antialias_sigma == 0% 不进行平滑预操作
   signal = im;
else
   g = gaussian_filter( antialias_sigma );
   if exist('corrsep') == 3
       signal = corrsep( g, g, im );
   else
       signal = conv2( g, g, im, 'same' );
   end
end
signal = im;
[X Y] = meshgrid( 1:0.5:size(signal,2), 1:0.5:size(signal,1) );
signal = interp2( signal, X, Y, '*linear');
subsample = [0.5]; % 图像的下采样率为 0.5
preblur_sigma = sqrt(sqrt(2)^2 - (2 * antialias_sigma)^2);
if preblur_sigma == 0
   gauss_pyr{1,1} = signal;
else
   g = gaussian_filter( preblur_sigma );
   if exist('corrsep') == 3
       gauss_pyr{1,1} = corrsep( g, g, signal );
   else
       gauss_pyr{1,1} = conv2( g, g, signal, 'same' );
   end
end
clear signal
pre_time = toc;
initial_sigma = sqrt( (2 * antialias_sigma)^2 + preblur_sigma^2 ); % 模糊金字塔第一阶
% 第一层时 sigma 值
% 对不同的阶层的 sigma 值进行跟踪
absolute_sigma = zeros(octaves,intervals + 3);
absolute_sigma(1,1) = initial_sigma * subsample(1);
% 对形成金字塔的滤波核大小和标准差进行跟踪
filter_size = zeros(octaves,intervals + 3);
filter_sigma = zeros(octaves,intervals + 3);
tic;
% 计算差分高斯金字塔
for octave = 1:octaves
```

```
    sigma = initial_sigma;
    g = gaussian_filter( sigma );
    filter_size( octave, 1 ) = length(g);
    filter_sigma( octave, 1 ) = sigma;
    DOG_pyr{octave} = zeros (size(gauss_pyr{octave,1},1),size(gauss_pyr{octave,1},2),in-
                        tervals + 2);
% 从第二层计算差分 DOG 塔
    for interval = 2:(intervals + 3)
        sigma_f = sqrt(2^(2/intervals) - 1) * sigma;
        g = gaussian_filter( sigma_f );
        sigma = (2^(1/intervals)) * sigma; % 得到下一个 sigma
        absolute_sigma(octave,interval) = sigma * subsample(octave);
% 存储滤波器的核大小及标准差
        filter_size(octave,interval) = length(g);
        filter_sigma(octave,interval) = sigma;
        if exist('corrsep') = = 3
          gauss_pyr{octave,interval} = corrsep( g, g, gauss_pyr{octave,interval - 1} );
        else
% 卷积后获得当前层的高斯金字塔
          gauss_pyr{octave,interval} = conv2( g, g, gauss_pyr{octave,interval - 1}, 'same');
        end
        % 获得 DOG
        DOG_pyr {octave}(:,:,interval - 1) = gauss_pyr{octave,interval} - gauss_pyr{oc-
              tave,interval - 1};
    end
    if octave < octaves
        sz = size(gauss_pyr{octave,intervals + 1});
        [X Y] = meshgrid( 1:2:sz(2), 1:2:sz(1) );
        gauss_pyr {octave + 1,1} = interp2(gauss_pyr{octave, intervals + 1},X,Y,' * nea-
              rest');
        absolute_sigma(octave + 1,1) = absolute_sigma(octave,intervals + 1);
        subsample = [subsample subsample(end) * 2];
    end
end
pyr_time = toc;
% 在交互模式展示金字塔
if interactive > = 2
  sz = zeros(1,2);
  sz(2) = (intervals + 3) * size(gauss_pyr{1,1},2);
  for octave = 1:octaves
      sz(1) = sz(1) + size(gauss_pyr{octave,1},1);
  end
  pic = zeros(sz);
```

```
    y = 1;
% 显示所有阶层的图像
    for octave = 1:octaves
        x = 1;
        sz = size(gauss_pyr{octave,1});
        for interval = 1:(intervals + 3)
                pic(y:(y + sz(1) - 1),x:(x + sz(2) - 1)) = gauss_pyr{octave,interval};
          x = x + sz(2);
        end
        y = y + sz(1);
    end
end
% 交互模式下显示 DOG 塔
if interactive > = 2
    sz = zeros(1,2);
    sz(2) = (intervals + 2) * size(DOG_pyr{1}(:,:,1),2);
    for octave = 1:octaves
        sz(1) = sz(1) + size(DOG_pyr{octave}(:,:,1),1);
    end
    pic = zeros(sz);
    y = 1;
    for octave = 1:octaves
        x = 1;
        sz = size(DOG_pyr{octave}(:,:,1));
        for interval = 1:(intervals + 2)
                pic(y:(y + sz(1) - 1),x:(x + sz(2) - 1)) = DOG_pyr{octave}(:,:,interval);
          x = x + sz(2);
        end
        y = y + sz(1);
    end
end
% 求取特征点的位置
curvature_threshold = ((curvature_threshold + 1)^2)/curvature_threshold;
xx = [ 1 - 2  1 ];
yy = xx';
xy = [ 1 0 -1; 0 0 0; -1 0 1 ]/4;
raw_keypoints = [];
contrast_keypoints = [];
curve_keypoints = [];
tic;
% 检测 DOG 塔中局部极大值
loc = cell(size(DOG_pyr));
for octave = 1:octaves
```

```
for interval = 2:(intervals + 1)
    keypoint_count = 0;
    contrast_mask = abs(DOG_pyr{octave}(:,:,interval)) > = contrast_threshold;
    loc{octave,interval} = zeros(size(DOG_pyr{octave}(:,:,interval)));
    if exist('corrsep') == 3
        edge = 1;
    else
        edge = ceil(filter_size(octave,interval)/2);
    end
    for y = (1 + edge):(size(DOG_pyr{octave}(:,:,interval),1) − edge)
        for x = (1 + edge):(size(DOG_pyr{octave}(:,:,interval),2) − edge)
            % 仅检测对应目标模板中值为 1 处的极值点
                if object_mask(round(y * subsample(octave)),round(x * subsample(octave)))
== 1
                    if( (interactive > = 2) | (contrast_mask(y,x) = = 1) )
                        tmp = DOG_pyr {octave}((y − 1):(y + 1),(x − 1):(x + 1),(interval −
                                1):(interval + 1));
                    pt_val = tmp(2,2,2);
                    if( (pt_val == min(tmp(:))) | (pt_val = = max(tmp(:))) )
                        % 存储 DOG 金字塔中的极值点
                            raw_keypoints = [raw_keypoints; x * subsample(octave) y * subsam-
                                    ple(octave)];
                        if abs(DOG_pyr{octave}(y,x,interval)) > = contrast_threshold
                            % 摒弃低对比度点
                                contrast_keypoints = [contrast_keypoints; raw_keypoints
                                        (end,:)];
            % 计算极值位置处的汉森矩阵
                            Dxx = sum(DOG_pyr{octave}(y,x − 1:x + 1,interval). * xx);
                            Dyy = sum(DOG_pyr{octave}(y − 1:y + 1,x,interval). * yy);
                        Dxy = sum (sum(DOG_pyr{octave}(y − 1:y + 1,x − 1:x + 1,interval).
                                * xy));
            % 计算迹和行列式
                            Tr_H = Dxx + Dyy;
                            Det_H = Dxx * Dyy − Dxy^2;
                            curvature_ratio = (Tr_H^2)/Det_H; % 计算主曲率
                            if ((Det_H > = 0) & (curvature_ratio < curvature_threshold))
            % 并出边缘点,值为 1 处表明为特征点
                                curve_keypoints = [curve_keypoints; raw_keypoints(end,:)];
                                loc{octave,interval}(y,x) = 1;
                                keypoint_count = keypoint_count + 1;
                            end
                        end
                    end
```

```
                end
              end
          end
        end
    end
end
keypoint_time = toc;
clear raw_keypoints contrast_keypoints curve_keypoints
g = gaussian_filter( 1.5 * absolute_sigma(1,intervals + 3) / subsample(1) );
zero_pad = ceil( length(g) / 2 );
tic;
% % % % 梯度大小及方向计算
mag_thresh = zeros(size(gauss_pyr));
mag_pyr = cell(size(gauss_pyr));
grad_pyr = cell(size(gauss_pyr));
for octave = 1:octaves
   for interval = 2:(intervals + 1)
        diff_x = 0.5 * (gauss_pyr{octave,interval}(2:(end - 1),…
3:(end)) - gauss_pyr{octave,interval}(2:(end - 1),1:(end - 2)));
        diff_y = 0.5 * (gauss_pyr{octave,interval}(3:(end),2:(end - 1)) - …
gauss_pyr{octave,interval}(1:(end - 2),2:(end - 1)));
        % 计算梯度的大小
        mag = zeros(size(gauss_pyr{octave,interval}));
        mag(2:(end - 1),2:(end - 1)) = sqrt( diff_x.^ 2 + diff_y.^ 2 );
        % 在金字塔中存储梯度大小,以零填充
        mag_pyr{octave,interval} = zeros(size(mag) + 2 * zero_pad);
        mag_pyr{octave,interval}((zero_pad + 1):(end - zero_pad),…
(zero_pad + 1):(end - zero_pad)) = mag;
        % 计算梯度方向
        grad = zeros(size(gauss_pyr{octave,interval}));
        grad(2:(end - 1),2:(end - 1)) = atan2( diff_y, diff_x );
        grad(find(grad = = pi)) = - pi;
        % 在金字塔中存储梯度方向,以零填充
        grad_pyr{octave,interval} = zeros(size(grad) + 2 * zero_pad);
        grad_pyr{octave,interval}((zero_pad + 1):(end - zero_pad),…
(zero_pad + 1):(end - zero_pad)) = grad;
   end
end
clear mag grad
grad_time = toc;
num_bins = 36;% 直方图柱个数
hist_step = 2 * pi/num_bins;% 每个直方图相邻度数间隔
hist_orient = [ - pi:hist_step:(pi - hist_step)];% 直方图分布
```

```
pos = [];%特征点位置
orient = [];%特征点方向
scale = [];%特征点所在尺度大小
tic;
for octave = 1:octaves
  for interval = 2:(intervals + 1)
      keypoint_count = 0;
      g = gaussian_filter( 1.5 * absolute_sigma(octave,interval)/subsample(octave) );
      hf_sz = floor(length(g)/2);
      g = g' * g;
      loc_pad = zeros(size(loc{octave,interval}) + 2 * zero_pad);
      loc_pad ((zero_pad + 1):(end - zero_pad),(zero_pad + 1):(end - zero_pad)) = loc{oc-
            tave,interval};
      [iy ix] = find(loc_pad = = 1);
      for k = 1:length(iy)
        x = ix(k);
        y = iy(k);
        wght = g. * mag_pyr {octave,interval}((y - hf_sz):(y + hf_sz),(x - hf_sz):(x + hf_
                  sz));
        grad_window = grad_pyr {octave,interval}((y - hf_sz):(y + hf_sz),(x - hf_sz):(x
                        + hf_sz));
        orient_hist = zeros(length(hist_orient),1);
        for bin = 1:length(hist_orient)
%计算方向差
              diff = mod( grad_window - hist_orient(bin) + pi, 2 * pi ) - pi;
%对直方图柱图进行统计
              orient_hist(bin) = orient_hist(bin) + sum(sum(wght. * max(1 - abs(diff)/
                        hist_step,0)));
        end
%通过非最大值抑制寻找方向直方图中峰值
        peaks = orient_hist;
        rot_right = [ peaks(end); peaks(1:end - 1) ];
        rot_left = [ peaks(2:end); peaks(1) ];
        peaks( find(peaks < rot_right) ) = 0;
        peaks( find(peaks < rot_left) ) = 0;
%标注峰值处的数值及索引值
        [max_peak_val ipeak] = max(peaks);
        peak_val = max_peak_val;
        while( peak_val > 0.8 * max_peak_val ) %求取第二个主方向
            A = [];
            b = [];
            for j = - 1:1
              A = [A; (hist_orient(ipeak) + hist_step * j).^2 (hist_orient(ipeak) + hist_
```

```
step * j) 1];
                    bin = mod( ipeak + j + num_bins - 1, num_bins ) + 1;
                b = [b; orient_hist(bin)];
            end
            c = pinv(A) * b;
            max_orient = - c(2)/(2 * c(1));
            while( max_orient < - pi )
                max_orient = max_orient + 2 * pi;
            end
            while( max_orient >= pi )
                max_orient = max_orient - 2 * pi;
            end
            % 存储特征点的位置、方向和尺度信息
            pos = [pos; [(x - zero_pad) (y - zero_pad)] * subsample(octave) ];
            orient = [orient; max_orient];
            scale = [scale; octave interval absolute_sigma(octave, interval)];
            keypoint_count = keypoint_count + 1;
            peaks(ipeak) = 0;
            [peak_val ipeak] = max(peaks);
         end
       end
    end
  end
clear loc loc_pad
orient_time = toc;
orient_bin_spacing = pi/4;
orient_angles = [ - pi:orient_bin_spacing:(pi - orient_bin_spacing)];
grid_spacing = 4;
[x_coords y_coords] = meshgrid( [ - 6:grid_spacing:6] );
feat_grid = [x_coords(:) y_coords(:)]';
[x_coords y_coords] = meshgrid( [ - (2 * grid_spacing - 0.5):(2 * grid_spacing - 0.5)] );
feat_samples = [x_coords(:) y_coords(:)]';
feat_window = 2 * grid_spacing;
desc = [];
for k = 1:size(pos,1)
   x = pos(k,1)/subsample(scale(k,1));
   y = pos(k,2)/subsample(scale(k,1));
% 将坐标值方向旋转至特征主方向
   M = [cos(orient(k)) - sin(orient(k)); sin(orient(k)) cos(orient(k))];
   feat_rot_grid = M * feat_grid + repmat([x; y],1,size(feat_grid,2));
   feat_rot_samples = M * feat_samples + repmat([x; y],1,size(feat_samples,2));
   feat_desc = zeros(1,128);
   for s = 1:size(feat_rot_samples,2)
```

```
        x_sample = feat_rot_samples(1,s);
        y_sample = feat_rot_samples(2,s);
        [X Y] = meshgrid( (x_sample - 1):(x_sample + 1), (y_sample - 1):(y_sample + 1) );

        J = gauss_pyr{scale(k,1),scale(k,2)};
        [m,n] = size(J);
        G = interp2(1:m,1:n,gauss_pyr{scale(k,1),scale(k,2)}, X, Y, 'linear' );
        G(find(isnan(G))) = 0;
        diff_x = 0.5 * (G(2,3) - G(2,1));
        diff_y = 0.5 * (G(3,2) - G(1,2));
        mag_sample = sqrt( diff_x^2 + diff_y^2 );
        grad_sample = atan2( diff_y, diff_x );
        if grad_sample == pi
            grad_sample = - pi;
        end
```
% 计算 x,y 方向的权值
```
        x_wght = max(1 - (abs(feat_rot_grid(1,:) - x_sample)/grid_spacing), 0);
        y_wght = max(1 - (abs(feat_rot_grid(2,:) - y_sample)/grid_spacing), 0);
        pos_wght = reshape(repmat(x_wght. * y_wght,8,1),1,128);
        diff = mod( grad_sample - orient(k) - orient_angles + pi, 2 * pi ) - pi;
        orient_wght = max(1 - abs(diff)/orient_bin_spacing,0);
        orient_wght = repmat(orient_wght,1,16);
```
% 计算高斯权值
```
        g = exp ( - ((x_sample - x)^2 + (y_sample - y)^2)/(2 * feat_window^2))/(2 * pi * feat_
            window^2);
```
% 统计方向直方图
```
        feat_desc = feat_desc + pos_wght. * orient_wght * g * mag_sample;
      end
      feat_desc = feat_desc / norm(feat_desc);
      feat_desc( find(feat_desc > 0.2) ) = 0.2;
      feat_desc = feat_desc / norm(feat_desc);
      desc = [desc; feat_desc];
end
desc_time = toc;
sample_offset = - (subsample - 1);
for k = 1:size(pos,1)
    pos(k,:) = pos(k,:) + sample_offset(scale(k,1));
end
if size(pos,1) > 0
    scale = scale(:,3);
end
end
```
% 高斯滤波函数

```
function [g,x] = gaussian_filter( sigma, sample )
sample = 3.5;
if ~exist('sample')
  sample = 7.0/2.0;
end
% 设置滤波阈值
n = 2 * round(sample * sigma) + 1;
% x 值生成
x = 1:n;
x = x - ceil(n/2);
% 根据高斯函数样本来生成滤波阈值
g = exp( -(x.^2)/(2 * sigma^2))/(sigma * sqrt(2 * pi));
end
```

特征点提取结果如图 4.7.6 所示，以白色十字标出。

图 4.7.6 参考图片和待配准图片中特征点分布

4.7.3 SIFT 特征向量的配准

图像配准技术是图像拼接的核心部分，同时作为机器视觉的基本问题之一，在目标跟踪、立体匹配、目标和场景识别和产品缺陷检测等很多领域都是一个重点研究课题。特征空间、相似性度量和搜索策略作为图像的三要素是进行图像配准的主要研究内容。三要素所包含的基本图像处理内容如表 4.7.1 所列。众多的匹配算法均由这三要素组合而成，大体可分为基于区域、基于特征和基于解释的 3 种匹配方式。

表 4.7.1 图像配准三要素包含的图像处理

特征空间	相似性度量	搜索策略
特征点	相关系数	迭代点匹配
灰度	归一化相关系数	能量最小化
边缘	汉明距离、欧氏距离	模拟退火
模型	绝对差值和、熵值	神经网络、遗传算法
高层匹配	最小距离分类器	树图匹配

1. 基于特征描述子夹角的初始匹配

SIFT 特征向量生成后,通常情况下使用关键点特征向量的欧式距离来作为两幅图像中关键点的相似性判定度量。即取参考图像中的某个关键点,并找出其与待配准图像中欧式距离最近的前两个关键点,在这两个关键点中,如果最近的距离除次近的距离小于某个比例阈值,则接受这一对匹配点。

设特征描述子为 N 维,则两个特征点的特征描述子 d_i 和 d_j 之间的欧氏距离如下式所示:

$$d(i,j) = \sqrt{\sum_{m=1}^{N} (d_i(m) - d_j(m))^2} \qquad (4.7.11)$$

【例 4.7.2】 基于欧氏距离的特征粗匹配。

```matlab
function [pt1,pt2] = features_matching( database, desc,  dist_ratio , pos1 , pos2 )
num = 1;
for k = 1:size(desc,1)
% 求取特征点之间的欧式距离
    dist   = sqrt(sum((database.desc - repmat(desc(k,:),size(database.desc,1),1)).^2,
2));
    [B,IX] = sort(dist); % 按大小排序
    if B(1)/B(2) >= dist_ratio
        idx = 0;
    else
        pt22(num,:) = pos2(k,:);
        pt11(num,:) = pos1(IX(1),:);
        num = num + 1;
    end
end
[B1,IX] = sort(pt11(:,1));
Pt1 = pt11(IX,:);
Pt2 = pt22(IX,:);
k = 1;
% 按照距离比大小得到匹配点
for i = 2:num - 1
    Dist =  sqrt((Pt1(i,1) - Pt1(i-1,1))^2 + (Pt1(i,2) - Pt1(i-1,2))^2);
    if Dist > 3
        pt1(k,:) = Pt1(i,:);
        pt2(k,:) = Pt2(i,:);
        k = k + 1;
    end
end
% 逆向距离匹配
[B1,IX] = sort(pt2(:,1));
```

```
Pt1 = pt1(IX,:);
Pt2 = pt2(IX,:);
kk = 1;
pt1 = [];
pt2 = [];
for i = 2:k - 1
    Dist =  sqrt((Pt2(i,1) - Pt2(i-1,1))^2 + (Pt2(i,2) - Pt2(i-1,2))^2);
    if Dist > 3
        pt1(kk,:) = Pt1(i,:);
        pt2(kk,:) = Pt2(i,:);
        kk = kk + 1;
    end
end
```

粗匹配结果如图 4.7.7 所示,以白色直线连接对应匹配点。

图 4.7.7　粗匹配结果

2. RANSAC 剔除误匹配点

RANSAC 是一种经典的去外点方法,可以利用特征点集的内在约束关系来去除错误的匹配。其思想如下:首先随机选择两个点,这两个点就确定了一条直线,将这条直线的一定距离范围内的点称为这条直线的支撑,随机选择重复次数,然后具有最大支撑集的直线被确定为是此样本点集合的拟合,在拟合的距离范围内的点被认为是内点,反之为外点。如图 4.7.8 所示,黑色圆点为内点,三角为外点。所画的几条直线中直线 b 所获得的内点较多,它就是这个集合的最佳估计,并有效地剔除了外点。

具体计算步骤如下:

①重复 N 次随机采样。

②随机选取不在同一直线上的 4 对匹配点,线性的计算变换矩阵 $\boldsymbol{H}$。

③计算每个匹配点经过矩阵变换后到对应匹配点的距离 d。

④设定一距离阈值 D,通过与阈值的比较,确定有多少匹配点与 $\boldsymbol{H}$ 一致,把满足 $abs(d) < D$ 的点作为内

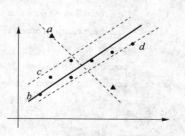

图 4.7.8　RANSAC 拟合直线

点,并在此内点集合中重新估计 H。

【例 4.7.3】 RANSAC 去除误匹配点。

```
function [corners1 corners2] = Ransac(m1,m2,Nmax,Dist)
foundNum = 0;count = 0;
ptNum = size(m1,1);
foundFlag =    zeros(ptNum,1);
bestNum = 0;
for i = 1:ptNum
    X1(1,i) = m1(i,1);% 水平坐标
    X1(2,i) = m1(i,2);% 垂直坐标
    X1(3,i) =    1 ;
end
while (count<Nmax)
randIndex = ceil(randomMulti(ptNum));
% 生成计算透视矩阵的随机点
    for i = 1:4
        randPt1(1,i) = m1(randIndex(i),1);
        randPt1(2,i) = m1(randIndex(i),2);
        randPt2(1,i) = m2(randIndex(i),1);
        randPt2(2,i) = m2(randIndex(i),2);
    end
    H = cp2tform(randPt1',randPt2','projective');
    X1_H = H. tdata. T' * X1;% 通过变换矩阵变换
    for    i = 1:ptNum
        temp0 = X1_H(1,i)/X1_H(3,i) - m2(i,1);
        temp1 = X1_H(2,i)/X1_H(3,i) - m2(i,2);
        distn = sqrt(temp0^2 + temp1^2);
        if  distn < Dist
            foundNum = foundNum + 1;
            foundFlag(i) = 1;
        end
    end
    if (foundNum > bestNum)% 得到合适点大于设定阈值
        bestNum = foundNum;
        bestFlag = foundFlag;
    end
    foundNum    = 0;
    foundFlag = zeros(ptNum,1);
    count    = count + 1;
end
i = 1;
for k = 1:ptNum
```

```
            if bestFlag(k) = = 1
                corners1(i,1) = m1(k,1);%水平坐标
                corners1(i,2) = m1(k,2);%水平坐标
                corners2(i,1) = m2(k,1);%垂直坐标
                corners2(i,2) = m2(k,2);%垂直坐标
                i = i + 1;
            end
        end
    end
    % %
    %随机求取 4 个点对,其中任意 3 点不在一条直线上
    function R = randomMulti(ptNum)
        R = randi(ptNum,1,4);
        while (R(1,1) = = R(1,2) | R(1,1) = = R(1,3) | R(1,1) = = R(1,4) | R(1,2) = = R(1,3) |
R(1,2) = = R(1,4) | R(1,3) = = R(1,4)...
                | R(1,1) = = 0 | R(1,2) = = 0 | R(1,3) = = 0 | R(1,4) = = 0)
            R = randi(ptNum,[1,4]);
        end
    end
    %随机求取 4 个点子函数
    function matrix = randi(num,a,b)
    vector = randsample(num,a * b);
    matrix = reshape(vector,a,b);
    end
```

去除误匹配结果如图 4.7.9 所示,以白色直线连接对应特征点。

图 4.7.9　Ransac 去除误匹配

4.7.4　图像融合

图像配准的过程就是要找出待配准图像和参考图像之间的变换关系,根据变换关系将待配准图像进行变换,使两幅图像内容的相同部分能够在同一坐标系下面满足大小方向等信息都相同,最后再进行融合。因此,在图像配准的过程中找出两幅图像之间

的畸变关系并对待配准图像进行校正是非常重要的一个步骤。

1. 变换矩阵计算

对于两幅待拼接图像 I_1 和 I_2，它们之间可能存在的变换关系包括平移、缩放和旋转等。这几个形变之间的结合构成了几种图像变换方式。其中能满足所有图像变换关系的模型称之为透视变换，我们的目的就是将两幅图像之间的形变关系明朗化，通过一个单应性矩阵建立转换机制。变换矩阵通常用 H 表示，如下式所示：

$$H = \begin{bmatrix} h'_{11} & h'_{12} & h'_{13} \\ h'_{21} & h'_{22} & h'_{23} \\ h'_{31} & h'_{32} & h'_{33} \end{bmatrix} \tag{4.7.12}$$

在齐次性坐标中将 h'_{33} 归一化，得到：

$$H = \begin{bmatrix} h_{11} & h_{12} & h_{13} \\ h_{21} & h_{22} & h_{23} \\ h_{31} & h_{32} & 1 \end{bmatrix} \tag{4.7.13}$$

H 中共有 8 个自由度，h_{11}、h_{12}、h_{21}、h_{22} 是旋转、缩放因子；h_{13} 和 h_{23} 对应水平和垂直方向的平移因子；h_{31} 和 h_{32} 是图像间的仿射变换因子。我们常用的几种变换模型都是通过这些因子的不同取值得到的，通过表 4.7.2 详细列出它们之间的关系。

表 4.7.2 图像变换模型参数

透视变换	h_{11}	h_{12}	h_{13}	h_{21}	h_{22}	h_{23}	h_{31}	h_{32}
平移变换	1	0	x_0	0	1	y_0	0	0
旋转变换	$\cos\theta$	$-\sin\theta$	0	$\sin\theta$	$\cos\theta$	0	0	0
刚性变换	$\cos\theta$	$-\sin\theta$	x_0	$\sin\theta$	$\cos\theta$	y_0	0	0
相似变换	$r\cos\theta$	$-r\sin\theta$	x_0	$r\sin\theta$	$r\cos\theta$	y_0	0	0
仿射变换	h_{11}	h_{12}	h_{13}	h_{21}	h_{22}	h_{23}	0	0

图像间存在的变换关系主要包括刚体变换、相似变换、仿射变换等。图 4.7.10 以一个正方形为例直观地展现了不同变换的大体形态。图像经过透视变换后不能保证原始平行线之间的平行关系。真实场景中的图像拼接由于手持相机的不稳定性及运动等一些外界因素，经常会遇到变形的问题。

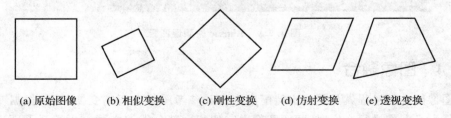

(a) 原始图像　(b) 相似变换　(c) 刚性变换　(d) 仿射变换　(e) 透视变换

图 4.7.10 图像几何关系变换示意图

透视变换是图像间存在的最普遍变换,可以描述图像之间的平移、旋转、角度变换和缩放等各种关系。上面介绍的 3 种变换均为透视变换模型的个例。实现这种变换关系必然需要更复杂的变换矩阵。如下式的形式,它具有 8 个自由度:

$$\boldsymbol{H} = \begin{bmatrix} h_{11} & h_{12} & h_{13} \\ h_{21} & h_{22} & h_{23} \\ h_{31} & h_{32} & 1 \end{bmatrix} \qquad (4.7.14)$$

前面的匹配步骤得到的匹配点集经过优化匹配的处理之后,对于线外点绝大部分被去除掉了,剩下的匹配点对基本满足变换条件。设经过优化处理后的点集合矩阵为 $4 \times K$(矩阵的前两行是参考图像的匹配点的坐标,矩阵的后两行对应的是待拼接图像的匹配点的坐标,并且这里每一列的两个点对是匹配的)大小,经过点的提纯以后,点集内匹配点的数目小于初始匹配的点数 N。从精确配准点集中利用 randsample 函数随机挑选出 n 个点对(n 的大小取决于图像的变换模型),按照变换模型的要求对待配准图像进行变换。如果两幅图像之间满足仿射变换,则提取出 3 对匹配点,然后代入仿射变换公式,计算出仿射变换矩阵,这样将待拼接图像变换到参考图像的坐标系内,从而完成待拼接图像的变换。

2. 灰度差值方法

在获得变换矩阵之后,通过将待配准图像根据变换矩阵投影到参考图像上即可实现图像的拼接。但是由于图像采集所带来的光照、视野等的差异,拼接好的两幅图片在相结合的部分会出现明显的拼接缝隙,图像融合技术就可以消除这条接缝。融合策略的选择应当满足两方面的要求:拼合边界过渡应平滑,消除拼合接缝实现无缝拼接;尽量保证不因拼合处理而损失原始图像的信息。目前人们采用的融合方法主要有直接平均法、加权平均法和中值滤波法等。本文采用的是精度较高的加权平均滤波法。

加权平均融合法对图像重叠区域的像素值先进行加权后再叠加平均。假设现在为两幅图像中的重叠部分分别定义一个权值,取为 a_1 和 a_2。a_1 和 a_2 都属于(0,1),且 $a_1 + a_2 = 1$,那么选择合适的权值就能够使得重叠区域实现平滑的过渡。如下式,I_1 和 I_2 分别代表待拼接的两幅图像,I 代表融合后的图像:

$$I(x,y) = \begin{cases} I_1(x,y) & (x,y) \in S_1 \\ a_1(I_1(x,y)) + a_2(I_2(x,y)) & (x,y) \in S_{12} \\ I_2(x,y) & (x,y) \in S_2 \end{cases} \qquad (4.7.15)$$

式中,S_1 表示参考图像中未与待配准图像重叠的部分,S_2 表示待配准图像中未与参考图像重叠的部分,S_{12} 表示两幅图像重叠的部分。

在权值的选取上采用渐入渐出法,即在重叠部分由第一幅图像慢慢过渡到第二幅图像。设式(4.7.15)中的 a_1 和 a_2 为渐变因子,其取值范围均限制在(0,1)之间且 $a_1 + a_2 = 1$。则在重叠的部分中,a_1 由 1 渐渐过渡到 0,a_2 由 0 渐渐过渡到 1,通过这样渐进的变化使重叠部分进行了融合。通常情况下 a_1 的取值为重叠区图像宽度的倒数。

【例 4.7.4】　加权融合。

```
function OUT = LMBlending(baseimage,unregistered,corners1,corners2)
%输入参数为参考图像、待配准图像及选定匹配点
t_concord = cp2tform(corners2,corners1,'projective');
%待配准图像高及宽
info. Height = size(unregistered,1);
info. Width  = size(unregistered,2);
dH = round(info. Height/2);
dW = round(info. Width/2);
%对参考图像进行变换
registered = imtransform (unregistered,t_concord, 'nearest','XData',[ - dW info. Width *
                    1. 5], 'YData',[ - dH info. Height * 1. 5]);
f1 = sum(registered(:,:,1));
f2 = sum(registered(:,:,1)');
T1 = find(f1>1);T2 = find(f2>1);
Dleft = T1(1);Dright = T1(end);
Dup   = T2(1);Ddown   = T2(end);
% %重叠部分像素值处理
for row = 1:info. Height
    for col = 1:info. Width
        if(registered(row + dH,col + dW,1)~ = 0)
            dx = info. Height - row;dy   = info. Width - col;
            dHmin = min(dx,row);   dWmin = min(dy,col);
%计算图像重叠区域
            Dmin1 = min(dWmin,dHmin);
            Dx = min(row + dH - Dup,Ddown - row - dH);
Dy = min(col + dW - Dleft,Dright - col - dW);
            Dmin2 = min(Dx,Dy);
            temp0 = (Dmin1 + Dmin2);
%渐变系数计算
            k1 = double(Dmin2/temp0);
            k2 = double(Dmin1/temp0);
%插值计算
            registered(row + dH,col + dW,:) =   double(registered(row + dH,col + dW,:) *
k1 + baseimage(row,col,:) * k2);
        else
%像素值直接覆盖
            registered(row + dH,col + dW,:) = double(baseimage(row,col,:));
        end
    end
end
f1 = sum(registered(:,:,1));
f2 = sum(registered(:,:,1)');
T1 = find(f1>1);T2 = find(f2>1);
```

```
OUT = registered(T2(1):T2(end),T1(1):T1(end),:);
```

图 4.7.11 显示了最终的融合结果。

图 4.7.11　加权融合结果

【例 4.7.5】　图像拼接算法主程序。

```
clear all;close all;clc
%读入处理图像
ors1 = imread('11.bmp');
ors2 = imread('12.bmp');
[H L M] = size(ors1);
if M = = 3 %转为灰度图像
    im1 = rgb2gray(im2double(ors1));
    im2 = rgb2gray(im2double(ors2));
else
    im1 =    im2double(ors1) ;
    im2 =    im2double(ors2) ;
end
% %参数设置
intervals = 3;
scl = 1.5;
dist_ratio = 0.8;
octaves1 = floor(log(min(size(im1)))/log(2) - 2);
octaves2 = floor(log(min(size(im2)))/log(2) - 2);% %²
object_mask1    = ones(size(im1));
object_mask2    = ones(size(im2));
contrast_threshold = 0.02;
curvature_threshold = 10;
interactive = 2;
%%%%%%%%%%%%%%%%%%%%%%%%%%%%%%%%%%%%%%%%%%%%%%%%%%
%%%%%%%
% %特征检测
[pos1 scale1 orient1 desc1 ] = features_detection( im1, octaves1, intervals, object_
```

```
mask1, contrast_threshold, curvature_threshold, interactive);
    [pos2 scale2 orient2 desc2 ] = features_detection( im2, octaves2, intervals, object_
mask2, contrast_threshold, curvature_threshold, interactive);
    db = add_features_db( im1, pos1, scale1, orient1, desc1 );
    %%%%%%%特征匹配
    [pt1,pt2] = features_matching( db, desc2, dist_ratio , pos1 , pos2);
    %%%粗匹配结果
    [h1 l1] = size(im1);
    [h2 l2] = size(im2);
    h3 = max(h1,h2);l3 = max(l1,l2);
    im3 = zeros(h3,l3 + 10);
    im3(1:h1,1:l1) = im1;
    im3(1:h2,l1 + 10:l1 + 10 + l2 - 1) = im2;
    [hh ll] = size(pt1);
    figure,imshow(im3),title('粗匹配结果')
    for i = 1:hh
        line([pt1(i,1) l1 + 10 + pt2(i,1)], [pt1(i,2) pt2(i,2)],'Color',[1 0 0],'LineWidth',1)
    end
    %%%%%RANSAC 去误匹配
    [corners1 corners2] = Ransac(pt1,pt2,200,1);
    figure,imshow(im3),hold on,colormap gray,title('Ransac 去错结果')
    for n = 1:length(corners2);
        line ([corners1(n,1) corners2(n,1) + 10 + l1], [corners1(n,2) corners2(n,2)],'
            Color',[1 1 0])
    end
    %%图像拼接
ImageBlenging = LMBlending(ors1,ors2,corners1,corners2);
figure,imagesc(ImageBlenging),title('LM 加权融合结果'),colormap gray
```

第 5 章

图像压缩技术

随着数字化时代的发展，需要存储、传输和处理的信息的数量成指数级地增加。而图像的最大特点和难点就是海量数据的表示与传输，图像作为数字信息的重要组成部分，是信息交流的重要载体，也是蕴含信息量最大的媒体。因此，如何有效快速地存储和传输这些图像数据成为当今信息社会的迫切需求。图像数据的压缩技术从总体上来说就是利用图像数据固有的冗余性和相关性，将一个大的图像数据文件转换成较小的同性质的文件。图像压缩是数据压缩技术在数字图像上的应用，目的是减少图像数据中的冗余信息，从而用更加高效的格式存储和传输数据。

本章在介绍离散余弦变换、小波变换和矢量量化图像压缩的基础上，重点讲述如何利用 MATLAB 语言实现离散余弦变换压缩、小波压缩和矢量量化图像压缩等技术。

5.1 离散余弦变换的图像压缩技术

5.1.1 变换编码

变换编码的基本概念就是将原来在空间域上描述的图像等信号，通过一种数学变换（常用二维正交变换如傅立叶变换、离散余弦变换、沃尔什变换等），变换到变换域中进行描述，达到改变能量分布的目的。即将图像能量在空间域的分散分布变为在变换域的能量的相对集中分布，达到去除相关的目的，再经过适当的方式量化编码进一步压缩图像。

信息论的研究表明，正交变换不改变信源的熵值，变换前后图像的信息量并无损失，完全可以通过反变换得到原来的图像值。但是，统计分析表明，图像经过正交变换后，把原来分散在原空间的图像数据在新的坐标空间中得到集中。对于太多数图像，大量的变换系数很小，只要删除接近于 0 的系数，并且对较小的系数进行粗量化；而保留包含图像主要信息的系数，以此进行压缩编码。在重建图像进行解码（逆变换）时，损失的将是一些不重要的信息，几乎不会引起图像的失真，图像的变换编码就是利用这些来压缩图像的,这种方法可得到很高的压缩比。

一个典型的变换编码系统如图 5.1.1 所示,编码器执行 4 个步骤:图像分块、变换、量化和编码。

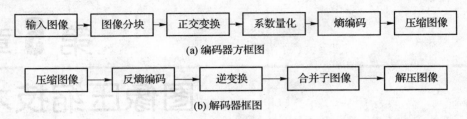

(a) 编码器方框图

(b) 解码器框图

图 5.1.1 变换编码系统方框图

变换编码首先将一幅 $N \times N$ 大小的图像分成 $\left(\dfrac{N}{n}\right)^2$ 个子图像,然后对子图像进行变换操作,解除子图像像素间的相关性,达到用少量的变换系数包含尽可能多的图像信息的目的。接下来的量化步骤是有选择地消除或粗量化带有很少信息的变换系数,因为它们对重建图像的质量影响很小。最后是编码,一般用变长码对量化后的系数进行编码,解码是编码的逆操作。由于量化是不可逆的,所以在解码中没有对应的模块。注意,压缩并不是在变换步骤中取得的,而是在量化变换系数和编码时取得的。

5.1.2 离散余弦变换编码

将每个分量图像分割成不重叠的 8×8 像素块,每一个 8×8 像素块称为一个数据单元(DU)。在对图像采样时,可以采用不同的采样频率,这种技术称为二次采样。由于亮度比色彩更重要,因而对 Y 分量的采样频率可高于对 Cb、Cr 的采样频率,这样有利于节省存储空间。常用的采样方案有 YUV422 和 YUV411。把采样频率最低的分量图像中一个 DU 对应的像区上覆盖的所有分量上的 DU 按顺序编组为一个最小编码单元(MCU)。对灰度图像而言,只有一个 Y 分量,MCU 就是一个数据单元。图像数据块分割后,即以 MCU 为单位顺序将 DU 进行二维离散余弦变换。对以无符号数表示的具有 P 位精度的输入数据,在 DCT 前要减去 2^{P-1},转换成有符号数;而在 IDCT 后应加上 2^{P-1},转换成无符号数。对每个 8×8 的数据块 DU 进行 DCT,得到的 64 个系数代表了该图像块的频率成分,其中低频分量集中在左上角,高频分量分布在右下角。系数矩阵左上角的叫做直流(DC)系数,代表了该数据块的平均值,其余 63 个叫交流(AC)系数。

1. 系数量化

在 DCT 处理中得到的 64 个系数中,低频分量包含了图像亮度等主要信息。在从空间域到频域的变换中,图像中的缓慢变化比快速变化更易引起人眼的注意,所以在重建图像时,低频分量的重要性高于高频分量。因而在编码时可以忽略高频分量,从而达到压缩的目的,这也是量化的根据和目的。一般用具有 64 个独立元素的量化表来规定

DCT 域中相应的 64 个系数的量化精度,使得对某个系数的具体量化阶取决于人眼对该频率分量的视觉敏感程度。理论上,对不同的空间分辨率、数据精度等情况应该有不同的量化表。不过,一般采用图 5.1.2 和图 5.1.3 所示的量化表可取得较好的视觉效果。之所以用两张量化表,是因为 Y 分量比 Cb 和 Cr 更重要些,因而对 Y 采用细量化,而对 Cb 和 Cr 采用粗量化。量化就是用 DCT 变换后的系数除以量化表中相对应的量化阶后四舍五入取整。由于量化表中左上角的值较小,而右下角的值较大,因而起到了保持低频分量、抑制高频分量的作用。

16	11	10	16	24	40	51	61
12	12	14	19	26	58	60	55
14	13	16	24	40	57	69	56
14	17	22	29	51	87	80	62
18	22	37	56	68	109	103	77
24	35	55	64	81	104	113	92
49	64	78	87	103	121	120	101
72	92	95	98	112	100	103	99

图 5.1.2　亮度量化表

17	18	24	47	99	99	99	99
18	21	26	66	99	99	99	99
24	26	56	99	99	99	99	99
47	66	99	99	99	99	99	99
99	99	99	99	99	99	99	99
99	99	99	99	99	99	99	99
99	99	99	99	99	99	99	99
99	99	99	99	99	99	99	99

图 5.1.3　色度量化表

2. Z 形扫描

DCT 系数量化后,用 Z(Zigzag)形扫描将其变成一维数列,这样做的目的是有利于熵编码。Z 形扫描的顺序如图 5.1.4 所示。

3. DC 系数编码

DC 系数反映了一个 8×8 数据块的平均亮度,一般与相邻块有较大的相关性。JPEG 对 DC 系数做差分编码,即用前一数据块同一分量的 DC_{j-1} 系数作为当前块的预测值,再对当前块的实际值 DC_j 与预测值 DC_{j-1} 的差值做哈夫曼编码,如图 5.1.5 所示。

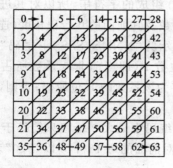

图 5.1.4　DCT 系数的 Z

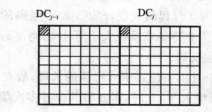

图 5.1.5　DC 系数差分编码

若 DC 系数的动态范围为 $-1\,024 \sim +1\,024$,则差值的动态范围为 $-2\,047 \sim$

+2 047。如果为每个差值赋予一个码字,则码表过于庞大。因此,JPEG 对码表进行了简化,采用"前缀码(SSSS)+尾码"来表示。前缀码指明了尾码的有效位数 B,可以根据 DIFF 从表 5.1.1 中查出前缀码对应的哈夫曼编码。尾码的取值取决于 DC 系数的差值和前缀码,如果 DC 系数的差值 DIFF 大于等于 0,则尾码的码字为 DIFF 的 B 位原码;否则,取 DIFF 的 B 位反码。

表 5.1.1   图像分量为 8 位时 DC 系数差值的典型哈夫曼编码表

SSSS	DC 系数差值 DIFF	亮度码字	色度码字
0	0	00	00
1	$-1、1$	010	01
2	$-3、-2、2、3$	011	10
3	$-7\sim-4、4\sim7$	100	110
4	$-15\sim-8、8\sim15$	101	1110
5	$-31\sim-16、16\sim31$	110	11110
6	$-63\sim-17、17\sim63$	1110	111110
7	$-127\sim-64、64\sim127$	11110	1111110
8	$-255\sim-128、128\sim255$	111110	11111110
9	$-511\sim-256、256\sim511$	1111110	111111110
10	$-1\,023\sim-512、512\sim1\,023$	11111110	1111111110
11	$-2\,047\sim-1\,023、1\,023\sim2\,047$	111111110	11111111110

4. AC 系数编码

经 Z 形排列后的 AC 系数更有可能出现连续 0 组成的字符串,所以对其进行行程编码将有利于压缩数据。JPEG 将一个非零 AC 系数及其前面的 0 行程长度(连续 0 的个数)的组合称为一个事件。将每个事件编码表示为"NNNN/SSSS+尾码",其中,NNNN 为 0 行程的长度,SSSS 表示尾码的有效位数 B(即当前非 0 系数所占的比特数)。如果非零 AC 系数大于等于 0,则尾码的码字为该系数的 B 位原码;否则,取该系数的 B 位反码。

由于只用 4 位表示 0 行程的长度,故在 JPEG 编码中最大 0 行程只能等于 15。当 0 行程长度大于 16 时,需要将其分开多次编码,即对前面的每 16 个 0 以"F/0"表示,对剩余的继续编码。

由非零系数的数值可从表 5.1.2 中查出对应的 SSSS,由 NNNN/SSSS 又可从表 5.1.3 或表 5.1.4 中查得其对应的哈夫曼表。

表 5.1.2　AC 系数的尾码位数表

SSSS	AC 系数的幅度	SSSS	AC 系数的幅度
0	0	6	$-63\sim-17、17\sim63$
1	$-1、1$	7	$-127\sim-64、64\sim127$
2	$-3、-2、2、3$	8	$-255\sim-128、128\sim255$
3	$-7\sim-4、4\sim7$	9	$-511\sim-256、256\sim511$
4	$-15\sim-8、8\sim15$	10	$-1023\sim-512、512\sim1023$
5	$-31\sim-16、16\sim31$		

表 5.1.3　亮度 AC 系数码表

行程/尺寸	码长	码字	行程/尺寸	码长	码字
0/0(EOB)	4	1010	2/4	12	111111110100
0/1	2	00	2/5	16	1111111110001001
0/2	2	01	2/6	16	1111111110001010
0/3	3	100	2/7	16	1111111110001011
0/4	4	1011	2/8	16	1111111110001100
0/5	5	11010	2/9	16	1111111110001101
0/6	7	1111000	2/A	16	1111111110001110
0/7	8	11111000	3/1	6	111010
0/8	10	1111110110	3/2	9	111110111
0/9	16	1111111110000010	3/3	12	111111110101
0/A	16	1111111110000011	3/4	16	1111111110001111
1/1	4	1100	3/5	16	1111111110010000
1/2	5	11011	3/6	16	1111111110010001
1/3	7	1111001	3/7	16	1111111110010010
1/4	9	111110110	3/8	16	1111111110010011
1/5	11	11111110110	3/9	16	1111111110010100
1/6	16	1111111110000100	3/A	16	1111111110010101
1/7	16	1111111110000101	4/1	6	111011
1/8	16	1111111110000110	4/2	10	1111111000
1/9	16	1111111110000111	4/3	16	1111111110010110
1/A	16	1111111110001000	4/4	16	1111111110010111
2/1	5	11100	4/5	16	1111111110011000
2/2	8	11111001	4/6	16	1111111110011001
2/3	10	1111110111	4/7	16	1111111110011010

行程/尺寸	码 长	码 字	行程/尺寸	码 长	码 字
4/8	16	1111111110011011	8/2	15	111111111000000
4/9	16	1111111110011100	8/3	16	1111111110110110
4/A	16	1111111110011101	8/4	16	1111111110110111
5/1	7	1111010	8/5	16	1111111110111000
5/2	11	11111110111	8/6	16	1111111110111001
5/3	16	1111111110011110	8/7	16	1111111110111010
5/4	16	1111111110011111	8/8	16	1111111110111011
5/5	16	1111111110100000	8/9	16	1111111110111100
5/6	16	1111111110100001	8/A	16	1111111110111101
5/7	16	1111111110100010	9/1	9	111111001
5/8	16	1111111110100011	9/2	16	1111111110111110
5/9	16	1111111110100100	9/3	16	1111111110111111
5/A	16	1111111110100101	9/4	16	1111111111000000
6/1	7	1111011	9/5	16	1111111111000001
6/2	12	111111110110	9/6	16	1111111111000010
6/3	16	1111111110100110	9/7	16	1111111111000011
6/4	16	1111111110100111	9/8	16	1111111111000100
6/5	16	1111111110101000	9/9	16	1111111111000101
6/6	16	1111111110101001	9/A	16	1111111111000110
6/7	16	1111111110101010	A/1	9	111111010
6/8	16	1111111110101011	A/2	16	1111111111000111
6/9	16	1111111110101100	A/3	16	1111111111001000
6/A	16	1111111110101101	A/4	16	1111111111001001
7/1	8	11111010	A/5	16	1111111111001010
7/2	12	111111110111	A/6	16	1111111111001011
7/3	16	1111111110101110	A/7	16	1111111111001100
7/4	16	1111111110101111	A/8	16	1111111111001101
7/5	16	1111111110110000	A/9	16	1111111111001110
7/6	16	1111111110110001	A/A	16	1111111111001111
7/7	16	1111111110110010	B/1	10	1111111001
7/8	16	1111111110110011	B/2	16	1111111111010000
7/9	16	1111111110110100	B/3	16	1111111111010001
7/A	16	1111111110110101	B/4	16	1111111111010010
8/1	9	111111000	B/5	16	1111111111010011

行程/尺寸	码 长	码 字	行程/尺寸	码 长	码 字
B/6	16	1111111111010100	D/A	16	1111111111101010
B/7	16	1111111111010101	E/1	16	1111111111101011
B/8	16	1111111111010110	E/2	16	1111111111101100
B/9	16	1111111111010111	E/3	16	1111111111101101
B/A	16	1111111111011000	E/4	16	1111111111101110
C/1	10	1111111010	E/5	16	1111111111101111
C/2	16	1111111111011001	E/6	16	1111111111110000
C/3	16	1111111111011010	E/7	16	1111111111110001
C/4	16	1111111111011011	E/8	16	1111111111110010
C/5	16	1111111111011100	E/9	16	1111111111110011
C/6	16	1111111111011101	E/A	16	1111111111110100
C/7	16	1111111111011110	F/0	11	11111111001
C/8	16	1111111111011111	F/1	16	1111111111110101
C/9	16	1111111111100000	F/2	16	1111111111110110
C/A	16	1111111111100001	F/3	16	1111111111110111
D/1	11	11111111000	F/4	16	1111111111111000
D/2	16	1111111111100010	F/5	16	1111111111111001
D/3	16	1111111111100011	F/6	16	1111111111111010
D/4	16	1111111111100100	F/7	16	1111111111111011
D/5	16	1111111111100101	F/8	16	1111111111111100
D/6	16	1111111111100110	F/9	16	1111111111111101
D/7	16	1111111111100111	F/A	16	1111111111111111
D/8	16	1111111111101000	D/9	16	1111111111101001

表 5.1.4　色差 AC 系数编码

行程/尺寸	码 长	码 字	行程/尺寸	码 长	码 字
0/0(EOB)	2	00	0/8	9	111110100
0/1	2	01	0/9	10	1111110110
0/2	3	100	0/A	12	111111110100
0/3	4	1010	1/1	4	1011
0/4	5	11000	1/2	6	111001
0/5	5	11001	1/3	8	11110110
0/6	6	111000	1/4	9	111110101
0/7	7	1111000	1/5	11	11111110110

精通图像处理经典算法(MATLAB 版)(第 2 版)

续表 5.1.4

行程/尺寸	码 长	码 字	行程/尺寸	码 长	码 字
1/6	12	111111110101	4/A	16	1111111110011110
1/7	16	1111111110001000	5/1	6	111011
1/8	16	1111111110001001	5/2	10	1111111001
1/9	16	1111111110001010	5/3	16	1111111110011111
1/A	16	1111111110001011	5/4	16	1111111110100000
2/1	5	11010	5/5	16	1111111110100001
2/2	8	11110111	5/6	16	1111111110100010
2/3	10	1111110111	5/7	16	1111111110100011
2/4	12	111111110110	5/8	16	1111111110100100
2/5	15	111111111000010	5/9	16	1111111110100101
2/6	16	1111111110001100	5/A	16	1111111110100110
2/7	16	1111111110001101	6/1	7	1111001
2/8	16	1111111110001110	6/2	11	11111110111
2/9	16	1111111110001111	6/3	16	1111111110100111
2/A	16	1111111110010000	6/4	16	1111111110101000
3/1	5	11010	6/5	16	1111111110101001
3/2	8	11110111	6/6	16	1111111110101010
3/3	10	1111110111	6/7	16	1111111110101011
3/4	12	111111110110	6/8	16	1111111110101100
3/5	16	1111111110010001	6/9	16	1111111110101101
3/6	16	1111111110010010	6/A	16	1111111110101110
3/7	16	1111111110010011	7/1	7	1111010
3/8	16	1111111110010100	7/2	11	11111111000
3/9	16	1111111110010101	7/3	16	1111111110101111
3/A	16	1111111110010110	7/4	16	1111111110110000
4/1	6	111010	7/5	16	1111111110110001
4/2	9	111110110	7/6	16	1111111110110010
4/3	16	1111111110010111	7/7	16	1111111110110011
4/4	16	1111111110011000	7/8	16	1111111110110100
4/5	16	1111111110011001	7/9	16	1111111110110101
4/6	16	1111111110011010	7/A	16	1111111110110110
4/7	16	1111111110011011	8/1	8	11111001
4/8	16	1111111110011100	8/2	16	1111111110110111
4/9	16	1111111110011101	8/3	16	1111111110111000

行程/尺寸	码　长	码　　字	行程/尺寸	码　长	码　　字
8/4	16	1111111110111001	B/8	16	1111111111011000
8/5	16	1111111110111010	B/9	16	1111111111011001
8/6	16	1111111110111011	B/A	16	1111111111011010
8/7	16	1111111110111100	C/1	9	111111010
8/8	16	1111111110111101	C/2	16	1111111111011011
8/9	16	1111111110111110	C/3	16	1111111111011100
8/A	16	1111111110111111	C/4	16	1111111111011101
9/1	9	111110111	C/5	16	1111111111011110
9/2	16	1111111111000000	C/6	16	1111111111011111
9/3	16	1111111111000001	C/7	16	1111111111100000
9/4	16	1111111111000010	C/8	16	1111111111100001
9/5	16	1111111111000011	C/9	16	1111111111100010
9/6	16	1111111111000100	C/A	16	1111111111100011
9/7	16	1111111111000101	D/1	11	11111111001
9/8	16	1111111111000110	D/2	16	1111111111100100
9/9	16	1111111111000111	D/3	16	1111111111100101
9/A	16	1111111111001000	D/4	16	1111111111100110
A/1	9	111111000	D/5	16	1111111111100111
A/2	16	1111111111001001	D/6	16	1111111111101000
A/3	16	1111111111001010	D/7	16	1111111111101001
A/4	16	1111111111001011	D/8	16	1111111111101010
A/5	16	1111111111001100	D/9	16	1111111111101011
A/6	16	1111111111001101	D/A	16	1111111111101100
A/7	16	1111111111001110	E/1	14	11111111100000
A/8	16	1111111111001111	E/2	16	1111111111101101
A/9	16	1111111111010000	E/3	16	1111111111101110
A/A	16	1111111111010001	E/4	16	1111111111101111
B/1	9	111111001	E/5	16	1111111111110000
B/2	16	1111111111010010	E/6	16	1111111111110001
B/3	16	1111111111010011	E/7	16	1111111111110010
B/4	16	1111111111010100	E/8	16	1111111111110011
B/5	16	1111111111010101	E/9	16	1111111111110100
B/6	16	1111111111010110	E/A	16	1111111111110101
B/7	16	1111111111010111	F/0	10	1111111010

行程/尺寸	码 长	码 字	行程/尺寸	码 长	码 字
F/1	15	111111111000011	F/6	16	1111111111111010
F/2	16	1111111111110110	F/7	16	1111111111111011
F/3	16	1111111111110111	F/8	16	1111111111111100
F/4	16	1111111111111000	F/9	16	1111111111111101
F/5	16	1111111111111001	F/A	16	1111111111111111

5.1.3 离散余弦变换压缩举例

下面根据前面讲述的离散余弦变换编码的过程举例说明是如何进行编码的,并给出 MATLAB 实现过程。

【例 5.1.1】 设有一个图像(256 灰度级)分成了很多 8×8 的不重叠的像素块,其中一个亮度数据块如图 5.1.6 所示,请将其进行 DCT 编码。

```
62  51  61   64   77   61  64  73
63  55  66   93  107   85  68  75
62  58  68  119  149  100  69  74
73  68  61  126  150  116  72  71
47  71  60  114  128   90  70  73
65  75  64   52   75   62  51  74
85  70  60   52   55   68  69  86
78  71  65   68   61   76  70  99
```

图 5.1.6 源图像亮度数据块

在图像数据分块以后,应该以 MCU 为单位顺序将 DU 进行二维离散余弦变换。对以无符号数表示的具有 P 位精度的输入数据,在 DCT 变换前要减去 2^{P-1}。图 5.1.6 所示的图像矩阵应该每个像素都减去 2^7,即减去 128,得:

$$
\begin{array}{rrrrrrrr}
-66 & -77 & -67 & -64 & -51 & -67 & -64 & -55 \\
-65 & -73 & -62 & -35 & -21 & -43 & -60 & -53 \\
-66 & -70 & -60 & -9 & 21 & -28 & -59 & -54 \\
-55 & -60 & -67 & -2 & 22 & -12 & -56 & -57 \\
-81 & -57 & -68 & -14 & 0   & -38 & -58 & -55 \\
-63 & -53 & -64 & -58 & -53 & -66 & -77 & -54 \\
-43 & -58 & -68 & -76 & -73 & -60 & -59 & -42 \\
-50 & -57 & -63 & -60 & -67 & -52 & -58 & -29
\end{array}
$$

然后进行离散余弦变换,得到变换系数矩阵为:

−413.6250	−35.9992	−64.3446	23.2097	56.6250	−25.7988	−5.4135	−7.5730
15.7499	−13.6739	−59.5102	14.7796	19.0568	1.4968	−6.3755	12.9149
−52.4762	6.6543	79.8631	−22.1357	−22.5934	14.7510	20.8451	7.7844
−49.8452	14.2227	30.6398	−18.3392	−16.1161	−1.1170	−2.8832	4.3218
12.3750	−9.7205	−12.0741	3.2943	2.6250	0.4443	−5.9580	−6.3068
−1.0142	6.4061	14.3106	12.8172	−0.3569	3.3340	5.0937	3.7301
−6.8117	4.8567	−4.4049	−8.7864	3.2700	−5.9359	0.1369	3.1459
0.2278	−9.1509	−6.8891	−3.5041	1.0817	0.0517	−6.5535	4.6791

可以看出,能量集中在少数低频系数上,用图 5.1.2 所示的亮度量化表对系数矩阵量化后的结果如图 5.1.7 所示。对量化结果按图 5.1.4 所示的顺序进行 Z 形扫描,并对扫描结果的 DC 及 AC 系数进行编码的结果见表 5.1.5。

```
26  -3  -6   1   2  -1   0   0
 1  -1  -4   1   1   0   0   0
-4   1   5  -1  -1   0   0   0
-4   1   1  -1   0   0   0   0
 1   0   0   0   0   0   0   0
 0   0   0   0   0   0   0   0
 0   0   0   0   0   0   0   0
 0   0   0   0   0   0   0   0
```

图 5.1.7　量化结果

表 5.1.5　Zigzag 排列及行程编码与哈夫曼编码结果

序号 k	0	1	2	3	4	5	6
数据 ZZ(k)	−26	−3	1	−4	−1	−6	1
NNNN/SSSS		0/2	0/1	0/3	0/1	0/3	0/1
编码结果		0100	001	100011	000	100001	001
序号 k	7	8	9	10	11	12	13
数据 ZZ(k)	−4	1	−4	1	1	5	1
NNNN/SSSS	0/3	0/1	0/3	0/1	0/1	0/3	0/1
编码结果	100011	001	100011	001	001	100101	001
序号 k	14	15	16	17	18	19	20
数据 ZZ(k)	2	−1	1	−1	1	0	0
NNNN/SSSS	0/2	0/1	0/1	0/1	0/1		
编码结果	0110	000	001	000	001		
序号 k	21	22	23	24	25	26~63	
数据 ZZ(k)	0	0	0	−1	−1	0	
NNNN/SSSS				5/1	0/1	0/0	
编码结果				11110100	000	1010	

①DC 系数的编码说明:

在量化系数矩阵的 Z 形扫描结果中,第一个系数为 DC 系数。假设前一亮度数据块的 DC 系数为 -30,则差值 DIFF $=-26-(-30)=4$。因 4 在$(-7\sim-4,4\sim7)$范围内,由表 5.5.1 查得 SSSS $=3$,其前缀码字为"100",3 位尾码即为 4 的二进制原码"100",从而 DC 系数的编码为"100100"。如果前一数据块的 DC 系数为 -22,则 DIFF $=-4$,由表 5.1.1 查得 SSSS 及前缀码字同上,其 3 位尾码即 -4 的反码"011",因此 DC 系数的编码为"100011"。

②AC 系数的编码说明在 Z 形扫描结果中第一个非零 AC 系数为 -3,在它前面的连零个数为 0,即 NNNN $=0$。根据 AC 系数 -3 从表 5.5.2 查得 SSSS $=2$,由 NNNN/SSSS $=0/2$ 从表 5.5.3 查得其哈夫曼码字为"01",而 $-3<0$,所以尾码为 -3 的反码"00",因此该 AC 系数的编码为"0100"。其他非零 AC 系数的编码结果见表 5.5.5。在 Z 形扫描结果中的末尾,除第 25 个系数非零外,其他系数全为零,故直接用一个结束块"EOB(0/0)"结束本块,由表 5.1.3 查得其码字为"1010"。于是,最后该亮度块的编码为(其中,假定差值为 4):10010010000110001100010000100110001100110001100100110010100101100000010000011111010000011010,共用了 92 位,而原始图像块需 $8\times8\times8=512$ 位,因此压缩比为 5.565。

【例 5.1.2】 原始图像如图 5.1.8 所示,首先分割成 16×16 的子图像,然后对每个子图像进行 DCT,将每个子图像的 256 个 DCT 系数舍去 35% 小的变换系数,进行压缩,显示解码图像。

```
clear,clc;
close all;
cr = 0.5;
initialimage = imread('cameraman.tif');        % 读取原图像
imshow(initialimage);                          % 显示原图像
title('原始图像')
initialimage = double(initialimage);
t = dctmtx(16);
dctcoe = blkproc(initialimage,[16,16],'P1 * x * P2',t,t');% 将图像分成 8×8 子图像,求 DCT
coevar = im2col(dctcoe,[16,16],'distinct');    % 将变换系数矩阵重新排列
coe = coevar;
[y,ind] = sort(coevar);
[m,n] = size(coevar);
snum = 256 - 256 * cr;          % 根据压缩比确定要将系数变为 0 的个数
for i = 1:n
    coe(ind(1:snum),i) = 0;     % 将最小的 snum 个变换系数设为 0
end
b2 = col2im(coe,[16,16],[256,256],'distinct');  % 重新排列系数矩阵
i2 = blkproc(b2,[16,16],'P1 * x * P2',t',t);    % 求逆离散余弦变换(IDCT)
i2 = uint8(i2);
```

```
figure
imshow(i2)                              % 显示压缩后的图像
title('压缩图像')
```

程序中 dctmtx 功能:计算 DCT 变换矩阵;格式:D＝dctmtx(n),返回一个 n×n 的 DCT 变换矩阵,输出矩阵 D 为 double 类型。blkproc 功能:实现图像的分块处理;格式:B＝blkproc(A,[m n],fun),A 为输入图像,B 为输出图像,[m n]指定块大小,fun 指定对所有块进行处理的函数。im2col 功能:重调图像块为列;格式:B＝im2col(A, [m n],block_type),将矩阵 A 分为 m×n 的子矩阵,再将每个子矩阵作为 B 的一列。当 block_type 为 distinct 时,将 A 分解为互不重叠的子矩阵,若不足 m×n,以 0 补足;当 block_type 为 sliding 时,将 A 分解为尽可能多的子矩阵,若不足 m×n,不以 0 补足。im2double 功能:转换图像矩阵为双精度型;格式:I2＝im2double(I1)。程序运行结果如图 5.1.9 所示。

图 5.1.8　原始图像

图 5.1.9　压缩后图像

【例 5.1.3】　用 MATLAB 编程实现将图 5.1.10(a)所示的原始图像分割成 8×8 的子图像,对每个子图像进行 DCT,这样每个子图像有 64 个系数,舍去 50% 小的变换系数进行 2:1 的压缩,显示解码图像。

MATLAB 源代码如下:

```
clear;
cr = 0.5;
initialimage = imread('baboon.bmp');     % 读取原图像
imshow(initialimage);                    % 显示原图像
title('原始图像')
initialimage = double(initialimage);
t = dctmtx(8);
dctcoe = blkproc(initialimage,[8,8],'P1 * x * P2',t,t');     % 将图像分成 8×8 子图像,求 DCT
coevar = im2col(dctcoe,[8,8],'distinct');     % 将变换系数矩阵重新排列
coe = coevar;
[y,ind] = sort(coevar);
[m,n] = size(coevar);
```

```
snum = 64 - 64 * cr;          % 根据压缩比确定要将系数变为 0 的个数
for i = 1:n
     coe(ind(1:snum),i) = 0;     % 将最小的 snum 个变换系数设为 0
end
b2 = col2im(coe,[8,8],[512,512],'distinct');    % 重新排列系数矩阵
i2 = blkproc(b2,[8,8],'P1 * x * P2',t,t);    % 求逆离散余弦变换(IDCT)
i2 = uint8(i2);
figure
imshow(i2)                                      % 显示压缩后的图像
title('压缩图像')
```

程序运行的解压缩图像如图 5.1.11 所示。

图 5.1.10　原始图像

图 5.1.11　实验运行结果

5.2　小波变换的图像压缩技术及应用

5.2.1　小波变换简介

1. 离散小波变换

所谓小波(Wavelet),即存在于一个较小区域的波。小波函数的数学定义:设 $\psi(t)$ 为一平方可积函数,即 $\psi(t) \in L^2(R)$,若其变换 $\psi(\omega)$ 满足条件:

$$\int_R \frac{|\psi(\omega)|^2}{\omega} d\omega < \infty \qquad (5.2.1)$$

则称为 $\psi(t)$ 为一个基本小波或小波母函数,并称上式是小波函数的可容许条件。图 5.2.1 示出了小波曲线。

将小波母函数 $\psi(t)$ 进行伸缩和平移,设其伸缩因子(亦称尺度因子)为 a,平移因子为 τ,并记平移伸缩后的函数为 $\psi_{a,\tau}(t)$,则

$$\psi_{a,\tau}(t) = a^{-\frac{1}{2}} \psi\left(\frac{t-\tau}{a}\right), a > 0, \tau \in R \qquad (5.2.2)$$

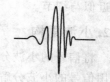

并称 $\psi_{a,\tau}(t)$ 是参数为 a 和 τ 的小波基函数。由于 a 和 τ 均取连续变化的值,因此又称为连续小波基函数,它们是由同一母函数 $\psi(t)$ 经伸缩和平移后得到的一组函数系列。

将 $L^2(R)$ 空间的任意函数 $f(t)$ 在小波基下展开,称其为函数 $f(t)$ 的连续小波变换 CWT,变换式为:

图 5.2.1　小波曲线

$$WT_f(a,\tau) = \frac{1}{\sqrt{a}} \int_R f(t) \overline{\psi(\frac{t-\tau}{a})} dt \qquad (5.2.3)$$

式中,$\overline{\psi(\frac{t-\tau}{a})}$ 为小波基函数的共轭函数。

在计算机应用中,连续小波应该离散化,这里的离散化是针对连续尺度参数 a 和连续平移参数 τ,而不是针对时间变量 t 的。实际上人们是在一定尺度上认识信号的,人的感官和物理仪器都有一定的分辨率,对低于一定尺度的信号的细节是无法认识的,因此对低于一定尺度信号的研究也是没有意义的,为此应该将信号分解为对应不同尺度的近似分量和细节分量。信号的近似分量是大的缩放因子计算的系数,一般为信号的低频分量,包含着信号的主要特征;细节分量是小的缩放因子计算的系数,一般为信号的高频分量,给出的是信号的细节或差别,对信号的小波分解可以等效于信号通过了一个滤波器组,其中一个滤波器为低通滤波器,另一个为高通滤波器,分别得到信号的近似值和细节值,如图 5.2.2 所示。

由图 5.2.2 可以看出,离散小波变换可以表示成由低通滤波器和高通滤波器组成的一棵树。原始信号经过一对互补的滤波器组进行的分解称为一级分解,信号的分解过程也可以不断进行下去,也就是说可以进行多级分解。如果对信号的高频分量不再分解,而对低频分量进行连续分解,就可以得到信号不同分辨率下的低频分量,这也称为信号的多分辨率分析。图 5.2.3 就是这样一个小波分解树。图中 S 表示原始信号,A 表示近似,D 表示细节,下标表示分解的层数。由于分析过程是重复迭代的,从理论上讲可以无限地连续分解下去,但事实上,分解可以进行到细节只包含单个样本为止。实际中,分解的级数取决于要分析的信号数据特征及用户的具体需要。

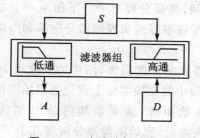

图 5.2.2　小波分解示意图

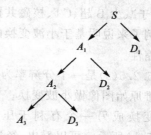

图 5.2.3　小波分解树

对于一个信号采用图 5.2.2 所示的方法时,理论上将产生两倍于原始数据的数据量。因此,根据采样定理利用下采样的方法来减少数据量,即在每个通道内(低通和高通通道),每两个样本数据取一个,通过计算得到离散小波变换系数,从而得到原始信号的近似与细节。

2. 小波重构

将信号的小波分解的分量进行处理后一般还要根据需要把信号恢复出来,也就是利用信号的小波分解的系数还原出原始信号,这一过程称为逆离散小波变换,也常常称为小波重构。小波分解包括滤波与下采样,小波重构过程则包括上采样与滤波,上采样的过程是在两个样本之间插入"0"。由图 5.2.3 可见重构过程为,$A_3 + D_3 = A_2$,$A_2 + D_2 = A_1$,$A_1 + D_1 = S$。

3. 小波包分析

在小波分解中,一个信号可以不断分解为近似信号和细节信号,近似信号可以继续分解,但是细节信号不能分解,为此,人们又提出了对信号的小波包分解。使用小波包分解,不但可以不断分解近似信号,也可以继续分解细节信号,从而使整个分解构成一种二叉树结构,如图 5.2.4 所示。

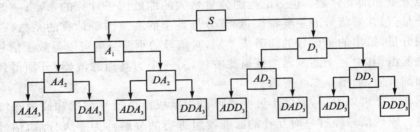

图 5.2.4 小波包分解示意图

5.2.2 小波变换的图像压缩技术

小波变换是一种复杂的数学变换,可以在时域和频域上对原始信号进行多分辨率分解,小波分析的应用是与小波分析的理论研究紧密地结合在一起的。小波分析在图像处理方面的应用领域十分广泛,可用于图像压缩、分类识别、去除噪声等;在医学成像方面,用于减少 B 超、CT、核磁共振成像的时间,提高分辨率等。下面举一个二级小波分解的例子来说明基于小波变换的图像编码能够很好地实现图像分辨率和图像质量的多级伸缩性。

图 5.2.5(a)是一个分辨率为 256×256 像素的灰度图像,图像的灰度级为 256,对这个二维原始图像做小波变换。对二维图像做小波变换实际上就是把原始图像的像素值矩阵变换成另一个有利于压缩编码的系数矩阵,该系数矩阵所对加的图像如图 5.2.5(b)所示。可以看出,经过一级小波变换后,原始图像被分解成几个子图像,每个子图像包含了原始图像中不同的频率成分,左上角子图包含了图像的低频分量,即图像的主要特征,低频分量可再次分解;右上角子图包含了图像的垂直分量,即包含了较多的垂直边缘信息;左下角子图包含了图像的水平分量,即包含了较多的水平边缘信息;右下角子图包含了图像的对角分量,即同时包含了垂直和水平边缘信息。从

图 5.2.5(b)中可以看出,经过小波变换,原始图像的全部信息被更新分配到了 4 个子图中,左上角子图包含了原始图像的低频信息,但失去了一部分边沿细节信息,这些失去的细节信息被分配到了其他 3 个子图中,由于失去了部分细节信息,所以左上角子图比原始图像模糊了一些,不仅如此,其长宽尺寸也降低到原来的一半,即分辨率降低到原来的 1/4。一种最容易理解的图像压缩方法就是,丢弃 3 个细节子图,只保留并编码低频子图。但实际上,并不是通过这么简单地处理来进行图像压缩,3 个细节子图不会被丢掉,而是与低频子图一起编入码流,这样才可能在解码时恢复出完整的原始图像;当然,如果用户只需要一个小尺寸的图像,那就只须从码流中解码出低频子图即可。低频子图可以进一步分解,经过二级分解后,系数矩阵所对应的图像如图 5.2.5(c)所示。图 5.2.5(c)中,低频子图的尺寸降到了原始图像的 1/16,可见每一级小波分解都是对空间分辨率和频率分量的进一步细分。从此例可以看出,小波变换为在一个码流中实现图像多级分辨率提供了基础,前面提到,为了能在解码端恢复出完整的原始图像,所有的细节子图都一起编入了码流,不扔掉这些细节那图像的数据量又怎能被压缩呢?对图像进行了小波变换,并不代表图像的数据量就被压缩了。因为变换后,系数的总量并未减少,那么变换的意义何在呢? 在于使图像的能量分布(频域内的系数分布)发生改变,从而利于压缩编码。要真正地压缩数据量,还要对变换后的系数进行量化、扫描和熵编码,这样就可以达到减少图像数据量的目的。

(a) 原始图像　　　(b) 一级小波分解后图像　　　(c) 二级小波分解后图像

图 5.2.5　二级小波变换示例

【例 5.2.1】 利用 MATLAB 及二维小波变换对图 5.2.6(a)所示图像进行压缩。
MATLAB 源程序代码如下:

```
clear
clc
X = imread('lena.bmp');
X = rgb2gray(X);
% 对图像用小波进行层分解
[c,s] = wavedec2(X,2,'bior3.7');
% 提取小波分解结构中一层的低频和高频系数
ca1 = appcoef2(c,s,'bior3.7',1);
ch1 = detcoef2('h',c,s,1);
```

```
cv1 = detcoef2('v',c,s,1);
cd1 = detcoef2('d',c,s,1);
% 小波重构
a1 = wrcoef2('a',c,s,'bior3.7',1);
h1 = wrcoef2('h',c,s,'bior3.7',1);
v1 = wrcoef2('v',c,s,'bior3.7',1);
d1 = wrcoef2('d',c,s,'bior3.7',1);
c1 = [a1,h1;v1,d1];
% 保留小波分解第一层低频信息进行压缩
ca1 = appcoef2(c,s,'bior3.7',1);
% 首先对第一层信息进行量化编码
ca1 = wcodemat(ca1,400,'mat',0);
% 改变图像高度
ca1 = 0.5 * ca1;
ca2 = appcoef2(c,s,'bior3.7',2);
% 保留小波分解第二层低频信息进行压缩
% 首先对第二层信息进行量化编码
ca2 = wcodemat(ca2,400,'mat',0);
% 改变图像高度
ca2 = 0.25 * ca2;
% 显示原始图像
subplot(221)
imshow(X)
title('原始图像')
disp('原始图像的大小')
whos('X')
% 显示分频信息
subplot(222)
c1 = uint8(c1);
imshow(c1)
title('显示分频信息')
subplot(223)
disp('第一次压缩图像的大小')
% 显示第一次压缩的图像
ca1 = uint8(ca1);
whos('ca1')
imshow(ca1);
title('第一次压缩的图像')
disp('第二次压缩图像的大小')
subplot(224)
% 显示第二次压缩的图像
ca2 = uint8(ca2);
imshow(ca2);
```

```
title('第二次压缩的图像')
whos('ca2')
```

程序运行得到的结果如图 5.2.6(b)、(c)、(d)所示。

原始图像的大小：

Name	Size	Bytes	Class	Attributes
X	219×221	48399	uint8	

第一次压缩图像的大小：

Name	Size	Bytes	Class	Attributes
ca1	117×118	13806	uint8	

第二次压缩图像的大小：

Name	Size	Bytes	Class	Attributes
ca2	66×66	4356	uint8	

(a)原始图像　　　　　　　　(b)显示分频信息

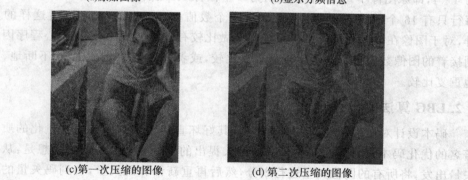

(c)第一次压缩的图像　　　　　(d) 第二次压缩的图像

图 5.2.6　实验运行结果

5.3　矢量量化的图像压缩技术及应用

　　基于矢量量化的图像编码和解码过程如图 5.3.1 所示。矢量量化编码器根据一定的失真测度在码书中搜索出与输入矢量之间失真最小的码字。传输时仅传输码字的索引。矢量量化解码过程很简单，只要根据接收的码字索引在码书中查找该码字，并将它作为输入矢量的重构矢量即可。

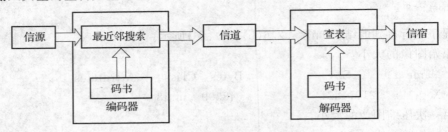

图 5.3.1　矢量量化压缩编码与解码流程图

矢量量化过程可以分为 3 个阶段:码书设计、编码和解码,下面分别介绍这 3 个阶段。

5.3.1　矢量量化码书的设计

要实现信噪比高的矢量量化压缩图像,先要建立一个优质的训练码书。要做好矢量量化算法,建立好的训练码书是关键。

1. 选择训练码书

由于本节采用的压缩图像是为 512×512 的,所以选择的码书大小为 64,这样每个图像就是 8×8 的图像块,再设定码书中码字的大小为 4×4。在程序中,先定义好码书的大小与码书中码字的大小;然后对图像的每个图像块进行归类,由于码书中码字大小为 4×4,即原图像中每 16 个数值则为一个图像块;最后对图像进行重新的排列,变成每行只有 16 个数值,而每列则有 16 384 个数值(512×512/16)。通过这样的重新安排,对于图像在设计训练码书时每个码字做比较有较好的帮助,不用担心程序因为找不到接着的图像数值进行迭代比较而重复比较,或者进入死循环,以至于不断地、无休止地重复比较。

2. LBG 算法的设计

码本设计对压缩性能产生重要影响,其好坏直接关系到图像矢量量化的质量。最著名的优化码本设计算法是由 Linde 等人提出的 LBG 算法,主要的思想是:从一组码矢量出发,将所有的图像矢量进行划分,然后再重新计算码矢量,直到码矢量的变化收敛时,即完成了码书的选择。

LBG 算法的基本步骤如下:

①初始化,给定码书码本大小 N,$\xi > 0$,$Y_0 = \{y_i^0; i = 0, 1, 2, \cdots, N-1\}$,$x_j$,$j = 0, 1, 2, \cdots, I-1$,$m = 0$,$D_{-1} = \infty$;

② 对于 $Y_m = \{y_i^m; i = 0, 1, 2, \cdots, N-1\}$,计算 $D_m(Q_m) = \dfrac{1}{I} \sum\limits_{j=0}^{I-1} d(x_j, Qm(x_j))$;

③若 $\dfrac{D_{m-1}(Q_{m-1}) - D_m(Q_m)}{D_m(Q_m)} \leqslant \xi$,则停止;

④寻找 $x(\pi Y_m) = \{x(R_i); i = 0,1,2,\cdots,N-1\}$，令 $Y_{m+1} = x(\pi Y_m)$，返回①。

其中，I 表示训练矢量的个数，m 表示循环迭代次数，$d(x_j, Qm(x_j))$ 表示训练矢量 x_j 和在第 m 次迭代代码本中对应码字的失真误差。如果失真误差用欧氏距离的平方来测量，则 $d(x_j, Qm(x_j))$ 可以定义为：

$$d(x_j, Qm(x_j)) = \| x_j - Qm(x_j) \|^2$$

步骤④中的 πY_m 是对码字集 Y_m 重新进行优化分割；$x(\pi Y_m) = \{x(R_i); i = 0,1,2,\cdots,N-1\}$ 是对重新分割所得到的，$R_i(i = 0,1,2,\cdots,N-1)$，统计计算出其质心 $x(R_i)$。由于 $D_m(Q_m) < D_{m-1}(Q_{m-1})$，所以保证了算法的收敛性。

【例 5.3.1】　利用 MATLAB 语言及 LBG 算法进行码书设计。

LBG 算法进行码书设计的源代码如下（利用该程序生成的部分码书如图 5.3.2 所示）：

```
function LBGdesign()
% 读入 lena 图像,用于码书的训练
figure(1);
sig = imread('lena. bmp');
% 用 size 函数得到图像的行数和列数
[m_sig,n_sign] = size(sig);
% 设置码字的大小,4×4
siz_word = 4;
% 设置码书大小
siz_book = 64;
% 将图像分割成 4×4 的子图像,作为码书训练的输入向量
num = m_sig/siz_word;
ss = siz_word * siz_word;    % 码字的大小
nn = num * num;
re_sig = [];
for i = 1:m_sig
    for j = 1:m_sig
        f1 = floor(i. /siz_word);
% floor 为向负无穷大的方向取数,目的是编号每个数据属于哪个标号内
        m1 = mod(i,siz_word);              % mod 为模数求余
        if m1 = = 0
            m1 = siz_word;
            f1 = f1 - 1;
        end
        f2 = floor(j. /siz_word);
        m2 = mod(j,siz_word);
        if m2 = = 0
            m2 = siz_word;
            f2 = f2 - 1;
        end
    end
```

```
            re_sig(num * f1 + f2 + 1,siz_word * (m1 - 1) + m2) = sig(i,j);
        end
    end
% 码书初始化,从 nn 个输入矢量随机取 siz_book 个矢量作为初始矢量
codebook = [];
for i = 1:siz_book
    r = floor(rand * nn) + 1;  % rand 为在(0,1)间随机取一个服从均匀分布的随机数作为随机
                               % 抽取 nn 中的元素
    codebook = [codebook;re_sig(r,:)];    % 得出随机的码书
end
% LBG 训练算法
% d0,d1 用于存放各训练矢量与其在码书中最相近的码字的距离平方之和
% sea 用于存放迭代精度
d0 = 0;
for i = 1:nn
    d0 = d0 + distance(ss,re_sig(i,:),codebook(1,:));
end
while 1
    d1 = 0.0;
    for i = 1:siz_book
        vectornumber(i) = 0;
    end
    for i = 1:nn
        codenumber(i) = 1;
        min = distance(ss,re_sig(i,:),codebook(1,:));
        for j = 2:siz_book
            d = 0.0;
            for l = 2:ss
                d = d + (re_sig(i,l) - codebook(j,l))^2;
                if d >= min
                    break;
                end
            end
            if d < min
                min = d;
                codenumber(i) = j;
            end
        end
        vectornumber(codenumber(i)) = vectornumber(codenumber(i)) + 1;
        d1 = d1 + min;
    end
    sea = (d0 - d1)/d1;
    if sea <= 0.0001
```

```
            break;
        end
        d0 = d1;
        for j = 1:siz_book
            if vectornumber[j] ~ = 0
                dd = zeros(1,ss);
                for l = 1:nn
                    if codenumber(l) == j
                        for k = 1:ss
                            dd(k) = dd(k) + re_sig(l,k);
                        end
                    end
                end
                for k = 1:ss
                    codebook(j,k) = dd(k)/vectornumber(j);
                end
            else
                l = floor(rand * nn) + 1;
                codebook(j,:) = re_sig(l,:);
            end
        end
    end
save codebook_kn codebook;
```

	1	2	3	4	5	6	7	8	9	10
1	146.15	146.09	145.57	144.93	146.02	145.51	145.24	144.77	145.73	145.19
2	167.17	187.5	199.74	205.17	162.93	186.79	200.29	206.5	159.24	184.76
3	87.615	59.123	47.662	46.646	100.91	65.4	46.646	45.292	119.86	80.708
4	102.46	103.48	104.75	105.79	102.39	103.61	104.65	105.3	102.72	104.06
5	177.37	177.58	175.93	173.85	178.09	176.93	174.87	172.99	177.42	175.97
6	129.87	141.8	151.95	157.56	129.27	142.85	153.24	160.11	127.11	141.1
7	142.33	138.42	112.21	83.788	136.44	117.85	86.258	68.545	117.67	94.606
8	135.68	136.31	136.6	136.89	135.78	136.18	136.25	136.19	135.45	135.49
9	115.18	118.7	97.395	68.882	115.84	124.38	100.87	65.921	116.55	128.9
10	152.45	160.4	166.3	171.01	151.48	159.74	166.54	171.16	151.64	160.23
11	105.1	117.08	128.84	139.86	106.99	120.82	133.08	142.84	111.29	124.66
12	97.171	88.682	78.829	72.447	98.037	90.263	78.88	70.903	99.244	90.516
13	77.563	70.361	61.944	59.681	79.653	69.646	59.806	57.125	83.028	71.639
14	89.682	104.95	118.64	122.52	86.496	103.6	120.88	127.42	83.806	101.45
15	207.71	195.12	168.85	128.76	212.56	206.47	189.06	153.29	214.03	210.88
16	160.82	160.42	159.7	159.45	160.93	160.67	160.01	159.46	161.26	161.18

图 5.3.2　部分最优训练码书

5.3.2 矢量量化的编码过程

由于矢量量化压缩图像的方法就是对图像进行比较,选出最贴近码书中码字的数值,用码书中的数值代替该图像中对应位置上的数值,而且代入的数值只是对应码字的位置编号,并不是该码字的数值,通过这样的方法对图像进行压缩。最后图像中出现的数值就只是 1~64,分别代表每个位置中对应的训练码书中的数值。

考虑到每个码字都是以大小为 4×4 的数值代表的,因此,取代时都需要用 4×4 个数组来代表。于是根据上面建立码书时的训练码书建立前的过程,在编写编码器的时候,也要把图像变成行数为 16 384、列数为 16 的数组矩阵,这样才可以对应训练码书中的数组要求。

对图像进行编码,就是在码书的码字中寻找满足公式 $\dfrac{D_{m-1}(Q_{m-1}) - D_m(Q_m)}{D_m(Q_m)} \leqslant \xi$ 的码字中的编号代替原图像中的数值。对图像进行距离的计算并得出最相近的数值,用其对应的编号进行代替,从而实现矢量量化的压缩过程。压缩后,图像中的所有数据都被码书中码字的编号代表了,这样就压缩了数据的存储量,实现了编码中压缩算法的目的。

矢量量化算法进行图像编码源代码如下:

```
% 编码,压缩图像
% 打开和显示要编码的图像
figure(1);
sig = imread('lena.bmp');
imagesc(sig);                    % imagesc 用于显示亮度图像
colormap(gray); % colormap 用于设置色图;gray 用于显示线性灰度
axis square                            % ais 用于控制坐标轴的刻度表现
axis off
[m_sig,n_sig] = size(sig);
% 根据已有的码书设置分割子图像的大小和码书的大小
siz_word = 4;
siz_book = 64;
% 调用码书
load codebook_kn
% 根据码书的要求,分割要编码的图像
num = m_sig/siz_word;
ss = siz_word * siz_word;
nn = num * num;
re_sig = [];
for i = 1:m_sig
    for j = 1:m_sig
        f1 = floor(i./siz_word);
        m1 = mod(i,siz_word);
```

```
        if m1 == 0
            m1 = siz_word;
            f1 = f1 - 1;
        end
        f2 = floor(j. /siz_word);
        m2 = mod(j,siz_word);
        if m2 = = 0
            m2 = siz_word;
            f2 = f2 - 1;
        end
        re_sig(num * f1 + f2 + 1,siz_word * (m1 - 1) + m2) = sig(i,j);
    end
end
% 用 LBG 算法编码
d1 = 0.0;
for i = 1:nn
    codenumber(i) = 1;
    min = distance(ss,re_sig(i,:),codebook(1,:));
    for j = 2:siz_book
        d = 0.0;
        for l = 1:ss
            d = d + (re_sig(i,l) - codebook(j,l))^2;
            if d> = min
                break;
            end
        end
        if d<min
            min = d;
            codenumber(i) = j;
        end
    end
    d1 = d1 + min;
end
```

5.3.3　矢量量化的解码过程

在解码器中要实现的功能就是查码书中的码字,通过压缩后的数字排列在码书中找出相应的数值,并代入原图像的对应位置,那么得出的图像就是对应的解码图像。由于压缩时编码的数值都是用近似的训练码书中的码字代替的,因此还原后,图像会有一定失真。

利用矢量量化算法进行图像解码的源代码如下所示:

```
% 解码算法
```

```
for i = 1:nn
    re_sig(i,:) = codebook(codenumber(i),:);
end
% 重建图像,重新编排码书码字的顺序
for ni = 1:nn
    for nj = 1:ss
        f1 = floor(ni./num);
        f2 = mod(ni,num);
        if f2 == 0
            f2 = num;
            f1 = f1 - 1;
        end
        m1 = floor(nj./siz_word) + 1;
        m2 = mod(nj,siz_word);
        if m2 == 0
            m2 = siz_word;
            m1 = m1 - 1;
        end
        re_re_sig(siz_word * f1 + m1,siz_word * (f2 - 1) + m2) = re_sig(ni,nj);
    end
end
% 显示解压后图像
figure(2);
imagesc(re_re_sig);
colormap(gray);
axis square
axis off
```

【例 5.3.2】 采用 4 幅的 256 级灰度图像对系统性能进行模拟实验仿真。

实验中使用码字大小为 44,码书大小为 64 的训练码书,得到的仿真结果如表 5.3.1 和图 5.3.3 所示。从仿真结果中可看出,矢量量化算法能取得较好的压缩效果。

表 5.3.1   算法性能统计

原始图像	压缩比 / 倍	峰值信噪比 / dB
Lena	80.709 4	27.651 0
Oldhouse	95.290 4	30.265 6
Goldhill	78.592 1	27.916 8
Camera	87.395 9	25.572 6

(a)Lena原图　　　　　　(b)Lena恢复图像

(c)Goldhouse原图　　　(d)Goldhouse恢复图像

(e)Goldhouse原图　　　(f)Goldhouse恢复图像

(g)Camera原图　　　　(h)Camera恢复图像

图 5.3.3　仿真结果

第 6 章

图像处理的图形用户界面设计

MATLAB 不仅能进行科学计算,又能方便快速地开发出所需的图形界面。如果用户想向他人提供应用程序,制作一个能反复使用且操作简单的工具,或者想进行某种方法、技术的演示,那么设计图形用户界面是一个必不可少的环节。同时,MATLAB 丰富的功能还可以将其压缩打包为.exe 文件,具有潜在的商业价值。

本章主要讲述数字图像处理的图形用户界面设计方法、设计过程及需要解决的关键技术问题。

6.1 图形用户界面创建

用户界面是指人与程序或者是机器之间交互作用的工具,那么图形用户界面(GUI)也是这个意思,把窗口、菜单、按键、文字说明等对象结合在一起构成一个用户界面。用户只须通过鼠标或者是键盘与计算机前台这些控件发生交互,而所有运算、画图等操作都封装在内部,用户无须了解这些复杂的代码执行过程。图像用户界面大大提高了用户使用程序的简单和方便性。

不同的用户针对不同的需求,设计出的界面是千差万别的。设计一个界面时一般考虑以下 4 个原则:

➤ 简单性 简洁而又清新的体现界面功能和特征,避免杂乱无章。

➤ 一致性 界面要求和已经存在的界面风格保持一致。

➤ 习常性 设计时,尽量使用大家熟悉的标志。

➤ 其他因素 主要是指界面的动态性能,包括界面的响应速度、运算过程中是否允许中断等。

为了能获得比较满意的图形界面,在设计过程中一般执行如下操作步骤:

➤ 明确设计任务,对设计的界面所要实现的功能清晰明了。

➤ 构思草图,按照上述设计原则,上机操作实现。

➤ 编写相应的程序代码,实现各项功能。

针对 MATLAB,GUI 的实现有两种方式,一种是基于全脚本的实现,全脚本方法实现的 GUI 是利用 uicontrol、uimenu、uicontextmenu 等函数编写 M 文件的方式来开发的,具有可以充分反复使用同一个 M 代码、代码的通用性高等优点,可以建立比较复杂的界面,并且不会额外产生一个.fig 文件;因为这种方法是基于代码实现的,所以对 MATLAB 基础较为一般的初学者不易上手。另外一种方法就是基于 MATLAB 自带的 GUI 设计工具 GUIDE 设计方法,这种方法虽然相比全脚本的方法在复杂度和美观上有所差距,但是设计比较简单,相关控件可以随便拖用,使用比较方便;GUIDE 在生成一个.fig 文件的同时还会生成一个 M 文件,该 M 文件包含了 fig 中控件的 Callback 函数;该方法思路清晰,容易操作,在要求不是很高的时候,是一种首选的创建方法。本章将采用后一种方法设计用户界面。

6.1.1 控件对象的创建

首先确定使用较新的 MATLAB 版本,因为较低版本没有工具编辑器,本文使用的版本是 MATLAB R2010b。前面已经介绍了 MATLAB 各个窗口还有工具栏、菜单栏,下面开始制作界面。首先运行 MATLAB 软件,如图 6.1.1 所示,在(Command Window)命令窗口输入 guide 命令,或者在工具栏单击 ,则弹出 GUIDE 设计界面,用户可以选择创建一个新的 GUI 程序或者打开已有的 GUI 程序,如图 6.1.2 所示。

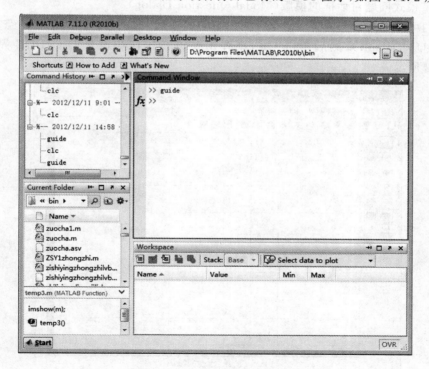

图 6.1.1 guide 命令打开 GUIDE

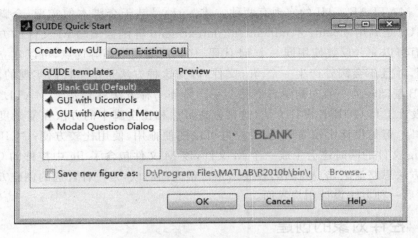

图 6.1.2　GUIDE Quick Start 对话框

从图 6.1.2 可以看到，MATLAB 给提供了 4 种新建界面类型：

➤ 空白模版(Blank GUI)；

➤ 带有控件对象的 GUI 模版(GUI with Uicontrols)；

➤ 带坐标轴和菜单的模版(GUI with Axes and Menu)；

➤ 带模式问题对话框的模版(Modal Question Dialog)。

我们可以根据自己的需求来选择使用不同的模版，这里选择使用默认的空白模版 Blank GUI(Default)，然后单击 OK，则弹出要进行操作和设计的 GUIDE 界面，如图 6.1.3 所示。

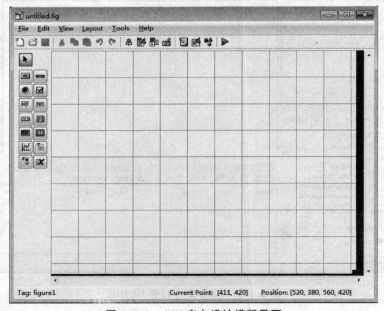

图 6.1.3　GUI 空白设计模版界面

图 6.1.3 所示设计工作界面包括 4 个功能区,其中,菜单条与编辑工具条位于界面顶部,控件模版区位于界面左侧,中心为 GUI 设计工作区。

菜单栏提供了许多在此界面下操作的菜单项,包括 File、Edit 等操作。

工具栏中的按钮从左到右依次为:新建、打开、保存、剪切、复制、粘贴、撤销、返回撤销、对象分布和对齐、菜单编辑器、M 文件编辑器、对象属性设置窗口、对象浏览器和 GUI 运行按钮。

左侧控件模版主要包括按钮(Push Button)、滑动条(Slider)、单选按钮(Radio Button)、复选框(Check Box)、文本框(Edit Text)、文本标签(Static Text)、下拉菜单(Pop-UpMenu)、下拉列表框(List Box)、双位按钮(Toggle Button)和坐标轴(Axes)、ActiveX 控件(ActiveX Control)等。

其中,控件面板的外观可以通过设置 GUIDE 的属性进行简要地修改,选择 GUIDE 中 File→Reference 菜单项,在弹出的对话框中选择 Show names in Component Palette 复选框,如图 6.1.4 所示。

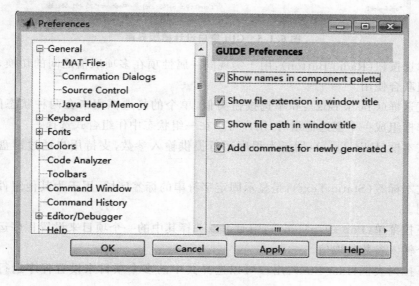

图 6.1.4　GUIDE 属性对话框

单击 OK,则控件面板在不同的控件旁边会显示相应控件的名称。如图 6.1.5 所示,左侧控件显示方式已发生变化,更加清晰直观。

控件是事件响应的图形界面对象。MATLAB 中的控件大致可分为两种,当鼠标单击该控件时会产生相应的响应,称为动作控件,如按钮、滑动条等。另一种为静态控件,是一种不产生响应的控件,如文本框、文本标签等。就上述主要控件简单介绍一下主要控件的功能和应用场合:

①按钮(Push Button):主要是响应鼠标的单击事件,执行预定的功能。

②滑动条(Slider):主要是通过滑动条上的方块位置来改变向程序提供的数值的大小。

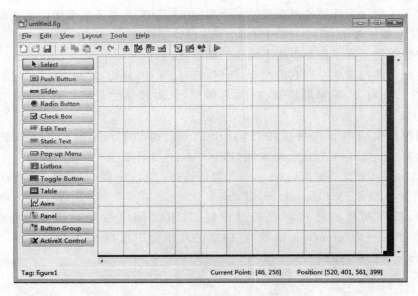

图 6.1.5　GUI 空白设计模版界面

③单选按钮(Radio Button):用于实现同一属性项在多项取值之间的切换,经常是多个一组联合使用。

④复选框(Check Box):和单选按钮类似,单个的复选框用来在两种状态间切换,多个复选框组成一个复选框组时,用户可以在一组状态中作组合式选择。

⑤文本框(Edit Text):用于为程序运行提供输入参数,支持用户通过键盘输入字符串。

⑥文本标签(Static Text):是显示固定字符串的标签区域,用于为其他组件提供解释和说明。

⑦下拉菜单(Pop - UpMenu):用时可以选择其中的一个项目来设置程序运行时需要的某个输入参数的取值。

⑧下拉列表框(List Box):用户可以选择其中的多个项目来设置程序运行时需要的输入参数。

⑨双位按钮(Toggle Button):主要用于相应鼠标单击事件,一般用于后台程序运行、终止等。

⑩坐标轴(Axes):是图形化显示后台程序运行输出结果的区域,用于显示图像和图像。

⑪ActiveX 控件(ActiveX Control):主要用于 MATLAB 和其他应用程序的交互。

为了更好地了解界面的操作,我们先执行一下工具栏保存方式,将上述 .fig 文件保存为 by_me. figure。单击 GUI 运行按钮 ▶ ,运行结果如图 6.1.6 所示。

可以看到,这是一个名字为 untitled 的空白界面,如果想让这个界面丰富起来、执行更多操作,则需要添加上述控件。控件的添加可直接由鼠标选取该控件并拖拽至指

定的 GUIDE 工作区内即可,大小可通过鼠标拖拽对象四周的黑点来调节。同理,整个
GUI 窗口的大小也可以通过鼠标拖拽窗口右下角的黑点加以控制。添加了两个坐标
轴,一个文本框和静态文本框标签,还有一个鼠标响应按钮。通过使用工具栏 串 按钮
可对鼠标选中的控件进行各种对齐操作,对齐方式如图 6.1.7 所示,图 6.1.8 为对齐后
效果。

图 6.1.6　初始运行界面效果　　　　图 6.1.7　对齐方式窗口

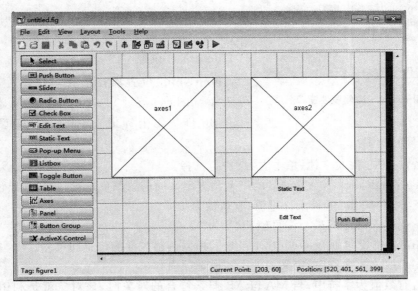

图 6.1.8　绘制控件

6.1.2　控件对象的属性

　　每种控件都有一些可以设置的参数,用于表现控件的外形、功能及效果,即属性。
属性由两部分组成:属性名和属性值,它们必须是成对出现的。双击该控件或者是借助

右击鼠标弹出 Property Inspector 属性设置界面。为了能充分发挥出这些控件的功能，则需要对不同控件的属性值进行设置来达到自己要求的效果。不同控件属性稍有不同，以坐标轴控件为例打开其属性窗口，如图 6.1.9 所示。

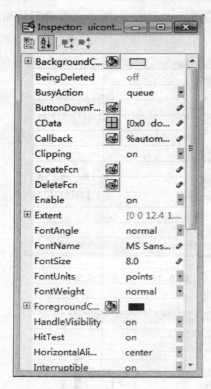

图 6.1.9　控件属性窗口

下面简单介绍一下各种控件主要的属性含义：

BackgroundColor：3 元素的 RGB 向量，默认背景色为浅灰色，点开左边"＋"，则可根据需求更改颜色，也可以单击该栏后半部空白处进行设置背景颜色。

Callback：MATLAB 回调函数，初始值为空，有效值为字符串；该属性定义为当鼠标单击该对象时所要执行的操作，当用户激活某个控件对象时，应用程序就运行该属性定义的子程序。

CreateFcn：有效值为字符串，用于定义当 MATLAB 建立一个菜单对象时所必须要执行的操作。

DeleteFcn：有效值为字符串，用于定义当用户删除一个对象时，MATLAB 在该界面前更动前必须执行该操作。

Enable：使能设置，有效值为 on 或 off，默认为 on，决定了该功能是否激活。

FontSize：设置字体大小。

FontUnits：位置属性值得单位。通过右方可选择：inches（英寸）、centimeters（厘米）、normalized（归一化坐标值）、points（打印设置点）、pixel（屏幕的像素）。

FontWeight：修改字体，单击右方进行选择。

ForegroundColor：MATLAB 的一个预先定义的前景颜色设置，默认为黑色。

Max：属性 Value 的最大许可值，默认值为 1。

Min：属性 Value 的最小许可值，默认为 0。

Position：位置向量[x y width height]，用以调整控件的位置和尺寸。

String：取值为字符串，定义控件标题或选项内容。

Tag：有效值为字符串；当 MATLAB 搜索符合的对象时，该对象就是利用 Tag 属性来描述的，是一个控件的身份标识。

Value：当单选按钮和复选框在 on 状态时，Value 为 Max；否则，为 Min。文本对象和按钮不设置该项。

Visible：有效值为 on 或 off，设定对象的可见性，在控件里默认为 on。

在了解了上述控件属性后，分别对图 6.1.9 各个控件进行属性设置，其中最重要的为 Tag 和 String 属性。两个坐标轴 Tag 属性分别设置为 axes_1 和 axse_2；静态文本框 Tag 属性设置为 text4，为了美观，将其 String 属性设置为空；文本框 Tag 属性为 text_edit，同理，String 属性为空；按钮 Tag 属性为默认，String 属性为"清空"，字体为默认属性，大小由属性 FontSize 设置为 12，如图 6.1.10 所示。

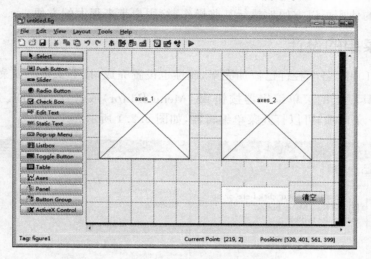

图 6.1.10　最终界面效果

同理，在界面空白处右击，在弹出的级联菜单中选择 Property Inspector，或者双击打开属性窗口，部分属性与控件属性相同。在此对窗口的属性进行操作，如图 6.1.11 所示，修改当前 figure 窗口的 Name 属性为"图像处理界面"、Tag 属性为 figure_by_me。

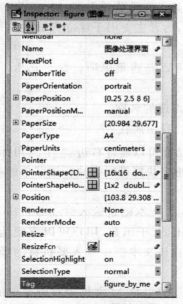

图 6.1.11　GUI 属性设置

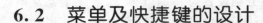

6.2　菜单及快捷键的设计

利用菜单编辑器可以创建、设置、修改下拉式菜单和现场菜单(Context Menu),通过这些菜单的使用可以方便地执行某些操作,给用户带来很大的方便。

6.2.1　菜单的设计

图 6.1.10 中,各个控件已添加完毕,属性也设置完成,接下来是添加菜单栏和工具栏。单击工具栏上的菜单编辑器按钮 ▤(Menu Editor)或者在 GUIDE 选择 Tool→Menu Editor 菜单项,可以打开菜单编辑器,如图 6.2.1 所示。

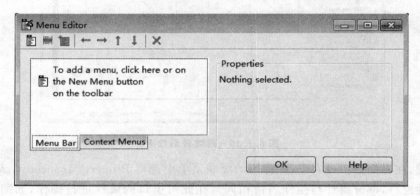

图 6.2.1　菜单编辑器

在该菜单编辑器左下角显示两种菜单类型:Menu Bar 和 Context Menus,其中,前者主要用于建立一般的菜单,后者主要用于建立界面中执行鼠标右击显现的菜单。这里选择默认的 Menu Bar。

单击按钮(New Menu)可以新建菜单项。如图 6.2.2 所示,图的右侧为菜单编辑器内设的菜单属性设置区域。

Label:输入在菜单中要出现的名称。

Tag:同上,描述该菜单的身份属性。

Accelerator:Ctrl+:该功能可以通过右边 ▼ 下三角标志,单击后选择并设置快捷键,用户在按下键盘 Ctrl 和指定快捷键时会执行该菜单的功能操作,选择 None 表示不设置快捷键方式。

Callback:默认的 Callback 文本框是输入%automatic,这样执行 GUI 时自动在该 M 文件中加入一个空的 Callback 子函数,用户可以方便地在该 M 文件编辑器中编辑 Callback 函数。同时也可以在该文本框中输入要执行的操作语句,但是代码长度会受到限制。

View 按钮:用户可以单击打开该 M 文件中对应菜单的 Callback 函数位置进行编辑代码。

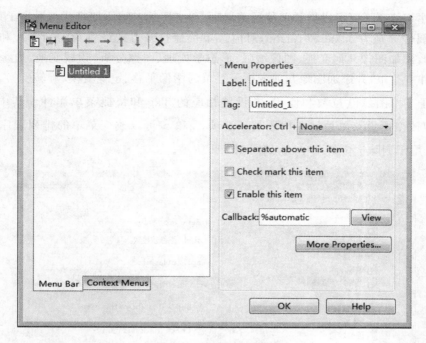

图 6.2.2　菜单编辑器窗口

了解了菜单的属性后我们新建一个菜单，Label 名称修改为："文件"，Tag 属性为拼音 wenjian，其他选项设定为默认，如图 6.2.3 所示。

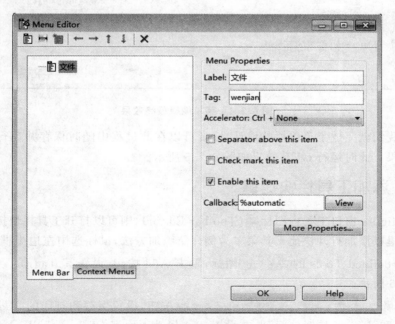

图 6.2.3　编辑菜单

文件菜单项下面可以增添其他子菜单项：单击图标 ▤，添加打开与退出子菜单，设置 Tag 属性分别为 dakai 和 tuichu，对应菜单快捷打开方式设置为 Ctrl＋A 和 Ctrl＋B。同理，添加图像几何变换、图像增强、形态学处理、图像分析、频域变换、边缘检测和帮助文件主菜单，并添加图像几何变换子菜单为图像平移、镜像变换、旋转变换，添加图像分析子菜单图像欧拉数和面积，并设置相应的 Tag 和快捷菜单属性。其中，← 和 → 可以改变所设菜单是父选项还是子选项，↑ 和 ↓ 可以改变菜单的排列顺序。最右边的 ✕ 用于删除选中的菜单项，如图 6.2.4 所示。

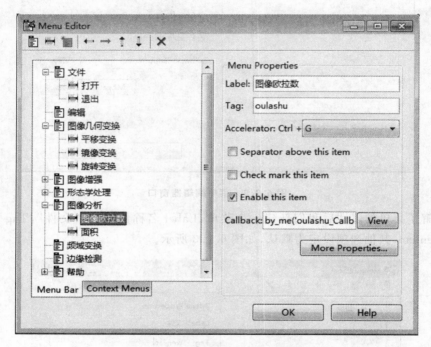

图 6.2.4　菜单编辑最终效果

这样我们就完成了菜单栏的设计，读者可以在此过程中随时保存并运行来查看菜单设计效果。此时运行 GUI，效果如图 6.2.5 所示。

6.2.2　添加工具栏快捷键

单击 figure 窗口工具栏图标▨(Toolbar Editor)，则可以打开工具栏快捷方式编辑页面。这里以添加打开快捷工具菜单为例介绍添加方法，鼠标选中左边半框 Tool Palette 里 Predefined Tools 的▤ Open 图标，单击 Add 按钮，设置其 Tag 属性为 dakai2，如图 6.2.6 所示。

同理，添加 🖫 Save 、🖶 Print 、🔍 Zoom In 和 🔍 Zoom Out 按钮，设置保存和打印的 Tag 属性分别为 baocun 和 dayin。同时注意到，在设置 Tag 属性下面有 Clicked Callback 项，单击右边的 View 可快速定位到该工具按钮的 Callback 函数位置，实现快速添加代码。

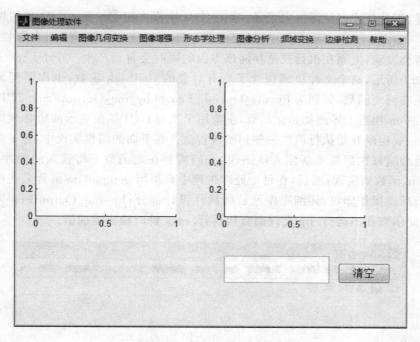

图 6.2.5　菜单栏执行效果

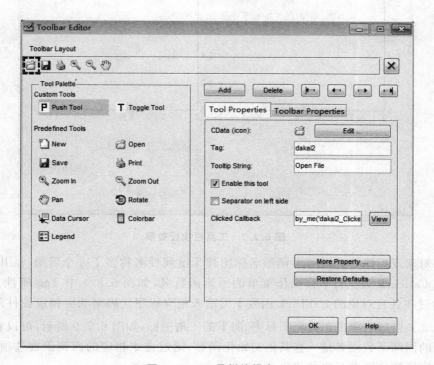

图 6.2.6　工具栏编辑窗口

这样,工具栏按钮就添加完成了,单击 GUI 执行按钮 ▶ ,则一个整齐的界面就显示出来了,如图 6.2.6 所示。其中,界面标题为图 6.1.11 中设置的 Name 属性。

读者会发现,上面在执行或是存储该界面的同时会自动产生一个 by_me.m 文件,如图 6.2.7 所示,这个文件里面包含了所有对象的 Callback 函数,也称回调函数。除此之外还有两个函数,分别为 by_me_OpeningFcn 和 by_me_OutputFcn。其中,by_me_OpeningFcn 相当于界面初始化函数,主要用于执行 GUI 界面显示前所必须做的准备操作,即一般程序开始执行前的一些初始设置值。在下面的编程实现中,为了避免对图像进行处理时每次都要重新读入该图像,我们需要在此函数下将读入的图片共享,用 setappdata 函数来实现;而后,在每个处理工程中只须用 getappdata 函数来获得该共享图片进行后续操作即可,详细操作见后续软件设计部分;by_me_OutputFcn 为界面输出函数,此函数在不运行.fig 文件而直接运行.m 文件时输出返回值。

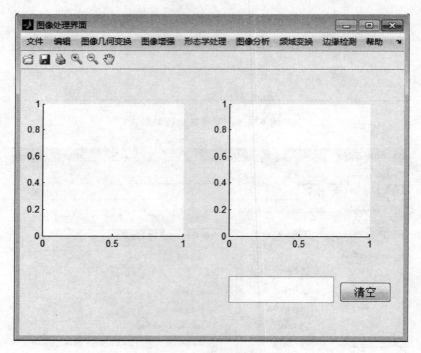

图 6.2.7　工具栏执行效果

各对象或控件的 Callback 函数名称比其 Tag 属性名称多了一个后缀 _callback,如 olashu_Callback 为执行平移操作菜单的回调函数名,如图 6.2.4 中 Tag 属性为 olashu。通过在各自对象的 Callback 函数下面输入相应程序代码来响应相应控件的操作。在图 6.2.8 窗口中单击工具栏图标 f_x 向下的三角图标,如图 6.2.9 所示,可以看到,各个对象的回调函数或者是一些其他初始化函数,通过选中相应的回调函数选项来快速跳到对应函数位置进行添加代码。

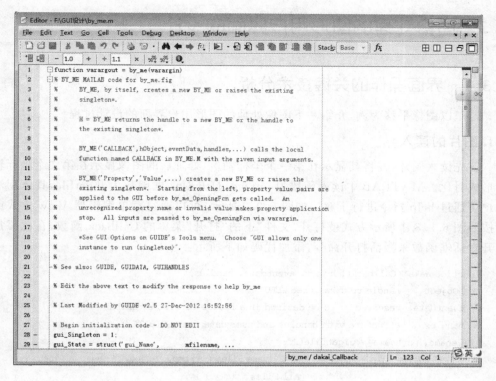

图 6.2.8　M 文件窗口

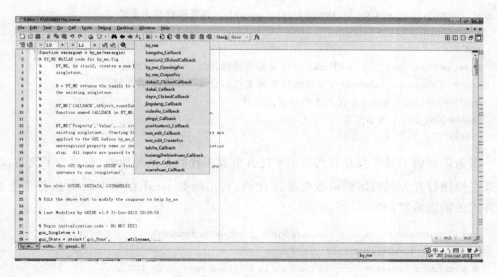

图 6.2.9　M 文件编辑

6.3 图像处理的图形用户界面的设计

6.3.1 界面操作的关键技术分析

这里以图像平移为例,介绍一下图像处理的图形用户界面的设计过程。

1. 图片的读入

首先读入图片,并将其显示在第一个坐标轴上,处理后的图像显示在第二个坐标轴上形成对比。MATLAB 中读入函数为 imread,打开对话框函数为 uigetfile,具体用法用户可通过 help 指令进行了解。如图 6.2.2 所示,可以通过菜单编辑器 View 方式或者按照图 6.2.8 中所示方式就打开"文件"下的"打开"菜单的 Callback 函数,在此添加打开对话框函数来激活打开命令,添加代码如下所示:

```
function dakai_Callback(hObject, eventdata, handles)
% hObject      handle to dakai (see GCBO)
% eventdata    reserved - to be defined in a future version of MATLAB
% handles      structure with handles and user data (see GUIDATA)
[filename, pathname] = uigetfile(...
    {'*.bmp; *.jpg; *.png; *.jpeg', 'Image Files (*.bmp, *.jpg, *.png, *.jpeg)';...
    '*.*',                           'All Files (*.*)'},...
    'Pick an image'); % uigetfile 为打开对话框函数
if isequal(filename,0) || isequal(pathname,0) % 判断路径是否取消
    return;
end
axes(handles.axes_1); % 用 axes 命令设置当前操作为 axes_1 坐标轴
fpath = [pathname filename]; % 将路径名和文件名合成一个完整的路径
img_1 = imread(fpath); % 读入该路径下的图片
imshow(img_1); % 显示图像
title('原始图像');
```

因为添加的工具栏打开方式和菜单打开方式实现的是同种功能,所以为了简洁,在工具栏快捷打开方式的回调函数中添加代码,利用函数 feval 在单击时执行菜单打开方式的响应函数,如下:

```
function dakai2_ClickedCallback(hObject,eventdata,handles)
% hObject   handle to dakai2(see GCBO)
% eventdata   reserved - to be defined in a future version of MATLAB
% handles   structure with handles and user data(see GUIDATA)
feval(@dakai_Callback,handles.dakai,eventdata,handles);
% 利用 feval 函数将其代入到定义好的,功能一致的句柄中
```

其中,每个回调函数下有 3 行代码为系统自带,为提示信息,读者也可将其删除。

单击"保存"并运行,再在打开"文件→打开"或者单击快捷打开方式图标,也可以使用之前设定的快捷打开方式 Ctrl＋A,就可以打开任意路径下的图片,如图 6.3.1 所示。

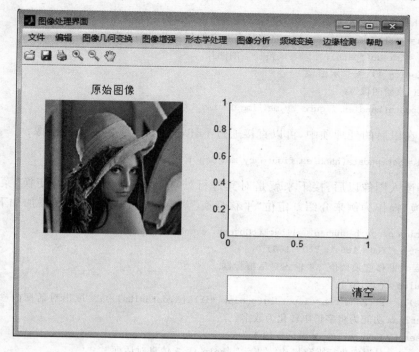

图 6.3.1　读入图片

2. 图像平移操作

为了提高代码的使用效率和简洁性,即在进行不同图像处理操作时不必重新用 imread 函数读入图像,那么需要对上述读入的图像进行共享。在函数 by_me_OpeningFcn 下面添加代码:

```
setappdata(handles.figure_by_me,'img_1',0);%共享读入的图片
```
在"打开"回调函数 dakai_Callback 代码后添加:
```
setappdata(handles.figure_by_me,'img_1',img_1);
```

即此时"打开"回调函数如下:

```
function dakai_Callback(hObject, eventdata, handles)
% hObject      handle to dakai (see GCBO)
% eventdata    reserved - to be defined in a future version of MATLAB
% handles      structure with handles and user data (see GUIDATA)
[filename, pathname] = uigetfile(...
    {'*.bmp;*.jpg;*.png;*.jpeg','Image Files (*.bmp, *.jpg, *.png, *.jpeg)';...
    '*.*',                      'All Files (*.*)'},...
    'Pick an image');%uigetfile 为打开对话框函数
```

```
if isequal(filename,0) || isequal(pathname,0) %判断路径是否取消
    return;
end
axes(handles. axes_1); %用 axes 命令设置当前操作为 axes_1 坐标轴
fpath = [pathname filename]; %将路径名和文件名合成一个完整的路径
img_1 = imread(fpath); %读入该路径下的图片
imshow(img_1); %显示图像
title('原始图像');
setappdata(handles. figure_by_me,'img_1',img_1); %共享读入的图片
```

那么在以后的处理项中,可以直接通过下述语句获得所要处理的图像:

```
img_1 = getappdata(handles. figure_by_me,'img_1');
```

获得读入图像以后,接下来就是对其进行处理,以实现"图像几何变换"菜单下的"平移变换"操作为例来介绍。定位"平移变换"菜单的 Callback 函数并添加如下代码:

```
function pingyibianhuan_Callback(hObject, eventdata, handles)
prompt = {'X(0 - 166)','Y(0 - 166)'};
title = '平移变换阈值'; %输入对话框标题
defaults = {'0','0'};
xy_cells = str2num(char(inputdlg(prompt,title,1,defaults))); %取出对话框内参数,其中
%函数 str2num 功能为将字符串转化为数字
    if isempty (xy_cells) %对话框输入为空
        msgbox('为您执行平移操作','提示','help'); %信息对话框
    else
    x = xy_cells(1);y = xy_cells(2);
    axes(handles. axes_2);
    img_1 = getappdata(handles. figure_by_me,'img_1'); %用函数 getappdata 获取要处理的图像
    img_2 = double(img_1);
    img_2_M = zeros(size(img_2));
    H = size(img_2);
    move_x = x;
    move_y = y;
    if (size(img_2,3) ~ = 1) %是否为彩色
    img_2_M(round(move_x) + 1:round(H(1)),round(move_y) + 1:round(H(2)),1:round(H(3))) =
img_2(1:round(H(1)) - round(move_x),1:round(H(2)) - round(move_y),1:round(H(3))); %此处为
%利用矩阵直接进行彩色图像平移的操作,其中 move_x 为在 X 方向平移尺度大小,move_y 为在 Y 轴
%方向平移的尺度大小,H(1)为图像的行数,H(2)为图像的列数,H(3)为图像维数,函数 round 为取整
%操作
    else %灰度图像 img_2_M(round(move_x) + 1:round(H(1)),round(move_y) + 1:round(H(2))) =
img_2(1:round(H(1)) - round(move_x),1:round(H(2)) - round(move_y));   %此处为利用矩阵直接
%进行灰度图像平移的操作,其中 move_x 为在 X 方向平移尺度大小,move_y 为在 Y 轴方向平移的尺
%度大小,H(1)为图像的行数,H(2)为图像的列数,函数 round 为取整操作
    end
```

```
imshow(uint8(img_2_M));
end;
```

　　单击"保存"运行程序。当选择"平移变换"菜单时,则弹出如图 6.3.2 所示对话框,设定水平平移 30 个像素,垂直平移 65 个像素,如图 6.3.3 所示,单击 OK,处理结果如图 6.3.4 所示。

图 6.3.2　输入对话框

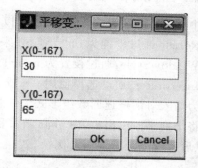

图 6.3.3　输入平移变换参数

图 6.3.4　平移变换

3. GUI 内置对话框

　　图 6.3.2 和图 6.3.3 是使用了内置式 GUI"输入对话框"的结果,使用这些内置对话框可以简化开发流程,使得界面在操作上富有弹性和人性化。MATLAB 提供了许

多内置 GUI 对话框,比如说菜单对话框、信息对话框、问题对话框、输入对话框列表选择对话框等。本节处理过程中运用了"输入对话框"和"信息对话框",下面重点以二者为例介绍一下。

在 MATLAB 中可以通过 inputdlg 函数建立输入对话框,句法格式为:

Answer = inputdlg({'提示语'},'标题','输入框间距',{'默认值'},PropOpts)

其中,PropOpts 为选择性参数,有以下对应值实现不同功能:

➤ Resize:通过设置为 on 或者 off 来决定该对话框的大小是否可以改变。

➤ WindowStyle:通过设置为 modal 或者是 normal 来选择对话框的类型。

➤ Interpreter:通过选择使用 tex 或 none 来设置是否为符号显示。

因为输入对话框返回数组形式为细胞数组,对于上述单个输入字段为数值的情况,必须先将个别字段取出后,由 char 函数和 str2num 函数先后使用将字符串转换为数值取出,供后续程序计算使用。例:

xy_cells = str2num(char(inputdlg(prompt,title,1,defaults)));

程序中 msgbox 为建立内置信息对话框函数,在执行操作过程中告知用户程序上的一些相关信息,方便其操作帮助文件或信息对话框的使用,使得界面更人性化,所以建立帮助文件或者建立信息对话框是很有必要的。这种信息对话框有很多图标,如error(错误提示图标)、warn(警告提示图标)、help(帮助提示图标)等,分别对应着 helpdlg、warndlg、errordlg 等函数来实现,如 error 对话框提示程序运行出错信息时,调用errordlg 来实现,格式为:errordlg('要提示的出错信息','对话框名称','on')。其中,参数 on 表示是否替换已经存在相同名字的错误对话框。

例如,在命令窗口中输入:

errordlg('程序出错','错误提示','on');

运行结果如图 6.3.5 所示。

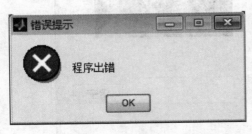

图 6.3.5 错误提示对话框

以上所有函数实现的各种对话框均可以由 msgbox 函数代替上述函数来实现,函数的语法格式为:

msgbox('信息','标题','对话框种类')

如果图 6.3.3 中没有设定图像平移的水平和垂直范围而直接操作,则显示图 6.3.6 来提示未实现平移操作。

又如我们要在菜单的帮助文件中添加一些说明,目的是让其他用户知道该怎么操作这个界面或者是介绍一下软件的功能和遇到一些问题和开发者联系等,可以通过使用 msgbox 函数来实现。同理,打开并找到"帮助"菜单的 Callback 函数,在下面添加程序如下:

```
function bangzhu_Callback(hObject, eventdata, handles)
% hObject      handle to bangzhu (see GCBO)
% eventdata    reserved - to be defined in a future version of MATLAB
% handles      structure with handles and user data (see GUIDATA)
s = sprintf([
    '"清空"按钮用于清空显示结果。\n\n'...
    '作者联系方式:1234566\n\n']);
msgbox(s,'帮助','help');
```

保存并执行后如图 6.3.7 所示。可以看出,如果帮助信息过于丰富,直接运用 msgbox 函数是不合适的,那么可以将该"信息"用函数 sprintf 编辑存储,再添加到信息提示函数中。

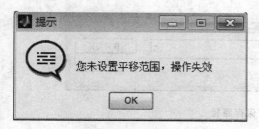

图 6.3.6 信息提示对话框

图 6.3.7 帮助对话框

4. 图像的保存

图像处理完成后,如果需要将所处理结果进行保存,则需要使用保存功能,这里介绍保存快捷菜单的使用。定位至 Tag 属性为 baocun 的 Callback 下,在下面添加如下代码即可完成保存功能,如图 6.3.8 所示。

```
function baocun_ClickedCallback(hObject, eventdata, handles)
% hObject      handle to baocun2 (see GCBO)
% eventdata    reserved - to be defined in a future version of MATLAB
% handles      structure with handles and user data (see GUIDATA)
fstSave = getappdata(handles.figure_by_me,'fstSave');
    [filename, pathname] = uiputfile({'*.bmp','BMP files';'*.jpg','JPG files'}, 'Pick
an Image');% 保存对话框函数
    if isequal(filename,0) || isequal(pathname,0)
        return;% 如果单击取消
    else
        fpath = fullfile(pathname, filename);% 重新获得路径
    end
img_2 = getimage(handles.axes_2);% 在坐标轴 2 上操作
fpath = getappdata(handles.figure_by_me,'fstPath');
imwrite(img_2,fpath);% 保存图片
```

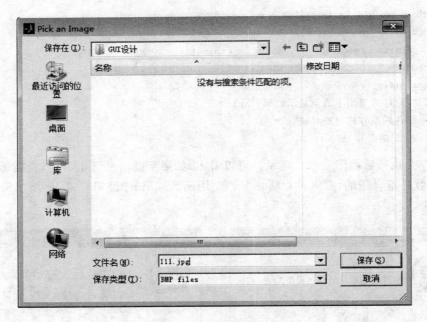

图 6.3.8　保存路径

5. 文本框、静态文本框的使用

如果要计算某二值图像的欧拉数,则需要通过文本框显示出返回的数值。为了更加人性化,通过静态文本框告知用户显示的是什么结果,这时可以在菜单"图像欧拉数"的 Callback 函数下添加相应程序来实现:

```
function oulashu_Callback(hObject, eventdata, handles)
% hObject      handle to oulashu (see GCBO)
% eventdata    reserved - to be defined in a future version of MATLAB
% handles      structure with handles and user data (see GUIDATA)
axes(handles.axes_2); % 在坐标轴 2 上操作
img_2 = getappdata(handles.figure_by_me,'img_1'); % 获取读入的图像
if (size(img_2,3) ~ = 1) % 判断是否为灰度图像,利用函数 size(img_2,3)可以判断图像是否
                         % 为 3 维的
img_2 = rgb2gray(img_2); % 灰度化
end
img_2 = im2bw(img_2); % 二值化
eulernum = bweuler(img_2); % 欧拉数的计算
set(handles.text_edit,'string',num2str(eulernum)); % 用函数 set 把计算结果显示在文本
                                                   % 框中
set(handles.text4,'string','图像欧拉数显示'); % 操作静态文本框标签来对文本框进行解释
imshow(img_2);
title('图像欧拉数');
```

选择"图像分析→图像欧拉数"菜单项或者是通过设置的快捷键组合"Ctrl＋G"进行保存,结果如图 6.3.9 所示。可以看出,文本框显示出了计算结果:欧拉数为 17,静态文本框显示了计算的是什么性质的结果,更加人性化。从程序可以看出,读入彩色的图像时也可计算出其欧拉数,感兴趣的读者可自己操作。

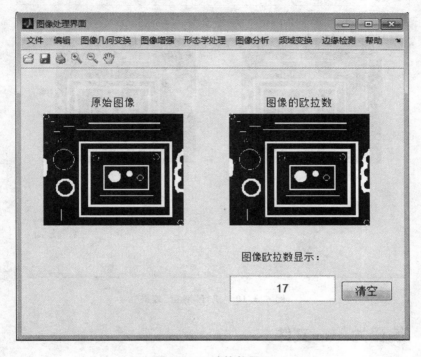

图 6.3.9　欧拉数显示

6. 按钮的使用

执行完操作后,为了美观,可以将文本框和静态文本框标签内的提示信息和显示结果擦除,这时要发挥"清空"按钮的功能了。打开清空按钮 Callback 函数,在下面添加相应代码,如下:

```
function pushbutton1_Callback(hObject, eventdata, handles)
% hObject      handle to pushbutton1 (see GCBO)
% eventdata    reserved - to be defined in a future version of MATLAB
% handles      structure with handles and user data (see GUIDATA)
set(handles.text_edit,'string','');%清空文本框内容
set(handles.text4,'string','');%清空静态文本框内容
```

单击"清空"按钮,如图 6.3.10 所示。

操作完毕,如果想关闭操作界面,可以通过"退出"菜单项来执行。找到其 Callback 函数添加:

```
close(handles.figure_by_me);
```

精通图像处理经典算法(MATLAB 版)(第 2 版)

再单击"退出"或者使用菜单快捷键 Ctrl＋B,则可以关闭该界面。

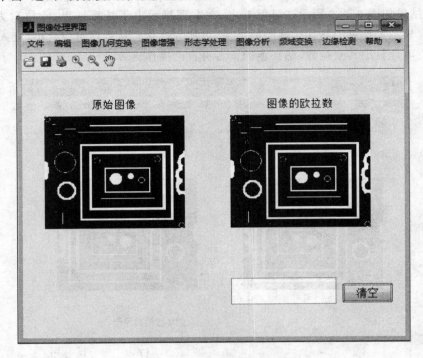

图 6.3.10　执行"清空"效果

6.3.2　编译为.exe 文件

完成整个操作以后,使用 MATLAB Compiler 与 MATLAB C/C＋＋Math Library或 MATLAB C/C＋＋Graphics Library 结合,可以将该 function 格式的 M 文件转化为独立执行的.exe 文件。首先简单介绍一下安装编译器。

一般情况下,默认的 Lcc 编译器就可以满足将 M 文件转换为独立执行文件了。用户可以通过在 Cammand Window 输入指令 mbuild -setup 来设置编译器,如图 6.3.11所示。

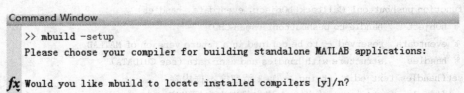

图 6.3.11　执行编译命令

此时提示用户输入 y 或 n 来确认是否由 mbuild 命令来定位系统中已安装的编译器,当输入"y"按下 Enter 键后,MATLAB 会显示当前系统中安装了哪些编译器,如图 6.3.12 所示。

```
Select a compiler:
[1] Lcc-win32 C 2.4.1 in D:\PROGRA~1\MATLAB\R2010b\sys\lcc
[2] Microsoft Visual C++ 2008 SP1 in d:\Program Files\Microsoft Visual Studio 9.0

[0] None

fx Compiler:
```

图 6.3.12　选择编译器

根据显示信息可知,本系统除了 MATLAB Compiler 所默认的 Lcc 编译器外,还安装了 Microsoft Visual C++2008 编译器。一般情况下,如果没有太大需求,则选用 MATLAB 自带编译器 Lcc 进行编译即可,故这里选用 1,按下 Enter 键,如图 6.3.13 所示。

```
Please verify your choices:

Compiler: Lcc-win32 C 2.4.1
Location: D:\PROGRA~1\MATLAB\R2010b\sys\lcc

fx Are these correct [y]/n?
```

图 6.3.13　确认编译器安装位置

MATLAB 列出了选择的编译器的型号和位置,并询问用户是否正确,确认无误后输入"y"并按下 Enter 键;如果显示如图 6.3.14 所示界面,则表示编译器安装设置成功。此时就可以将通过指令"mcc - m M 文件"将所编写的 function 格式的.m 文件编译成独立执行文件了,如>>mcc-mby-me 所示。

```
Trying to update options file: C:\Users\Administrator\AppData\Roaming\MathWorks\MATLAB\R2010b\comp
From template:        D:\PROGRA~1\MATLAB\R2010b\bin\win32\mbuildopts\lcccompp.bat

Done . . .
```

图 6.3.14　编译器安装成功显示

编译过程中若没有错误,则不提示成功信息。完成整个编译后,工作目录下会多出几个相关的编译文件,最好不要修改这些文件用户,避免在调用上产生无法预期的错误。如果用户需要对要编译的 M 文件添加、删除或者是做其他修改,那么需要重新按照上述步骤进行编译。

为了要在没有安装 MATLAB 的系统上执行由上述方式编译后的独立执行文件,只须把位于该 MATLAB 安装目录下\tooolbox\compiler\deploy\min32 里面的 MCRInstaller.exe 复制并按照提示安装到该系统上即可,这样就可以运行编译好的 by_me.exe 文件了。

第7章

数字图像处理在信息隐藏领域中的应用

  信息隐藏的渊源可以追溯到古希腊的隐形技术,其希腊文的字面意思是"掩饰性地写",也就是把一种信息隐藏于另一种信息中。数字化产品的出现给这些古老的思想赋予了新的表达方式:将机密信息嵌入到公开的图像、视频、语音及文本文件等载体信息中,然后通过公开信息的传输来传递机密信息,使监测者或非法拦截者难以从公开信息中判断机密信息是否存在、难以截获机密信息,从而保证机密信息的安全。信息隐藏技术作为一个新兴的研究领域,涉及数字信号处理、图像处理、语音处理、密码学等多个学科;在政府、军事情报部门、银行系统、商业系统等诸多领域发挥着重要作用,广泛应用于通信保密、数字作品的版权保护、商务活动中的票据防伪、验证资料的完整性等方面。

  本章以可视密码共享、数字图像置乱、数字水印等典型信息隐藏技术为例,讲述数字图像处理在信息隐藏领域中的应用。

7.1 实例:可视密码共享技术

  可视密码共享方案提供了一种将一个秘密的图像分割成多个子图像的方案,即将一份图像信息拆分产生 n 个分享图像实现隐藏,n 张分存图像可以打印到胶片上、存入计算机或移动存储器中,且分别由 n 个人保存。每个分存图像看起来杂乱无章,与原图像毫不相关,因此不会泄漏秘密图像的信息。解密时只需 r 个人(或 r 个以上)将各自的分存图像叠加在一起就能恢复出秘密图像,少于 r 个分享将不能获得任何关于秘密图像的信息。秘密共享已成为现代密码学领域中一个非常重要的分支,同时,也是信息安全方向一个重要的研究内容。

  可视密码共享技术可通过拉格朗日插值法、像素扩展法、多维空间中点的方法等多种方案实现,本节主要讲述利用拉格朗日插值算法来实现灰度图像的密码共享。

7.1.1 拉格朗日插值算法

  (k,n) 门限方案是基于拉格朗日插值多项式算法的密码共享方案,秘密即为图像的重要信息。(k,n) 门限方案是把秘密 s 分成 n 份（n 个子秘密或影子）并分发给 n 个参与者，只要其中任意 k 个参与者联合就能恢复秘密。为了实现此方案 Shamir 提出了拉格朗日插值算法，该算法首先要构造出 $(k-1)$ 次拉格朗日插值多项式：

$$F(x) = y + m_1 x + m_2 x^2 + \cdots + m_{k-1} x^{k-1} \tag{7.1.1}$$

其中，k 是不大于 n 的整数，$(k-1)$ 个整数 m_1、m_2、$\cdots$、m_k 是随机选择的。在计算机中，灰度图像被理解为一个矩阵，每一个像素对应矩阵中的每一个元素，像素的颜色由元素的值确定，每个元素的值为 $0 \sim 255$ 间的整数。我们将一个像素一个像素地对图像进行处理，y 即为要处理的图像的像素值。

秘密的分配过程：首先要为每一个参与者选择一个公开的 ID 号，设为 x_i，不能重复；然后将每一个选定的 x_i 代入式（7.1.1）计算出对应的值 $F(x_i)$；把计算所得的每一组解 $(x_i, F(x_i))$ 作为子秘密分发给参与者。在以上秘密的分配过程中，所有的子秘密生成以后 m 值不需要保存，因为恢复秘密时它们同时也被恢复。

首先从 n 个子秘密中选出 k 个，构造如下方程组：

$$\left.\begin{aligned}
F(x_1) &= y + m_1 x_1 + m_2 x_1^2 + \cdots + m_{k-1} x_1^{k-1} \\
F(x_2) &= y + m_1 x_2 + m_2 x_2^2 + \cdots + m_{k-1} x_2^{k-1} \\
&\cdots \\
F(x_k) &= y + m_1 x_k + m_2 x_k^2 + \cdots + m_{k-1} x_k^{k-1}
\end{aligned}\right\} \tag{7.1.2}$$

方程式组（7.1.2）中 $l < i < k$，F 为已知，x_i 都是已知的。

拉格朗日插值公式为：

$$L_k(x) = \frac{(x-a_1)(x-a_2)\cdots(x-a_{k-1})(x-a_{k+1})\cdots(a_{m+1})}{(a_k-a_1)(a_k-a_2)\cdots(a_k-a_{k-1})(a_k-a_{k+1})\cdots(a_k-a_{n+1})}$$

利用拉格朗日插值公式，式（7.1.1）所描述的 $(k-1)$ 次多项式可以写成：

$$\begin{aligned}
F(x) = &F(x_1) \frac{(x-x_2)(x-x_3)\cdots(x-x_k)}{(x_1-x_2)(x_1-x_3)\cdots(x_1-x_k)} \\
&+ F(x_2) \frac{(x-x_1)(x-x_3)\cdots(x-x_k)}{(x_2-x_1)(x_2-x_3)\cdots(x_2-x_k)} \\
&+ \cdots + F(x_k) \frac{(x-x_1)(x-x_2)\cdots(x-x_{k-1})}{(x_k-x_1)(x_k-x_2)\cdots(x_k-x_{k-1})}
\end{aligned} \tag{7.1.3}$$

然后通过计算 $y = F(0)$，y 恢复出来了，即秘密得到了恢复，具体公式如下：

$$\begin{aligned}
F(x) = y = F(0) = (-1)^{k-1} \Big[&F(x_1) \frac{x_2 x_3 \cdots x_k}{(x_1-x_2)(x_1-x_3)\cdots(x_1-x_k)} \\
&+ F(x_2) \frac{x_1 x_2 \cdots x_k}{(x_2-x_1)(x_2-x_3)\cdots(x_2-x_k)} \\
&+ \cdots + F(x_k) \frac{x_1 x_2 \cdots x_{k-1}}{(x_k-x_1)(x_k-x_2)\cdots(x_k-x_{k-1})} \Big]
\end{aligned} \tag{7.1.4}$$

运用式（7.1.4）时，只有 k 个或 k 个以上的 $(x, F(x))$ 才能解出 s，即只有 k 个或 k 个以上的参与者共同拿出子秘密时才能恢复秘密，而少于 k 个参与者是恢复不了秘密的。

7.1.2　实现可视密码共享的步骤

秘密图像的每一个像素值的具体隐藏步骤如下：

① 根据拉格朗日差值多项式生成此式：

$$F(x) = (y + m_1 x + m_2 x^2 + \cdots + m_{k-1} x^{k-1}) \bmod 251 \qquad (7.1.5)$$

秘密图像的每一个像素值 s 即为式(7.1.5)中的 y，随机取 $(k-1)$ 个整数 $m_i(0<i<k)$，并且 $m_i<251$，此时将 $x_j=j(0<j<n+1)$ 代入式(7.1.5)，得出的相应的 $F(x_j)$ 的值便是 s_i。

在此过程中，有两个问题需要说明：

ⓐ 方程式(7.1.5)中的 y 值和 $m_i(0<i<k)$ 以及自变量 $x_j(0<j<n+1)$ 的取值都应该限定在素数 251 内，即整数区间 0～250 之间，所以要对秘密图像和影子图像进行预处理，把秘密图像和影子图像中大于 250 的像素点变为 250；这是由于人眼的视觉特性，对图像中极少数像素点的值进行微调并不会对图像的整体造成可以凭肉眼感觉出来的影响。

ⓑ 可以看出，式(7.1.5)与经典的拉格朗日插值多项式是不同的，在方程的末尾多了 mod 251 的运算，为什么要加上模的运算呢？因为分存图像的存储空间有限，所以 s 必须控制在一定的范围之内，否则，s 的值过大会使图像没有足够的空间存储 s，有了 mod 251 的运算之后，s 的值就被控制在区间(0,250)之内。那么模数为什么要取 251 呢？首先 251 满足模数为素数的条件，其次，由于像素点的值在 0～255 之间，模数取 251 可以最大限度地反映像素点的真实值，一般情况下，即使有极少数的像素点的值在 251～255 之间，经模运算后像素值发生了大的改变，但在总体上的影响可以忽略不计。

② 将 n 个不同的 x_j 分别代入构造的多项式中得到 $h_j(x_j)$。

③ 将 $h_j(x_j)$ 分别存储在分存图像的 ij 中与图像相应的位置。

如果这 r 个分存图像是 x_1、x_2、$\cdots$、x_r，以及每个分存图像中对应位置的像素值 $h_1(x_1)$、$h_2(x_2)$、$\cdots$、$h_r(x_r)$，则可以构造方程组：

$$h_1(x_1) = y + a_1 x_{11} + a_2 x_{21} + \cdots + a_{r-1} x_{r-1} \bmod 251$$
$$h_2(x_2) = y + a_1 x_{12} + a_2 x_{22} + \cdots + a_{r-1} x_{2r-1} \bmod 251$$
$$\vdots$$
$$h_r(x_r) = y + a_1 x_{1r} + a_2 x_{2r} + \cdots + a_{r-1} x_{r-1} \bmod 251$$

求解方程组得到 y、a_1、a_2、$\cdots$、a_{r-1}，其中 v_i 就是要恢复的像素值，将其存储在要恢复图像的相应位置，分别对每个像素进行处理，最终可得到恢复图像。

【例 7.1.1】　实现(3,5)门限密码共享算法分析。

为简单起见，假设有一幅秘密图像为：

$$s = \begin{bmatrix} 2 & 6 \\ 9 & 5 \end{bmatrix}。$$

例如，按照(3,5)门限方案来共享秘密 s，把秘密 s 分成 5 个子秘密，并且只要拿出其中任意 3 个就能恢复原秘密 s。

秘密的分发过程如下：

①选取素数 $q=11(q>5$ 且 $q>9)$ 并构造 $3-1$ 次多项式：

$$y=f(x)=(a+3x+2x^2) \bmod 11 \tag{7.1.6}$$

其中，a 依次取秘密图像 s 的每个像素 2、9、6、5；系数 3 和 2 是随机选定的。

②选取 5 个不同的 x 值代入(7.1.6)，如 1、2、3、4、5，分别计算：

$$y_1=(2+3\times 1+2\times 1^2) \bmod 11=7$$
$$y_2=(2+3\times 2+2\times 2^2) \bmod 11=5$$
$$y_3=(2+3\times 3+2\times 3^2) \bmod 11=7$$
$$y_4=(2+3\times 4+2\times 4^2) \bmod 11=2$$
$$y_5=(2+3\times 5+2\times 5^2) \bmod 11=1$$

至此，得到第一个像素的 5 个子秘密 $(1,7)$、$(2,5)$、$(3,7)$、$(4,2)$、$(5,1)$。

利用循环对每个像素重复步骤，就得到 5 个影子图像：

$$s_1=\begin{bmatrix}7&0\\3&10\end{bmatrix},s_2=\begin{bmatrix}5&9\\1&8\end{bmatrix},s_3=\begin{bmatrix}7&0\\3&10\end{bmatrix},s_4=\begin{bmatrix}2&6\\9&5\end{bmatrix},s_5=\begin{bmatrix}1&5\\8&4\end{bmatrix}。$$

③把 5 个影子图像分发给 5 个参与者。

秘密的恢复过程如下：

①任意选取 3 个子秘密，如 $(1,7)$、$(2,5)$、$(3,7)$，用于恢复秘密；

②根据子秘密，用拉格朗日插值法通过计算恢复常数项，即原秘密；

③重复上述步骤，直到处理完所有像素，最后得到恢复后的图像为 $r=\begin{bmatrix}2&6\\9&5\end{bmatrix}$，与原图像 s 一致。

7.1.3 　(3,4)门限的可视密码共享实例分析

将图 7.1.1 实现(3,4)门限的可视密码共享，步骤如下：

1. 将彩色图像 7.1.1 转化为灰度图像 7.1.2

图 7.1.1　原始图像

图 7.1.2　灰度图像

```
clear all
close all
M = imread('0. jpg');    % 读取图像
ss = rgb2gray(M);                    % 转换为灰度图像
figure
imshow(ss);                          % 显示灰度图像
```

2. 生成影子图像

为生成影子图像分配空间,g 代表多项式的值,yy 代表多项式的值模除 251,y 表示将 yy 转化成转换成图像数据格式。

```
[m n] = size(ss);    % 读取图片的大小
for i = 1:m * n                  % 把灰度值大于 250 的像素变为 250
if ss(i)>250
ss(i) = 250;
end
    end
s = double(ss) + 1;    % 把数据类型转换为函数符合要求的双精度型
x = [1 2 3 4];          % x 的取值为 1、2、3、4
g1 = zeros(m,n);    % 为每个分存图像预分配空间
g2 = zeros(m,n);
g3 = zeros(m,n);
g4 = zeros(m,n);
yy1 = zeros(m,n);
yy2 = zeros(m,n);
yy3 = zeros(m,n);
yy4 = zeros(m,n);
y1 = zeros(m,n);
y2 = zeros(m,n);
y3 = zeros(m,n);
y4 = zeros(m,n);
for j = 1:m * n                          % 循环处理每个像素生成影子图像
a1 = mod(2 * j,251);    % 随机生成系数
a2 = mod(3 * j,251);
f = [a1 a2 s(j)];          % 构造函数
g1(j) = polyval(f,x(1));    % x = x1 时,多项式的值
yy1(j) = mod(g1(j),251);    % 多项式的值模除 251
g2(j) = polyval(f,x(2));    % x = x2 时,多项式的值
yy2(j) = mod(g2(j),251);    % 多项式的值模除 251
g3(j) = polyval(f,x(3));    % x = x3 时,多项式的值
yy3(j) = mod(g3(j),251);    % 多项式的值模除 251
g4(j) = polyval(f,x(4));    % x = x4 时,多项式的值
yy4(j) = mod(g4(j),251);    % 多项式的值模除 251
```

```
end
y1 = uint8(yy1 - 1)                    % 转换成图像数据格式
y2 = uint8(yy2 - 1);
y3 = uint8(yy3 - 1);
y4 = uint8(yy3 - 1);
figure,imshow(y1);      % 显示影子图像
figure,imshow(y2);
figure,imshow(y3);
figure,imshow(y4);
```

生成影子图像如图 7.1.3～图 7.1.6 所示。

图 7.1.3　影子图像(一)

图 7.1.4　影子图像(二)

图 7.1.5　影子图像(三)

图 7.1.6　影子图像(四)

3. 秘密图像的恢复

```
l1 = x(2) * x(3)/[(x(1) - x(2)) * (x(1) - x(3))];

l2 = x(1) * x(3)/[(x(2) - x(1)) * (x(2) - x(3))];

l3 = x(1) * x(2)/[(x(3) - x(1)) * (x(3) - x(2))];
rr1 = zeros(m,n);
r = zeros(m,n);
for j = 1:m * n
rr1(j) = mod(yy1(j) * l1 + yy2(j) * l2 + yy3(j) * l3,251);  % 恢复出每个像素的值
end
r = uint8(rr1 - 1);
figure,imshow(r);      % 显示恢复的图像
```

图 7.1.7　恢复图像

恢复图像如图 7.1.7 所示。

图像处理结果如图 7.1.3～图 7.1.6 所示,其中,图 7.1.3～图 7.1.6 为子秘密图像,图 7.1.7 为恢复图像,当 x 分别取值 1、2、3、4 时,对应得到的影子图像 1、2、3、4 都是一些杂乱无章的图像,从中得不到除图像大小外任何关于原秘密图像的信息,把它们作为子秘密分发给 4 个参与者是可行的。此实例展示的是一个 (3,4) 门限的可视密码共享,当 3 张分存图像或多于 3 张分存时图像可以恢复出原图像,但是少于 3 张却不能恢复出原始图像。

7.2　实例:数字图像置乱技术

所谓"置乱",就是将图像的信息次序打乱,a 像素移动到 b 像素位置上,b 像素移动到 c 像素位置上,……,使其变换成杂乱无章难以辨认的图片。

数字图像置乱技术属于加密技术,是指发送方借助数学或其他领域的技术,对一幅有意义的数字图像做变换,使之变成一幅杂乱无章的图像用于传输。在图像传输过程中,它通过对图像像素矩阵的重排,破坏了图像矩阵的相关性,使非法截获者无法从杂乱无章的图像中获得原图像信息,以此实现信息的加密,达到安全传输图像的目的。接收方经去乱解密可恢复原图像。

7.2.1　图像置乱原理

图像置乱的实质是破坏相邻像素点间的相关性,使图像"面目全非",看上去如同一幅没有意义的噪声图像。单纯使用位置空间的变换来置乱图像时,像素的灰度值不会改变,直方图不变,只是几何位置发生了变换。置乱算法的实现过程可以看作是构造映射的过程,该映射是原图的置乱图像的一一映射;如果重复使用此映射,则构成了多次迭代置乱。

假设原始图像为 A_0,映射关系用字母 σ 表示,得到的置乱图像为 A_1,则原图到置乱图像的关系,可简单地表示为:

$$A_0 \xrightarrow{\sigma} A_1$$

置乱映射 σ 元素存在两种形式:一种是序号形式,用 $(i*\text{width}+j)$ 表示图像中像素的排列序号,其中的 width 为矩阵的宽度;另一种是坐标形式,(i,j) 表示第 i 行第 j 列。其中,从 A_0 映射到 A_1 的对应的置乱映射 σ 就可表示成下式的形式:

$$\sigma = \begin{bmatrix} 14 & 6 & 8 & 4 \\ 9 & 11 & 15 & 1 \\ 10 & 13 & 0 & 2 \\ 7 & 3 & 5 & 12 \end{bmatrix} \text{ 或者 } \begin{bmatrix} (3,2) & (1,2) & (2,0) & (1,0) \\ (2,1) & (2,3) & (3,3) & (0,1) \\ (2,2) & (3,1) & (0,0) & (0,2) \\ (1,3) & (0,3) & (1,1) & (3,0) \end{bmatrix} \quad (7.2.1)$$

映射 σ 元素表示原图中相应于 σ 变换的坐标位置上的元素,置乱后的新图像中所对应的位置坐标,即置乱后的位置重新排列,或是对应坐标的 σ 变换得到新的置乱图像。

比如下式 A_0 中坐标为 $(0,1)$ 的像素点 a_{01} 经过映射 σ 变换,即对原图像中的 $(0,1)$ 坐标上的像素点进行 $(1,2)$ 变换。换句话说就是把 a_{01} 进行位置变化,变换到 A_1 中的 $(1,2)$ 位置上,使之成为置乱后的图像中 $(1,2)$ 坐标上的像素点。同理,对 A_0 中 $(2,3)$ 坐标上的像素点 a_{23} 进行置乱变换,即对应于 σ 变换映射矩阵中的 $(0,2)$ 变换,使得最后变换的结果变成置乱后的图像中 $(0,2)$ 坐标位置上的像素点。应用这样的计算公式,对原图进行图像置乱一次,因而使得原图中每个像素点相对于原来的位置发生了改变,最终得到置乱图像 A_1。

$$A_0 = \begin{bmatrix} a_{00} & a_{01} & a_{02} & a_{03} \\ a_{10} & a_{11} & a_{12} & a_{13} \\ a_{20} & a_{21} & a_{22} & a_{23} \\ a_{30} & a_{31} & a_{32} & a_{33} \end{bmatrix} \xrightarrow{\sigma = \begin{bmatrix} (3,2) & (1,2) & (2,0) & (1,0) \\ (2,1) & (2,3) & (3,3) & (0,1) \\ (2,2) & (3,1) & (0,0) & (0,2) \\ (1,3) & (0,3) & (1,1) & (3,0) \end{bmatrix}} A_1$$

$$= \begin{bmatrix} a_{22} & a_{13} & a_{23} & a_{31} \\ a_{03} & a_{32} & a_{01} & a_{30} \\ a_{02} & a_{10} & a_{20} & a_{11} \\ a_{33} & a_{21} & a_{00} & a_{12} \end{bmatrix} \quad (7.2.2)$$

也可以写成经过一次置乱变换的结果:

$$A_1 = \begin{bmatrix} a_{22}^1 & a_{13}^1 & a_{23}^1 & a_{31}^1 \\ a_{03}^1 & a_{32}^1 & a_{01}^1 & a_{30}^1 \\ a_{02}^1 & a_{10}^1 & a_{20}^1 & a_{11}^1 \\ a_{33}^1 & a_{21}^1 & a_{00}^1 & a_{12}^1 \end{bmatrix}$$

其中,A_1 里元素的上角标代表置乱次数。应用该方法对图像 A_1 再进行一次置乱变换可得到置乱图像:

$$A_2 : A_1 \xrightarrow{\sigma} A_2 = \begin{bmatrix} a_{20}^2 & a_{30}^2 & a_{11}^2 & a_{21}^2 \\ a_{31}^2 & a_{00}^2 & a_{13}^2 & a_{33}^2 \\ a_{23}^2 & a_{03}^2 & a_{02}^2 & a_{32}^2 \\ a_{12}^2 & a_{10}^2 & a_{22}^2 & a_{01}^2 \end{bmatrix}$$

因此,使用置乱映射 σ 进行迭代置乱,原图 A_0 应用映射 σ 迭代适当的次数 n 后能够得到理想置乱图像 A_n,或称为 A。不同的映射 σ 关系对应于不同的置乱结果,但每种置乱映射关系都有自己的优缺点,不同的情况会有不同作用,因情况而定。根据映射

矩阵 σ 的逆变换,即在映射 σ 置乱变换的基础上再进行 σ^{-1} 变换,使得处理图像恢复原状。相应的对 A 应用逆置乱映射,还原得到原始图像 A_0:

$$A \xrightarrow{\sigma^{-1}} A_0。$$

7.2.2　Arnold 变换及应用

Arnold 变换又称猫脸变换,设想在平面单位正方形内绘制一个猫脸图像,通过下述变换,猫脸图像将由清晰变得模糊。矩阵表示即为:

$$\begin{pmatrix} x' \\ y' \end{pmatrix} = \begin{pmatrix} 1 & 1 \\ 1 & 2 \end{pmatrix} \begin{pmatrix} x \\ y \end{pmatrix} \bmod(N) \tag{7.2.3}$$

(x',y') 是图像中 (x,y) 的像素变换后的新的位置。反复进行此变换即可得到置乱的图像。

若已知图像 $A_0 = \begin{bmatrix} 215 & 186 \\ 87 & 169 \end{bmatrix}$,应用上述 Arnold 变换算法计算 A_0 经过一次 Arnold 变换后的图像 A_1。

已知 Arnold 变换矩阵:$\begin{pmatrix} x' \\ y' \end{pmatrix} = \begin{pmatrix} 1 & 1 \\ 1 & 2 \end{pmatrix} \begin{pmatrix} x \\ y \end{pmatrix} \bmod(N)$。

$N=2$,$A_0 = \begin{bmatrix} m_{00} & m_{01} \\ m_{10} & m_{11} \end{bmatrix} = \begin{bmatrix} 215 & 186 \\ 87 & 169 \end{bmatrix}$,$\begin{pmatrix} 1 & 1 \\ 1 & 2 \end{pmatrix} \begin{pmatrix} 0 \\ 1 \end{pmatrix} \bmod(2) = \begin{pmatrix} 1 \\ 0 \end{pmatrix} = m_{10}^1 = m_{01}$,

$\begin{pmatrix} 1 & 1 \\ 1 & 2 \end{pmatrix} \begin{pmatrix} 1 \\ 0 \end{pmatrix} \bmod(2) = \begin{pmatrix} 1 \\ 1 \end{pmatrix} = m_{11}^1 = m_{10}$,$\begin{pmatrix} 1 & 1 \\ 1 & 2 \end{pmatrix} \begin{pmatrix} 0 \\ 0 \end{pmatrix} \bmod(2) = \begin{pmatrix} 0 \\ 0 \end{pmatrix} = m_{00}^1 = m_{00}$,

$\begin{pmatrix} 1 & 1 \\ 1 & 2 \end{pmatrix} \begin{pmatrix} 1 \\ 1 \end{pmatrix} \bmod(2) = \begin{pmatrix} 2 \\ 3 \end{pmatrix} \bmod(2) = \begin{pmatrix} 0 \\ 1 \end{pmatrix} = m_{01}^1 = m_{11}$,$A_1 = \begin{bmatrix} m_{00}^1 & m_{01}^1 \\ m_{10}^1 & m_{11}^1 \end{bmatrix}$。

所以,得到一次 Arnold 变换后的置乱图像:

$$A_1 = \begin{bmatrix} m_{00}^1 & m_{01}^1 \\ m_{10}^1 & m_{11}^1 \end{bmatrix} = \begin{bmatrix} m_{00} & m_{11} \\ m_{01} & m_{10} \end{bmatrix} = \begin{bmatrix} 215 & 169 \\ 186 & 87 \end{bmatrix}$$

图像的二维 Arnold 变换实现像素位置的置乱。Arnold 算法实质就是对原图像中的每一个像素点的坐标进行变换,即应用参考映射矩阵 $\begin{pmatrix} 1 & 1 \\ 1 & 2 \end{pmatrix}$ 对坐标相乘,再与图像矩阵的宽度进行模除,最终得到置乱后图像的坐标位置。所以,经过 Arnold 变换处理的图像的灰度直方图与原图一样。下面以 380×380 的 zhiwu 图像进行 10 次、50 次、90 次置乱之后的图像,在 90 次置乱后,又回到原始图像,如图 7.2.1 所示。

用 MATLAB 实现 Arnold 变换的程序如下:

```
function [ Arnold ]
i = imread('zhiwu.jpg'); % 进行 Arnold 变换的原始图片
k = imresize(i,[380,380]); % 图片尺寸变换为 380×380 的
j = rgb2gray(k); % 图片进行灰度化处理
```

(a)原图　　　　(b)10次置乱　　　　(c)50次置乱　　　　(d)90次置乱

图 7.2.1　Arnold 算法置乱图片

```
subplot(1,4,1),imshow(j),title('原始图片')
size_j = size(j);
q = size_j;
for t = 1:10
for a = 1:q
for b = 1:q
h(mod(a + b,q) + 1,mod(a + 2 * b,q) + 1) = j(a,b);%进行矩阵变换
end
end
j = h;
end
subplot(1,4,2),imshow(j),title('10 次置乱图片')%输出 10 次置乱图片
for t = 1:40
for a = 1:q
for b = 1:q
h(mod(a + b,q) + 1,mod(a + 2 * b,q) + 1) = j(a,b);
end
end
j = h;
end
subplot(1,4,3),imshow(j),title('50 次置乱图片')
for t = 1:40
for a = 1:q
for b = 1:q
h(mod(a + b,q) + 1,mod(a + 2 * b,q) + 1) = j(a,b);
end
end
j = h;
end
subplot(1,4,4),imshow(j),title('90 次置乱图片')%输出一个变换周期后的图片
```

　　数字图像经过 Arnold 变换后变得混乱不堪,继续使用 Arnold 变换若干次后会呈现与原图一样的图片,说明 Arnold 变换具有周期性。置乱变换的周期性变换性质对于

研究图像的恢复有积极的作用。

由于 Arnold 变换具有周期性,不同大小的图像经过一定的迭代变换就可以恢复到原始图像。表 7.2.1 是不同阶数下的图像迭代恢复到原始图像的周期 m_N。

表 7.2.1 各种大小为 $N \times N$ 的图像的二维 Arnold 变换周期

N	2	3	4	5	6	7	8	9	10	11	12	16	24	25
周期	3	4	3	10	12	8	6	12	30	5	12	12	12	50
N	32	40	48	49	56	60	64	100	120	125	128	256	380	450
周期	24	30	12	56	24	60	48	150	60	250	96	192	90	300

7.2.3 Arnold 反变换及图像恢复

Arnold 变换具有周期性,当迭代到某一步时将重复得到原始图像。传统的 Arnold 变换的图像恢复是利用 Arnold 变换的周期性。根据表 7.2.1 可以知道,不同尺寸的图像进行 Arnold 置乱变换的周期也会不同。正如例题给出的图像矩阵 $A_0 = \begin{bmatrix} 215 & 186 \\ 87 & 169 \end{bmatrix}$,经过一次 Arnold 变换得到 $A_1 = \begin{bmatrix} 215 & 169 \\ 186 & 87 \end{bmatrix}$,再经过一次置乱得到 $A_2 = \begin{bmatrix} 215 & 87 \\ 169 & 186 \end{bmatrix}$,$A_0$ 经过 3 次 Arnold 置乱得到 $A_3 = \begin{bmatrix} 215 & 186 \\ 87 & 169 \end{bmatrix}$,恢复到原始图像 A_0,所以得到尺寸大小为 2×2 的图像的置乱周期为 3。

根据表 7.2.1 可知,不同尺寸的图像对应不同的周期。由图 7.2.2 参考表 7.2.1 可使 256×256 的 *zhiwu* 图像进行置乱与恢复(表 7.2.1 可得图像大小为 256×256 的周期为 192)。

(a) 原图   (b) 置乱192次后的图像

图 7.2.2 传统 Arnold 置乱的图像恢复

用 *MATLAB* 实现 *Arnold* 逆变换的程序如下:

```
i = imread('zhiwu.jpg');%进行 Arnold 变换的原始图像
k = imresize(i,[256,256]);%图片尺寸变换为 256×256
```

```
j = rgb2gray(k); % 图片进行灰度化处理
subplot(1,2,1),imshow(j),title('原始图片')
size_j = size(j);
q = size_j;
for t = 1:2
for a = 1:q
for b = 1:q
h(mod(a + b − 2,q) + 1,mod(a + 2 * b − 3,q) + 1) = j(a,b); % 进行矩阵变换
end
end
j = h;
end
for t = 1:40
for a = 1:q
for b = 1:q
h(mod(a + b − 2,q) + 1,mod(a + 2 * b − 3,q) + 1) = j(a,b);
end
end
j = h;
end
for t = 1:50
for a = 1:q
for b = 1:q
h(mod(a + b − 2,q) + 1,mod(a + 2 * b − 3,q) + 1) = j(a,b);
end
end
j = h;
end
for t = 1:50
for a = 1:q
for b = 1:q
h(mod(a + b − 2,q) + 1,mod(a + 2 * b − 3,q) + 1) = j(a,b);
end
end
j = h;
end
for t = 1:50
for a = 1:q
for b = 1:q
h(mod(a + b − 2,q) + 1,mod(a + 2 * b − 3,q) + 1) = j(a,b);
end
end
j = h;
```

end

subplot(1,2,2),imshow(j),title('192 次置乱图片')% 输出一个变换周期后的图像

观察表 7.2.1,Arnold 变换的周期与图像大小相关,但并不成正比关系。例如,对于 128×128 的数字图像,它的置乱周期为 96,即原图要经过 96 次 Arnold 变换之后才能恢复原图。如果原图已经经过了 30 次 Arnold 置乱,那么,只须再进行(96 − 30)次即 66 次 Arnold 变换便可恢复原图;对于已经置乱了 200 次的图像,要想恢复原图,需要变换的次数为 $96 - (200 \bmod 96) = 88$。

利用周期性进行置乱恢复,方法简单、便于理解和实现。但是必须知道图像的大小才能计算出 Arnold 变换的周期。下面命题引出了 Arnold 逆变换式,无须知道变换的周期,直接根据置乱次数即可恢复出原图像。

对于变换式(7.2.3)的矩阵 $\boldsymbol{A}$,如果用逆矩阵 $\boldsymbol{A}^{-1} = \begin{bmatrix} 2 & -1 \\ -1 & 1 \end{bmatrix}$ 替代,即变成如下变换:

$$\begin{bmatrix} x' \\ y' \end{bmatrix} = \begin{bmatrix} 2 & -1 \\ -1 & 1 \end{bmatrix} \begin{bmatrix} x \\ y \end{bmatrix} \tag{7.2.4}$$

式(7.2.4)与 Arnold 变换式(7.2.3)周期相同,如果把置乱图像当成输入,则式(7.2.4)可以作为 Arnold 逆变换式。其实,Arnold 变换置乱与其逆变换方法是一样的,只是其中的映射矩阵不同,其使用方法是一样的。由此式可以通过迭代恢复原图,无须计算变换的周期数,与周期无关。但是,如果置乱次数很大,同样会增加逆运算的运算量。所以应根据具体情况选择恢复算法,不能一概而论。对于置乱次数小的图像,可以采用 Arnold 逆变换。通过 Arnold 逆变换算法对置乱图像进行恢复,程序运行后得到图 7.2.3 所示结果。

(a) 置乱图片　　　　　　　　　　　(b)置乱恢复

图 7.2.3　应用 Arnold 逆算法恢复原图

由图 7.2.3 可以看出,置乱图像应用 Arnold 逆算法解密后能够顺利恢复出原始图像。从以上置乱方法来看,图像置乱只是使图像中的像素位置发生了改变,从而使一幅有意义的图像变成了一幅"杂乱无章"的图像。重要的是,这种变换一定要有周期性,从而可以保证置乱图像的还原;如果不能保证图像置乱后还原,合法用户也不能提取原有

的秘密信息,则图像置乱就失去了原有的意义。还有很多经典的图像置乱方法,比如图像分存、根据混沌理论的图像置乱算法、离散余弦变换等。

7.3　实例:图像数字水印技术

数字水印技术的出现为多媒体版权保护提供了一种有效的方法,用信号处理的办法在原始信息中嵌入特定的信息即水印信息(嵌入的水印可以是标明作者身份的、版权所有者自己拟定的信息或者其他的水印信息),然后,在主观观察质量上没有很明显的下降。水印的提取也有专门的方法,用特定的水印检测方法提取嵌入到原始信息中的水印信息,就可以得到相关的版权信息,对该水印信息进行分析就可以判断数字产品的复制和传播是否合法,从而对该信息的版权进行保护。数字水印技术已经成为一个重要的保护数字产品版权的方法。

根据水印嵌入方法的不同,数字图像水印算法一般分为空域算法和变换域算法。在空域算法中,通过改变图像的像素值直接将水印图像的像素点嵌入到原始图像中,而变换域算法中,在原始图像变换域系数中的特定区域嵌入相应强度的水印系数。水印的提取就是嵌入的逆过程,按是否需要使用原始图像,数字水印系统分为盲水印算法和非盲水印算法,其中,盲水印算法具有很好的实用性,而非盲水印算法具有更好的鲁棒性。

7.3.1　数字水印的嵌入及应用

对水印进行预处理即使用置乱技术将水印信息置乱,得到一幅完全杂乱无章的图像,这样可以提高水印信号的安全性,增强水印抵抗恶意攻击的能力。本书采用比较常用的 Arnold 变换。

由离线余弦变换的性质可知,图像经过二维离散余弦变换之后,图像的大部分能量都集中在变换域的中低频部分。一方面因为人眼视觉系统对 DCT 系数的低频部分也较为敏感。因此一般来说,水印信息不能叠加在这部分能量中;另一方面,高频系数在进行图像压缩时很容易丢掉。所以,一般将水印加在变换域系数矩阵的低频接近中频系数的区域。为了适应图像的压缩方式,在嵌入水印之前通常先对图像进行 8×8 大小的分块。

【例 7.3.1】　举例说明水印嵌入的过程。

图 7.3.1 给出了数字水印嵌入流程图。下面以一幅 512×512 大小的 lena 灰度图像和 64×64 大小的水印灰度图像为例说明水印嵌入的具体步骤:

第一步,对 512×512 的原始图像 I 系数矩阵分成 8×8 大小的块,则原图一共被分成 64×64 块。对每个块进行二维离散余弦变换。

第二步,原图就变成了 64×64 个 8×8 大小的系数矩阵,正好 64×64 大小的水印图像 J 中矩阵的每个系数对应于原始图像的每个块,水印的嵌入利用公式:$F'(u,v) = F(u,v) + aw(i)$。其中,$F(u,v)$ 为原始图象的 DCT 系数,a 为嵌入强度,$w(i)(i=1,$

$2,3\cdots$)是每点的水印像素。

第三步,对这 64×64 块嵌入水印信息的矩阵做二维 DCT 逆变换,再合并成一个整图,就得到了嵌入水印后的图像。

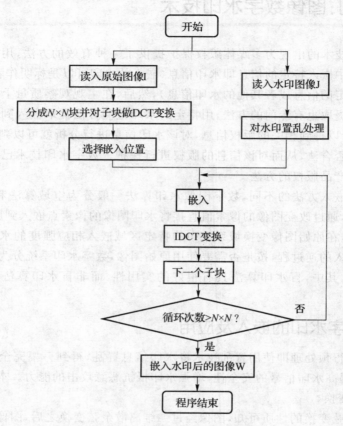

图 7.3.1 数字水印嵌入流程

用 MATLAB 实现数字水印嵌入的程序如下:

```
%读入原始图像和水印图像并显示
I = imread('lena512.jpg');
figure(1);
subplot(2,2,1);
imshow(I);
title('原始图像');
J = imread('xiaohui64.jpg');
subplot(2,2,2);
imshow(J);
title('水印图像');
%对水印图像进行 arnold 置乱预处理
H = double(J);
```

```
tempImg = H;  % 图像矩阵赋给 tempImg
for n = 1:5    % 置乱次数
for u = 1:64
for v = 1:64
temp = tempImg(u,v);
ax = mod((u - 1) + (v - 1),64) + 1;% 新像素行位置
ay = mod((u - 1) + 2 * (v - 1),64) + 1;% 新像素列位置
outImg(ax,ay) = temp;
end
end
tempImg = outImg;
end
G = uint8(outImg);% 得到置乱后的水印图像
% 嵌入水印
for p = 1:64
for q = 1:64          % p,q 都是 1~64,是因为有 64×64 个 8×8 的块,每次循环处理一个块
BLOCK1 = I(((p - 1) * 8 + 1):p * 8,((q - 1) * 8 + 1):q * 8);   % 每个 8×8 的块
BLOCK1 = dct2(BLOCK1);                              % 做 2 维的 DCT 变换
BLOCK1(4,5) = BLOCK1(4,5) + 0.2 * G(p,q);% 在每块 DCT 系数的 4 行 5 列处嵌入水印,系数可调
W(((p - 1) * 8 + 1):p * 8,((q - 1) * 8 + 1):q * 8) = idct2(BLOCK1);% 做 DCT 反变换
end
end
% 显示嵌入水印后的图像
imwrite(uint8(W),'lena_mark.jpg','jpg');
subplot(2,2,3);
imshow('lena_mark.jpg');
title('嵌入水印后的图像');
```

图 7.3.2 和图 7.3.3 分别给出原始图像和水印图像,图 7.3.4 为嵌入水印图像后的图像。实验发现,随着嵌入强度的增大,嵌入水印后的图像效果也越来越不好。

图 7.3.2　原始图像

图 7.3.3　水印图像

（a）a=0.05　　　　　（b）a=0.2　　　　　（c）a=0.8

图 7.3.4　嵌入水印后的图像随嵌入强度改变的效果图

水印系统鲁棒性是指数字水印应该具有能够抵抗一般图像攻击的能力,比如水印图像在经历剪切噪声等各种攻击后仍能较完好地保存水印信息;不可见性是指嵌入水印后的图像在视觉质量上不应该有下降,即人眼无法看出水印的存在,也称作透明性。当选择水印图像嵌入时,原始图像和水印图像的大小对整个水印系统的不可见性和稳健性都有一定的关系。在进行图像水印信息隐藏的研究中,水印的透明性和稳健性之间肯定是一对相互矛盾,无论哪种方案,每种水印算法普遍都是透明性和稳健性的折中。

7.3.2　数字水印的提取

水印的提取是根据水印的嵌入策略执行相应的逆过程来提取水印。因此,在水印提取过程中,只须将嵌入水印后的图像块经 DCT 变换后的系数减去相应强度的水印信息就可以提取出嵌入该块的水印信息,再对所有块提取出来的水印信息进行反置乱就得到提取出来的水印图像。

水印提取的具体步骤如下:

第一步,读入嵌入水印后的图像 W 和原始水印图像 I。

第二步,分别对 W 和 I 进行分块 DCT 变换,得到每个块的系数矩阵。

第三步,对每个 8×8 块的中频系数位置上,利用公式 $w(i)=\dfrac{F'(u,v)-F(u,v)}{a}$

计算出每一块的水印信息,合并成一个整图,就得到了提取出来的水印图像,流程如图 7.3.5 所示。

用 MATLAB 实现数字水印提取的程序如下:

```
% 水印提取关键源码
for p = 1:64
for q = 1:64
BLOCK1 = W(((p-1)*8+1):p*8,((q-1)*8+1):q*8);
BLOCK2 = I(((p-1)*8+1):p*8,((q-1)*8+1):q*8);
BLOCK1 = dct2(BLOCK1);
```

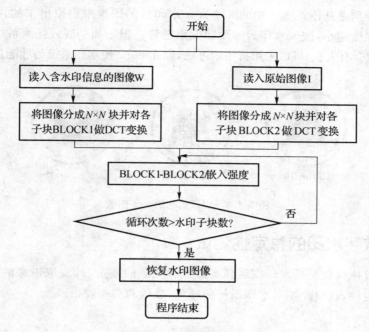

图 7.3.5　水印提取流程

```
BLOCK2 = dct2(BLOCK2);
Y(p,q) = (BLOCK1(4,5) - BLOCK2(4,5))/0.2;
end
end
% 对水印进行 arnold 反置乱
for n = 1:43  % 循环次数为 48 - 5
for u = 1:64
for v = 1:64
temp1 = Y(u,v);
bx = mod((u - 1) + (v - 1),64) + 1;
by = mod((u - 1) + 2 * (v - 1),64) + 1;
outImg1(bx,by) = temp1;
end
end
Y = outImg1;
end
% 显示提取出来的水印图像
imwrite(uint8(Y),'watermark.jpg','jpg');
subplot(2,2,4);
imshow('watermark.jpg');
title('提取出来的水印图像');
```

由仿真实验得到提取出来的水印图像如图 7.3.6 所示,其中,a 表示嵌入强度,3

个水印图像分别是从图 7.3.4 中的 3 个嵌入水印后的图像中提取出来的,前面已经提到水印嵌入强度越小,嵌入水印后的图像效果越好。但是如果嵌入强度系数太小,提取出来的水印就会有失真,可以采用折中的办法,即 $a=0.2$ 使水印系统的性能达到最佳。

(a) a=0.05　　　　(b) a=0.2　　　　(c) a=0.8

图 7.3.6　提取出来的水印图像

7.3.3　数字水印的稳定性测试

水印的鲁棒性就是指水印在遇到有意或者无意的攻击时,提取出来的水印仍能保持一定的稳定性,这里介绍对水印系统的噪声、放缩和剪切攻击。

1. 抗噪声测试

噪声是信号处理中不可避免的负面因素,图像处理作为数字信号处理的一种,也必须考虑噪声所带来的负面影响。本书中的抗噪声测试主要从椒盐噪声和高斯噪声这两种图像处理中最常见的噪声来研究。

椒盐噪声主要是由于自然界中存在的干扰源引起的,进行椒盐噪声测试时运用MATLAB 图像工具箱中的 imnoise 函数,函数格式为 imnoise(W,'salt & pepper',p)。其中,p 是参数,用来模拟受到轻度和重度椒盐噪声影响的情况,轻度噪声测试时的参数 p 取 0.02,重度噪声测试时的参数 p 取为 0.25。图 7.3.7 和图 7.3.8 所示图像为嵌入水印后的图像中分别加入轻度椒盐噪声和重度椒盐噪声的测试结果。

图 7.3.7　抗轻度椒盐噪声测试图　　　图 7.3.8　抗重度椒盐噪声测试

加入高斯噪声的函数格式为 imnoise(W,'gaussian',p,q)，即将均值为 p，方差为 q 的高斯噪声添加到图像 W 中。

图 7.3.9 和图 7.3.10 是在嵌入水印后的图像中分别加入轻度高斯噪声和重度高斯噪声的测试结果，噪声强度分别为为 0.01、0.01 和 0.1、0.1，模拟高斯噪声干扰。

由实验可以看出，随着噪声强度的增加，图像变得越来越模糊。噪声强度越大，提取出的水印失真也越来越严重，但本实验在重度噪声影响的情况下水印仍然可以分辨。

图 7.3.9　抗轻度高斯噪声测试图　　　　图 7.3.10　抗重度高斯噪声测试

2. 抗缩放测试

在缩放实验中，在 MATLAB 中用函数 imresize 来实现对水印图像的放大或缩小。该函数的用法为 imresize(W,[m n],method)，其中参数 m、n 指图像矩阵的行和列，method 用于指定插值的方法，可选的值为 nearest(最近邻法)、bicubic(双三次插值)和 bilinear(双线形插值)，默认值为 nearest[20]。

图 7.3.11 和图 7.3.12 是对水印图像进行放大 1/4 和缩小 1/4 后的图像和水印的检测结果。不过，不能将图像放大太多，实验证明放大 2 倍以上图像会严重失真，提取水印质量将急剧下降，甚至连水印识别也会变得困难。

图 7.3.11　抗缩小测试　　　　　　图 7.3.12　抗放大测试

3. 抗剪切测试

　　对图像进行剪切也是攻击水印常用的一种手段,图 7.3.13 是嵌入水印后的图像经过不规则剪切或不同程度的剪切后提取水印的过程。在实验中,为了保证剪切后的图像与原始图像大小相同,对减掉的部分进行了相应的填充。实验结果说明,连续剪切掉部分图像后恢复出来的水印仍具有一定的完整性,只是剪切掉得越多,水印越不明显,但可以看出水印的轮廓。

图 7.3.13　剪切实验测试结果

第**8**章

数字图像处理在识别领域中的应用

　　数字图像识别技术是利用计算机对图像进行处理、分析和理解,以识别各种不同模式的目标和图像的技术。在图像识别中,既要有当时进入传感器官的信息,也要有记忆中存储的信息。只有通过存储的信息与当前的信息进行比较的加工过程,才能实现对图像的再认。图像识别是立体视觉、运动分析、数据融合等实用技术的基础,是从数字图像处理技术中延伸出来的一个重要的研究方向。随着计算机技术与信息技术的发展,图像处理在导航、地图与地形配准、自然资源分析、天气预报、环境监测、生理病变研究等许多领域获得了越来越广泛的应用,图像识别技术越来越多地渗透到我们的日常生活中。

　　本章以红外图像识别、麦田杂草图像识别、指纹考勤仪的算法实现等典型识别技术为例,讲述数字图像处理在识别领域中的应用。

8.1　实例:红外图像识别技术

　　红外图像的目标识别技术近年来发展较快,且在很多领域都获得了广泛应用。图像识别的主要工作就是提取所拍摄目标的图像进行分析,从中分离出目标,提取其有效的特征并进行识别。本节以飞机的红外图像识别为例,对红外图像识别进行介绍。

　　飞机红外图像识别主要是利用图像匹配技术,将待识别飞机与模板飞机进行比较来判断飞机类型;其具体方法是根据红外图像自身特点提取 5 个红外特征组成特征向量,之后通过比较待识别飞机红外特征向量与模板飞机红外特征向量的距离来进行机型的判别。

8.1.1　飞机红外图像分割

　　对飞机红外图像的分割是采用一种基于最大类间方差法的自适应阈值图像分割方法,用分割出的目标区域和背景区域的灰度统计量,判断是否得到正确的分割。

　　对将一幅大小为 $M \times N$ 的图像,设其灰度范围为 $\{0, 1, \cdots, l-1\}$,灰度为 i 的像素

个数为 n_i,图像总的像素数为:

$$N = n_0 + n_1 + \cdots + n_i + \cdots + n_{l-1} \tag{8.1.1}$$

灰度为 i 的像素出现的概率为:

$$p_i = n_i/N, p_i \geqslant 0, \sum_{i=0}^{l-1} p_i = 1 \tag{8.1.2}$$

选取门限 t,将图像划分为 C_1 暗区和 C_2 亮区两类,$C_1:\{0,1,\cdots,t\}$;$C_1:\{t+1,t+2,\cdots,l-1\}$。$C_1$ 类和 C_2 类出现的概率分别为:

$$P_1(t) = \sum_{i=0}^{t} p_i, P_2(t) = \sum_{i=t+1}^{l-1} p_i \tag{8.1.3}$$

其均值分别为:

$$\mu_1(t) = \sum_{i=0}^{t} ip_i/P_1(t), \mu_2(t) = \sum_{i=t+1}^{l-1} ip_i/P_2(t) \tag{8.1.4}$$

图像的总体灰度均值为:

$$\mu_T = \sum_{i=0}^{l-1} ip_i \tag{8.1.5}$$

按模式识别理论求出 C_1 和 C_2 类的类间方差为:

$$\sigma_b^2(t) = P_1(t)[\mu_1(t) - \mu_T]^2 + P_2(t)[\mu_2(t) - \mu_T]^2 \tag{8.1.6}$$

以此作为衡量分割出的类别性能的测量准则,则求 $\sigma_b^2(t)$ 最大值的过程即为自动确定最佳阈值的过程,因此,最佳阈值为:

$$t^* = \arg\max_{0 < t < l-1} \sigma_b^2(t) \tag{8.1.7}$$

对红外目标而言,当目标较小时,它的灰度信息在整幅图中所占比例较小,如果用整幅图的灰度直方图确定分割最佳阈值,则不能将目标与背景很好地分开。为了得到好的分割效果,必须使目标的灰度信息在待分割直方图中所占比例增大,最简单直接的方法就是将整幅图像进行分块,在每一个均等的子块中,目标的灰度信息量就会增大,之后采用最大类间方差法进行分割。但这种方法存在以下缺点:①目标被分成子块处理时会出现明显的块状效应;②如果分割出来的子块中几乎全部是目标或全部是背景,则分割效果将很难让人满意。为此,我们将分割出的目标和背景的灰度统计量作为判断准则,之后对图像的灰度直方图进行多次分割从而获得最佳的阈值。

在对原始图像采用最大类间方差法进行分割时,如果目标的灰度值比背景灰度值高,则原始图像的灰度直方图中高于阈值的部分可看作是目标区域的灰度统计直方图。当一幅图像中只有目标和背景时,其灰度直方图可看作目标与背景像素灰度混合分布的概率密度函数,且其混合分布的两个分量 $p(i,1)$、$p(i,2)$ 认为是正态分布,对应的均值、方差、先验概率分布记为 μ_1、μ_2、σ_1、σ_2、P_1、P_2。其中 μ_1、μ_2 由式(8.1.4)给出,σ_1、σ_2 分别为:

$$\sigma_1(t) = \left\{ \sum_{i=0}^{t} [i - \mu_1(t)^2]^2 P_i / \sum_{i=0}^{t} P_i \right\}^{1/2} \tag{8.1.8}$$

$$\sigma_2(t) = \left\{ \sum_{i=t+1}^{l-1} [i - \mu_2(t)^2]^2 P_i / \sum_{i=t+1}^{l-1} P_i \right\}^{1/2} \tag{8.1.9}$$

当满足：

$$\mu_2 - \mu_1 > \alpha(\sigma_1 + \sigma_2) \tag{8.1.10}$$

时，认为目标与背景灰度分布分得足够开，式中参数 α 一般在 2～3 之间选取，具体的要依据目标背景在图像中的灰度分布特性而定。

当选取某一阈值对图像分割时，若分割出的两部分的灰度分布均值和标准差满足式(8.1.10)，则认为该阈值能够较好地将目标和背景分开；如果不能满足式(8.1.10)，则认为该阈值不能将目标分割出来，需要对分割出的目标区域进行进一步分割，如此一步一步分割下去后，目标信息会占据越来越大的比例，从而获得正确的分割结果。

以下是图像分割的 MATLAB 程序：

```
function Iout = threshold(I)
% I = imread('rootpath'); % 单独运行该子程序时用，读入指定路径的图像
% 求图像的灰度直方图 H
s = size(I);
S = s(1) * s(2); % 图像 I 的像素点个数 S
H = zeros(1,256);
for m = 1:S
    i = I(m) + 1;
    H(i) = H(i) + 1;
end
figure(1)
bar(H)
title('直方图')
% 单独运行该子程序时用到如下 4 行注释
% figure(2)
% subplot(1,2,1)
% imshow(I,[])
% title('处理前')
% 最大类间方差法求最佳阈值
Gtemp = 0;
G = zeros(1,256);
level = 0;
for t = 0:255
    N0 = 0;N1 = 0;
    H0 = 0;H1 = 0;
% 1. 求目标、背景点数占图像比及平均灰度
    for j = 1:256
        if (j-1) <= t
            N0 = N0 + H(j);
            H0 = H0 + H(j) * j;
        else
            N1 = N1 + H(j);
```

```
            H1 = H1 + H(j) * j;
        end
    end
    W0 = N0/S;    % 目标点数占图像比
    W1 = 1 - W0;    % 背景点数占图像比
    U0 = H0/N0;    % 目标平均灰度
    U1 = H1/N1;    % 背景平均灰度
    U = W0 * U0 + W1 * U1;    % 总平均灰度
    G(t + 1) = W0 * (U0 - U)^2 + W1 * (U1 - U)^2;    % 类间方差值
% 2. 遍历求出最大类间方差值时的 t
    if G(t + 1) > = Gtemp
        Gtemp = G(t + 1);
        level = t;    % 阈值 level
    end
end
% 根据阈值二值法分割
for i = 1:S
    if I(i) < = level
        I(i) = 255;
    else
        I(i) = 0;
    end
end
Iout = I;
% 单独运行该子程序时用
% subplot(1,2,2)
% imshow(I,[])
% title('处理后')
```

图 8.1.1 是对 3 种飞机红外图像采用自适应阈值法进行图像分割的结果。

8.1.2 飞机红外图像特征提取

目标红外特征量选择的目的是在尽可能保留识别信息的前提下,结合使用环境对特征数目进行选择,以达到有效的识别。在特征提取时,需要对原始的特征集进行选择或转换,以构成一个新的用于识别的特征集,在保证识别精度、速度和可靠性的前提下,减少特征数目,使识别过程既快又准确,这就要求所选用的识别特征应具有很好的可分性。对于混叠、不易判别的特征应舍去;另外,需要注意的一点是所选的特征不应重复,即对相关性强的特征,由于其并没有增加更多的识别信息也应去掉。基于以上思想,提出如下 5 个红外特征量:

(1)长宽比(Length/Width):目标最小外接矩形的长度与宽度之比值

首先对图像使用边缘检测算子进行处理,将边缘提取出来转换为二值图。从矩阵

a. (1)型机分割结果

b. (2)型机分割结果

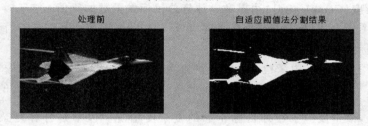

c. (3)型机分割结果

图 8.1.1　飞机红外图像自适应阈值分割结果

第一行开始扫描数据,如果没有为 1 的数据,则开始扫描第二行,直到出现第一个数据 1,记录下相应的行数(记为 r_1);从最后一行开始扫描数据,直到出现第一个 1,记下相应行数 r_2;从第一列开始扫描数据,直到出现第一个 1,记下相应列数 c_1;从最后一列开始扫描数据,直到出现第一个 1,记下相应列数为 c_2,则最小外接矩阵的长宽比为 $H_1 = \dfrac{r_2 - r_1 + 1}{c_2 - c_1 + 1}$,这个特征量反应了目标的几何形状。

以下是求该特征的 MATLAB 程序:

```
% 之后处理的图像都是经过分割的图像用 IO 表示
function   location = minrectangle(image)
Label = bwlabel(image); % 标注二值图像中的连通区域
area_num = regionprops(Label,'Area');
len_area = length(area_num);% 计算连通区域的个数
% 找出包含相应区域的最小矩形
area_bounding = regionprops(Label,'BoundingBox');
max_ind = 1;
max_num = area_num(1).Area;
```

```
for i = 1:len_area              % 找出矩形面积最大的区域
if max_num<area_num(i).Area
    max_num = area_num(i).Area;
    max_ind = i;
end
end
area = area_num(max_ind).Area;     % 目标区域面积
% 计算目标区域的长宽比
Ration = area_bounding(max_ind).BoundingBox(4)/area_bounding(max_ind).BoundingBox(3);
H = Ration;
% 给出计算之后的几个特征量所需的相关量
location = [area_bounding(max_ind).BoundingBox area Ration];
format short g, location;
```

该子程序将在红外特征向量提取函数中调用,运行结果包括红外特征向量中的第一个特征量 H_1 以及求其他特征量时所需要的相关量。

(2)复杂度(Complexity):边界像素数与总目标像素数的比值

在数字图像中,目标边缘像素点个数就等于目标边缘曲线的周长 C,而整个目标像素点即为目标区域的面积 T_area。

这里采用 Roberts 边缘检测算子得到细致的图像边缘,然后对边界像素进行统计,可得到 C 值。目标像素点个数等于前面求得的目标区域的面积,复杂度的计算公式为 $H_2 = \dfrac{C}{T\_area}$,该量反应了红外目标轮廓的复杂度情况。以下是计算复杂度的 MATLAB 程序:

```
function CM = complex1(image_BW)
A = minrectangle(image_BW);
t = A(5);
BW = edge(image_BW,'roberts');   % 检测1)中目标边缘
[x y] = find(BW>0);   % 统计边缘像素点个数
m = size(x,1);
H = m/t;   % 此处的 t 为目标总的像素点数,与前面的"area"相同
```

该子程序将在红外特征向量提取函数中调用,运行结果是红外特征向量中的 H_2。

(3)紧凑度(Compactness):目标像素数与包围目标的矩形内的像素数之间的比值

目标最小外接矩形内的像素数就等于目标的最小外接矩形的面积,由前面计算长宽比时所得的各个量可知:$R\_area = (r_2 - r_1 + 1) \times (c_2 - c_1 + 1)$;目标像素数即为目标区域面积 T_area,由此得到目标紧凑度 $H_3 = \dfrac{R\_area}{T\_area}$。以下是计算紧凑度的 MATLAB 子函数:

```
function TM = tight_measure(image_in)
A = minrectangle(image_in);   % 调用1)中求最小外接矩形的函数
```

```
T_area = A(5);%目标区域面积
R_area = A(3) * A(4);%最小外接矩形面积
H₃ = OArea/RecArea;%计算紧凑度
```

该子程序将在红外特征向量提取函数中调用,运行结果是红外特征向量中的 H。

(4)均值对比度(Mean Contrast):目标灰度均值与局部背景灰度均值之比

首先对原始图像 I_1 应用图像阈值分割方法把图像目标分割出来,保留目标区域的灰度值不变,其他区域置为零,图像记为 I_2,计算目标区域的灰度均值 T_mean;然后,$I_3 = I_1 - I_2$,I_3 即为只剩下背景的图像,原来目标的位置都为零,而背景区域灰度值不变,计算背景区域的灰度平均值 B_mean,则均值对比度为 $H_4 = \dfrac{T\_mean - B\_mean}{T\_mean}$,通过均值对比度反映了目标的物理特性与背景的物理特性之间的关系。以下是获取紧凑度与最亮点像素比值的 MATLAB 子函数:

```
function B = LightAndMean(X)
[m,n] = size(X);
vHist = imhist(X);
p = vHist(find(vHist>0))/(m * n);    %求每一不为零的灰度值的概率
c1 = sum((find(vHist>0))./p);    %求不为零的灰度值概率倒数的加权累加和 c2 = sum(ones
(size(p))./p);    %求不为零的灰度值概率倒数的累加和
th = c1/c2;          %求出灰度值的加权平均值,即为待求阈值
segImg = (X>th);
X1 = X;
for i = 1 : m
    for j = 1 : n
        if segImg(i,j) = = 0
            X1(i,j) = X1(i,j);
        else
            X1(i,j) = 0;
        end
    end
end
t1 = mean(X1);
X2 = im2double(X) - im2double(X1);
t2 = mean(X2);
%计算均值对比度
H₄ = (t1 - t2)/t1;
```

该子程序将在识别主函数中调用,运行结果是红外特征向量中的 H_4。

(5)部分最亮像素点数与目标总像素数的比值

在目标图像中找出目标的最大灰度值 Max_gray,将其值的 10% 作为阈值,在目标图像中搜索大于该阈值的像素点,并统计个数记为 T,目标总像素个数由前边已经求

得,则最亮像素点数与目标总像素数的比值计算公式为 $H_5 = \dfrac{T}{T\_area}$。以下是求该特征的 MATLAB 代码,将其与前面求均值对比度的函数放在一个子函数中:

```matlab
[m1 n1] = size(X1);
t = 1;
% 查找最亮点像素值,统计目标区域总像素数
snum = 0; pnum = 0;
for i = 1 : m1
    for j = 1 : n1
        if X1 (i,j)>0
            if  X1 (i,j)> = t
                t = X1 (i,j);
            end
            snum =   snum + 1;
        end
    end
end
% 查找满足大于最亮点像素值 10% 的点
for i = 1 : m1
    for j = 1 : n1
        if X1 (i,j)>0
            if X1 (i,j)>0.1 * t
                pnum = pnum + 1;
            end
        end
    end
end
% 计算亮度比值
H5 = pnum/snum ;
```

8.1.3 飞机红外图像识别

在识别过程中主要利用欧式距离进行判断,将待识别飞机的红外特征向量与模板飞机的红外特征向量进行比较,设定阈值(该阈值需要经过多次试验确定)来进行最终的机型判定。该部分通过一个主函数和 3 个子函数实现,以下是实现的 MATLAB 代码:

```matlab
% 识别主函数
function main(a)
clc
rootpath = '待识别图像所在路径';
I0 = imread([ rootpath '待识别. jpg']);% 读取待识别图像
```

```
If isrgb(I0)
    I0 = rgb2gray(I0);
End
I0 = threshold(I1);
b1 = character_distill(I0);  % 求红外特征量子函数
B = LightAndMean(I1);  % 亮度和均值对比度
H4 = B(1);
H5 = B(2);
b2 = [H4 H5];
b = [b1 b2];
D = Compute_ED(b);    % 判断欧氏距离子函数
% 给出与模板飞机的欧式距离
H2 = msgbox(['与模板的距离：','[',num2str(D),']']);
% 给出判断结果
if D<0.5   % 设定判断阈值
msgbox(['与模板飞机属于同种类型飞机']);
else
msgbox(['与模板飞机不是同种类型飞机']);
end
% 红外特征向量提取函数
function H = character_distill(image_BW)
A = minrectangle(image_BW);  % 最小外接矩形
TR = image_BW(A(2):A(2) + A(4) − 1,A(1):A(1) + A(3) − 1);
figure
imshow(TR)
title('检测区域确定')
H1 = A(6);
H2 = complex1(TR);  % 复杂度
H3 = tight_measure(image_BW);  % 紧凑度
H = [H1 H2 H3];
% 判断欧氏距离函数
function D = Compute_ED(H)
% 此处的特征向量为模板特征向量，需要提前设定
Hm = [0.2907   0.0918   0.3613   0.9948       0.9970];
Hd = [ Hm ; H];
D = pdist(Hd, 'euclidean');
```

识别结果：以图 8.1.2 所示飞机作为模板飞机进行测试，图 8.1.3 所示飞机为待检测的同种机型，图 8.1.4 所示飞机为待检测的不同种机型，图 8.1.5、图 8.1.6 分别表示识别出同种飞机和不同种飞机的结果。

本实验所用飞机的红外特征向量为 Hm = [0.2907 0.0918 0.3613 0.9948 0.9970]，设定检测阈值为 0.5；即当待检测机型的红外特征向量与模板飞机的红外特征向量间的欧式距离小于 0.5 时认为是同种飞机，否则认为是不同种机型。

图 8.1.2　实验用模板飞机

图 8.1.3　实验用待识别同种飞机

图 8.1.4　实验用待识别不同种飞机

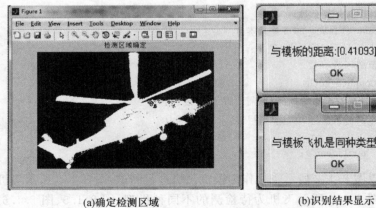

(a)确定检测区域

(b)识别结果显示

图 8.1.5　同种飞机识别结果

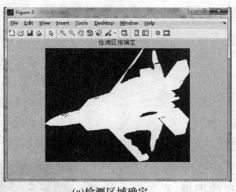 

(a)检测区域确定　　　　　　　　(b)识别结果显示

图 8.1.6　不同种飞机识别结果

8.2　实例：麦田杂草图像的识别

8.2.1　麦田杂草图像的预处理

在实际应用系统中可采用 CCD 摄像机动态采集图像，通过图像采集卡将图像实时传入到控制台的计算机内。图 8.2.1 为采集到的图像。

图 8.2.1　田间杂草图像

图像增强可以在频率域进行，也可以在空间域进行。预处理部分主要包括对图像增强和噪声滤除。空间域增强主要为在空间域内对象素灰度值直接进行运算处理，处理速度比在频率域要快得多。空间域的直方图均衡化法比灰度线性变化法效果更好，变换后的图像更为清晰，更能突出图像的细节。

噪声常常和信号交织在一起，平滑不当就使图像本身的很多细节变得模糊不清，从而使图像降质。中值滤波降低噪声的效果比较明显，在灰度值变化比较小的情况下可以得到很好的平滑处理，降低了图像边界部分的模糊程度。为了能较好地保护杂草叶片边缘及中间叶脉部分的细节信息，选取窗口大小 5×5 窗口滤波。基于直方图均衡化与中值滤波的图像预处理方法的 MATLAB 程序如下：

```
I = imread('tire.JPG');
J = histeq(I);
```

```
subplot(1,2,1),imshow(I);
subplot(1,2,2),imshow(J);
figure,subplot(1,2,1),imhist(I,64);
subplot(1,2,2),imhist(J,64);
figure;
I1 = imnoise(I,'gaussian',0,0.02);
imshow(I1)
figure;
filter1 = medfilt2(I1,[5,5]);
imshow(filter1);
```

图 8.2.2　原始图像

图 8.2.2 为原始图像进行灰度处理的图像,图 8.2.3 为图 8.2.2 增强后得到的图像,可以看出,图像增强后,图像中草和土壤的细节更加清晰,有利于后面分割处理;图 8.2.4 为含有噪声的图像。图 8.2.5 为图 8.2.4 去噪后得到的图像,从图 8.2.5 中可以看出,图像保留的大部分草的边缘信息,同时图像噪声得到了大幅减弱,为后续的纹理分析奠定了良好的基础。

图 8.2.3　图像增强效果　　　　图 8.2.4　噪声图像　　　　图 8.2.5　图像去噪效果

8.2.2　绿色植物与土壤背景的分割

1. 杂草图像颜色特征分析

物体的颜色都是由物体的反射光特性决定的,取决于光源特性和物体表面的物理、化学特性。有生命的绿色植物的反射光谱特性不同于无生命的土壤背景,因而杂草和土壤背景在颜色上形成了鲜明的对比,利用这一特点可对绿色植物与土壤背景进行分割。

(1)RGB 空间颜色参数测定与分析

在 RGB 颜色空间各颜色因子统计测验结果如表 8.2.1 所列,可以看出,在相同光照条件下,土壤、农作物残留物等非植物背景区的红色分量占主导地位,而杂草区中却是以绿色分量 G 颜色因子为主,且 G 显著高于 R 与 B 的值,为植物和非植物背景的识别提供了很好的依据。

表 8.2.1 未归一化的特征 *R*、*G*、*B* 的统计值

统计参数	均 值			标准偏差		
类型	*R*	*G*	*B*	*R*	*G*	*B*
土壤	134.00	128.90	129.20	13.96	13.75	13.46
植物残留物	144.20	140.20	103.60	74.64	55.06	55.83
阔叶杂草	148.80	195.20	159.30	6.83	7.96	7.04
窄叶杂草	134.00	188.30	167.30	7.02	7.19	7.09

(2) rgb 空间颜色参数测定与分析

由于人眼感受光强的动态范围高达 10 个数量级，而现有摄像机和胶片的动态范围只不过是其中的一个小窗口。用这些设备采集到的 RGB 值很容易受到环境光强和物体明暗的影响。为了降低这些影响，采用下列归一化公式将 RGB 值归一化形成 rgb 颜色空间：

$$r = \frac{R}{R+G+B} \quad g = \frac{G}{R+G+B} \quad b = \frac{B}{R+G+B} \tag{8.2.1}$$

表 8.2.2 为归一化颜色特征因子 *r*、*g*、*b* 的统计值，可以看非，出植物类的 *r*、*g*、*b* 分量所占的比重几乎相等，颜色因子 *r* 相对稍大一些，植物类中 *g* 分量所占的比重仍然最大。各类的 *r*、*g*、*b* 分量取值都在 0.3～0.4 之间，由于将 RGB 模型归一化到的 rgb 彩色空间后克服光照变化的影响，植物残留物的标准偏差相对减小。

表 8.2.2 归一化颜色特征因子 *r*、*g*、*b* 的统计值

统计参数	均 值			标准偏差		
类型	*r*	*g*	*b*	*r*	*g*	*b*
土壤	0.3417	0.3287	0.3295	0.033	0.025	0.040
植物残留物	0.3716	0.3613	0.2670	0.042	0.027	0.023
阔叶杂草	0.2956	0.3878	0.3165	0.046	0.024	0.051
窄叶杂草	0.2737	0.3845	0.3417	0.021	0.030	0.042

(3) HIS 空间颜色参数测定与分析

HIS 颜色空间测定结果如表 8.2.3 所列，可以看出，杂草区的饱和度(S)同背景区相比部分偏低；而色度(H)远远大于非植物部分，而且色度标准偏差很小，随情况变化幅度变化不大，两者之间几乎不存在重叠现象；亮度(I)稍高于背景区，但差别并不明显，克服了 RGB 颜色空间中土壤和杂草的偏差值都较大，有交叠区出现的现象。

表 8.2.3　HIS 颜色空间中各颜色因子 H、S、I 的统计值

统计参数	均　值			标准偏差		
类型	H	S	I	H	S	I
土壤	0.044 1	0.520 2	0.548 3	0.078 5	0.979 2	0.188 2
植物残留物	0.074 7	0.188 6	0.608 4	0.008 4	0.022 0	0.105 0
阔叶杂草	0.238 2	0.366 0	0.765 4	0.062 1	0.041 2	0.133 3
窄叶杂草	0.221 2	0.471 8	0.712 1	0.025 5	0.025 0	0.018 1

2. 颜色特征的选择

从上述的统计值和分析中可以看出,颜色特征因子在计算机识别杂草中对于背景的分割有很大的作用。因此,可以采用 RGB 模型、HSI 模型以及归一化的 rgb 模型中各颜色特征因子的不同组合及其统计参量作为杂草图像的颜色特征表征,如表 8.2.4 所列。

表 8.2.4　颜色特征值

序　号	颜色特征组合	序　号	颜色特征组合
1	$R\text{-}G$	12	$2g\text{-}r\text{-}b$
2	$R\text{-}B$	13	$g\text{-}b/\|r\text{-}g\|$
3	$G\text{-}B$	14	H_{mean}
4	$2G\text{-}R\text{-}B$	15	$H_{variance}$
5	$(R+G+B)/3$	16	S_{mean}
6	$\|R\text{-}B\|/2$	17	$S_{variance}$
7	$2.5G\text{-}R\text{-}B$	18	$H_{mean}\text{-}S_{mean}$
8	$(R+4G+B)/6$	19	$H_{mean}+S_{mean}$
9	$r\text{-}g$	20	$H_{mean}\text{-}V_{mean}$
10	$r\text{-}b$	21	$2H_{mean}$
11	$g\text{-}b$	22	H_{square}

3. 分割方法分析

利用上述颜色特征组合将彩色图像转化成灰度图像,然后根据图像中要提取的杂草区与背景区在灰度特性上的差异把图像视为具有不同灰度级的区域组合,通过选取阈值将杂草区域从背景中分离出来。采用阈值法分割阈值的选取至关重要,如果阈值选得过高,则过多的目标点将被误分为背景;阈值选的过低,则目标点不能完全分离出,影响分割后二值图像的目标大小和形状,甚至使目标丢失。因此,本书中采用迭代法求取最佳阈值的分割算法,具体步骤如下:

①求出图像中的最大和最小灰度值 S_1、S_h，令初始阈值为：

$$T_0 = \frac{S_1 + S_h}{2} \tag{8.2.2}$$

②根据阈值 T_k 将灰度图像分成目标和背景两部分（第一次分割时，$T_k = T_0$），然后求出目标和背景两部分的平均灰度值 S_1、S_2：

$$S_1 = \frac{\sum\limits_{S(i,j) p T_k} S(i,j) \times N(i,j)}{\sum\limits_{Z(i,j) p T_k} N(i,j)} , S_2 = \frac{\sum\limits_{S(i,j) f T_k} S(i,j) \times N(i,j)}{\sum\limits_{Z(i,j) f T_k} N(i,j)} \tag{8.2.3}$$

式中，$S(i,j)$ 是图像上 (i,j) 点的灰度值，$N(i,j)$ 是 (i,j) 点的权重系数，一般 $N(i,j) = 1,0$。

③求出新的阈值：

$$T_{k+1} = \frac{S_1 + S_2}{2} \tag{8.2.4}$$

④如果 $T_k = T_{k+1}$，则算法结束，否则 $k \rightarrow k+1$，转步骤②。

4. MATLAB 程序

```
Cao = imread('cao.bmp');   % 读入图像

r = Cao(:,:,1); g = Cao(:,:,2); b = Cao(:,:,3);   % 分析颜色特征
Caogray = (2*g-r-b);    % 依据颜色特征将彩色图像转化为灰度图像
[x,y] = size(Caogray);          % 求出图像大小
b = double(Caogray);
for i = 1:x                      % 实际图像的灰度为 0~255
    for j = 1:y
        if (I(i,j)>255)
            I(i,j) = 255;
        end
        if (I(i,j)<0)
            I(i,j) = 0;
        end
    end
end
z0 = max(max(Caogray));       % 求出图像中最大的灰度
z1 = min(min(Caogray));       % 最小的灰度
T = (z0 + z1)/2;
TT = 0;
S0 = 0; n0 = 0;
S1 = 0; n1 = 0;
allow = 0.2;              % 新旧阈值的允许接近程度
d = abs(T - TT);
count = 0;                % 记录几次循环
while(d> = allow)              % 迭代最佳阈值分割算法
```

```
        count = count + 1;
        for i = 1:x
            for j = 1:y
                if (Caogray(i,j)> = T)
                    S0 = S0 + Caogray(i,j);
                    n0 = n0 + 1;
                end
                if (Caogray(i,j)<T)
                    S1 = S1 + Caogray(i,j);
                    n1 = n1 + 1;
                end
            end
        end
        T0 = S0/n0;
        T1 = S1/n1;
        TT = (T0 + T1)/2;
        d = abs(T - TT);
        T = TT;
    end
    Seg = zeros(x,y);
    for i = 1:x
        for j = 1:y
            if(Caogray (i,j)> = T)
                Seg(i,j) = 1;        % 阈值分割的图像
            end
        end
    end
    SI = 1 - Seg;figure,imshow(SI);
```

5. 结果及结果分析

分割后的二值图像不仅可以大量压缩数据、减少存储容量,而且能大大简化其后的分析和处理步骤。灰度图像经二值化后,在背景区会出现块状噪声和不均匀的颗粒噪声,可采用多次中值滤波方法提高图像质量。分割效果如图 8.2.6 所示。

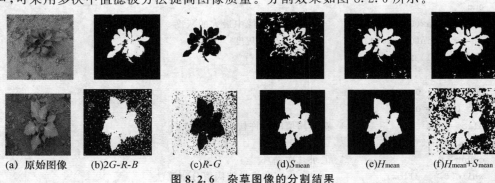

(a) 原始图像   (b)$2G$-R-B (c)R-G (d)S_{mean} (e)H_{mean} (f)$H_{mean}+S_{mean}$

图 8.2.6   杂草图像的分割结果

适应度最高的 5 个颜色特征组合为:$2G\text{-}R\text{-}B$、$R\text{-}G$、H_{mean}、S_{mean}、$H_{mean}+S_{mean}$ 对于杂草图像的背景分割的成功率可达到 80% 以上。在室内条件下测定的 $2G\text{-}R\text{-}B$ 过绿特征对于室外光强变化不是很大的情况也可以取得较理想的效果,但超绿特征 $2.5G\text{-}R\text{-}B$ 识别效果并不好。本实验中还将过绿特征以一定比例 $1/a$ 线性扩大,研究发现,随 a 值的增大对分割后的噪声具有一定的抑制作用,同时边缘也稍有模糊,但对分割效果影响不大。

8.2.3 麦田杂草图像纹理特征提取

利用计算机视觉技术实现变量喷洒不仅要将杂草从背景中(主要包括土壤、农作物残渣等)识别出来,还要识别出杂草、作物及杂草的种类,以便于针对不同的杂草可以施以不同的除草剂。

纹理是由纹理基元排列组合而成的,纹理特征是一种不依赖于颜色或亮度的反映图像中同质现象的视觉特征,是所有物体表面都具有的内在特性,以作为人们识别这些物体的主要依据。不同杂草与作物具有不同的纹理特征,例如,稗草具有平行的叶脉,而杂草藜却具有像树枝结构的叶脉。纹理特征可以更好地描述各像素及其邻近像素的灰度分布情况,应该是杂草图像更有效的分类特征。

杂草和作物是在自然状态下生长的植物体,这种自然纹理并不存在规则的、易分解的基元,也很难确定其方向。从各方面综合考虑,对于这样的不规则纹理更适合利用统计方法进行分析,我们选用灰度共生矩阵及其统计量进行杂草图像纹理特征的提取。图像的灰度共生矩阵反映了图像灰度关于方向、相邻间隔、变化幅度的综合信息,是分析图像局部模式结构及其排列规则的基础。从灰度矩阵中,提取角二阶距、对比度、熵、相关、逆差距 5 个数字参数作为杂草图像纹理分析的特征量。

如何设定恰当的纹理特征参数做纹理分析,在杂草识别系统中对灰度级 N、纹理方向、计算步长和灰度体的选择至关重要,直接影响分类的结果。

(1)灰度级数 N 的选取

灰度共生矩阵的行和列分别是两个像素的灰度级,设图像的灰度级数为 N,则矩阵为 N 行 N 列,共 $N \times N$ 个元素,表示两个像素的灰度组合有 N^2 种。若 $N=256=2^8$,则矩阵的元素数为 2^{16} 个,这么大的矩阵必然使运算量剧增,不符合系统实时性的需求。若 N 取值过小,则图像质量下降,引起特征量的减少,识别误差增大。因此,灰度层数的选取非常重要。大量的纹理测量实验表明,取 $N=64$ 时杂草图像的纹理测量值较为稳定、运算速度较快。

(2)纹理方向

在杂草图像的纹理特征提取中,为避免叶面的方向对特征量的影响,获得旋转不变的纹理特征,采用 $0°$、$45°$、$90°$、$135°$ 这 4 个方向上的偏移参数作杂草纹理的共生矩阵,分别求取其特征指标;然后对这些特征指标计算其和、均值和方差,从而抑制方向向量,使得到的纹理特征与方向无关。

(3)计算步长 *d*

步长 *d* 的选择与采集图像时选择的分辨率或者说是图像的清晰度有很大关系。也就是说,要看图像隔几个像素发生灰度的变化,通过对获取的杂草图像灰度变化规律的分析和纹理测量实验,由研究初始阶段较大的步长逐渐缩小,最终选定步长 *d* = 1。

(4)灰度体的选择

实验中比较了 RGB 颜色系统的 $2G - R - B$,rgb 颜色系统的 r、g、b,HIS 颜色系统的 H、S 灰度体的共生矩阵发现,HIS 颜色空间更符合人眼识别色彩的机制,便于把人的视觉知识运用到机器视觉系统中,HSI 共生矩阵的统计量是较为理想纹理特征。各灰度体灰度图像如图 8.2.7 所示。

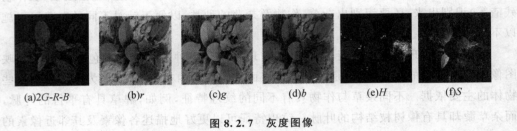

(a)2G-R-B　　　(b)r　　　(c)g　　　(d)b　　　(e)H　　　(f)S

图 8.2.7　灰度图像

8.2.4　麦田杂草图像的分类

可用于识别分类的算法有很多,但针对不同的对象和不同的目的,须采用不同的理论和方法。虽然近些年来人工神经网络法发展很快,可以适应较复杂的特征空间、具有自学习功能等很多优点,但算法复杂度较高,必须要配合高速并行处理硬件系统来实现。从实际应用出发,考虑到杂草识别系统高实时性要求,本书采用了经过改进的最近邻域分类器来进行识别分类。

经典最近邻域分类法的基本思想:设 R_1、R_2···、R_m 分别是与类 W_1、W_2···、W_m 相对应的参考向量的 m 个集合,在 R_i 中的向量为 R_i^k,即 $R_i^k \in R_i$,$k = 0,1,2,\cdots l$。也就是 $R_i = \{R_i^1, R_i^2, \cdots R_i^l\}$,则输入特征向量 X 与 R_i 之间的距离用下式表示:

$$d(X,R_i) = \min | X - R_i |, k = 0,1,2,\cdots l_i \qquad (8.2.5)$$

即 X 与 R_i 之间的距离是 X 与 R_i 中每一个向量的距离中的最小者,其对应的类 W_i 即为识别出的类。这里在此基础上进行了改进,如果设定 20 幅图像由 5 个特征来识别分类,则先从数据文件中读取 5 个特征对照值上下限,对应于上面的特征向量 R_i;将求得的图像特征值分别与符合数值范围的 N 类杂草图像相应对照值上下限相减,取其较小差值而形成 N 组数。对应于式(8.2.5),再把每组数中的 5 个数值相加,取 N 组数中 5 个数和最小的那一组相对应的杂草类别即为所求。为了避免误判,如果求得的数值不符合任何一类杂草根据样本训练得出的参考值,则系统则判断为无法识别的图像。

1.算法设计

分别选取小麦、小叶藜、打碗碗花、播娘蒿、独荇菜、马鞭草样本各 20 株进行分析,分别提取它们的上述 5 个特征参数。杂草图像处理简易流程图如图 8.2.8 所示。

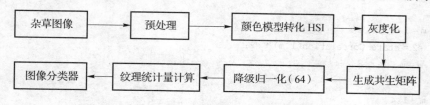

图 8.2.8　杂草图像处理简易流程图

麦田杂草图像纹理特征提取及分类的 MATLAB 实现程序段如下：

```
% 距离判别法,文理识别
% 输入图像
[filename,filepath] = uigetfile('*.jpg','输入一个图像');
jpg = strcat(filepath,filename);
a = imread(jpg);
% figure,imshow(a),title('原始图像')
HSI = rgb2hsv(a); % hsi 是 HSI 颜色空间彩色图像
% figure,imshow(HSI),title('HSI 彩色图像')
HSIG = rgb2gray(HSI); % hsig:灰度图像
% figure,imshow(HSIG),title('灰度图像')
% imwrite(b,'杂草灰度图像.jpg');
% 计算 64 位灰度共生矩阵
glcms1 = graycomatrix(HSIG,'numlevels',64,'offset',[0 1; -1 1; -1 0; -1 -1]);
% 纹理特征统计值(对比度、相关性、熵、平稳度、二阶矩也叫能量)
stats = graycoprops(glcms1,{'contrast','correlation','energy','homogeneity'});
ga1 = glcms1(:,:,1); % 0 度
ga2 = glcms1(:,:,2); % 45
ga3 = glcms1(:,:,3); % 90
ga4 = glcms1(:,:,4); % 135
energya1 = 0; energya2 = 0; energya3 = 0; energya4 = 0;
for i = 1:64
  for j = 1:64
      energya1 = energya1 + sum(ga1(i,j)^2);
      energya2 = energya2 + sum(ga2(i,j)^2);
        energya3 = energya3 + sum(ga3(i,j)^2);
        energya4 = energya4 + sum(ga4(i,j)^2);
      j = j + 1;
  end
i = i + 1;
end
s1 = 0;s2 = 0;s3 = 0;s4 = 0;s5 = 0;
for m = 1:4
    s1 = stats.Contrast(1,m) + s1;
```

```
        m = m + 1;
end
for m = 1:4
        s2 = stats. Correlation(1,m) + s2;
        m = m + 1;
end
for m = 1:4
        s3 = stats. Energy(1,m) + s3;
        m = m + 1;
end
for m = 1:4
        s4 = stats. Homogeneity(1,m) + s4;
        m = m + 1;
end
s5 = 0. 000001 * (energya1 + energya2 + energya3 + energya4);
temp0 = [s1 s2 s3 s4 s5]
plot(temp0,'b. ');
%输入 a
temp1 = [0 0 0 0 0];
for k = 1:4
        jpg = strcat('a',num2str(k),'. jpg');
        RGB = imread(jpg); % temp1 = im2bw(temp1);temp1 = temp1(:);
        R = RGB(:,:,1);G = RGB(:,:,2);B = RGB(:,:,3);
        HSI = rgb2hsv(RGB);
        HSIG = rgb2gray(HSI); % figure,imshow(HSIG)
    %计算 S 分量的共生矩阵
    glcms1 = graycomatrix(HSIG,'numlevels',64,'offset',[0 1; -1 1; -1 0; -1 -1]);
    %纹理特征统计值(对比度、相关性、熵、平稳度、二阶矩也叫能量)
    stats = graycoprops(glcms1,{'contrast','correlation','energy','homogeneity'});
ga1 = glcms1(:,:,1); % 0 度
ga2 = glcms1(:,:,2); % 45
ga3 = glcms1(:,:,3); % 90
ga4 = glcms1(:,:,4); % 135
energya1 = 0; energya2 = 0; energya3 = 0; energya4 = 0;
for i = 1:64
   for   j = 1:64
            energya1 = energya1 + sum(ga1(i,j)^2);
            energya2 = energya2 + sum(ga2(i,j)^2);
                energya3 = energya3 + sum(ga3(i,j)^2);
                energya4 = energya4 + sum(ga4(i,j)^2);
            j = j + 1;
    end
i = i + 1;
```

```
end
s1 = 0;s2 = 0;s3 = 0;s4 = 0;s5 = 0;
for m = 1:4
    s1 = stats. Contrast(1,m) + s1;
    m = m + 1;
end
for m = 1:4
    s2 = stats. Correlation(1,m) + s2;
    m = m + 1;
end
for m = 1:4
    s3 = stats. Energy(1,m) + s3;
    m = m + 1;
end
for m = 1:4
    s4 = stats. Homogeneity(1,m) + s4;
    m = m + 1;
end
s5 = 0. 000001 * (energya1 + energya2 + energya3 + energya4);
temp = [s1 s2 s3 s4 s5];
temp1 = temp1 + temp;
end
temp1 = 1/4 * (temp1)
% 输入 b
temp2 = [0 0 0 0 0];
for k = 1:4
    jpg = strcat('b',num2str(k),'. jpg');
    RGB = imread(jpg); % temp1 = im2bw(temp1);temp1 = temp1(:);
    R = RGB(:,:,1);G = RGB(:,:,2);B = RGB(:,:,3);
    HSI = rgb2hsv(RGB);
    HSIG = rgb2gray(HSI); % figure,imshow(HSIG)
    % 计算 S 分量的共生矩阵
    glcms1 = graycomatrix(HSIG,'numlevels',64,'offset',[0 1; -1 1; -1 0; -1 -1]);
    % 纹理特征统计值(对比度、相关性、熵、平稳度、二阶矩也叫能量)
    stats = graycoprops(glcms1,{'contrast','correlation','energy','homogeneity'});
ga1 = glcms1(:,:,1); % 0 度
ga2 = glcms1(:,:,2); % 45
ga3 = glcms1(:,:,3); % 90
ga4 = glcms1(:,:,4); % 135
energya1 = 0; energya2 = 0; energya3 = 0; energya4 = 0;
for i = 1:64
  for  j = 1:64
        energya1 = energya1 + sum(ga1(i,j)^2);
```

```
            energya2 = energya2 + sum(ga2(i,j)^2);
                energya3 = energya3 + sum(ga3(i,j)^2);
                energya4 = energya4 + sum(ga4(i,j)^2);
            j = j + 1;
        end
    i = i + 1;
end
s1 = 0;s2 = 0;s3 = 0;s4 = 0;s5 = 0;
for m = 1:4
    s1 = stats. Contrast(1,m) + s1;
    m = m + 1;
end
for m = 1:4
    s2 = stats. Correlation(1,m) + s2;
    m = m + 1;
end
for m = 1:4
    s3 = stats. Energy(1,m) + s3;
    m = m + 1;
end
for m = 1:4
    s4 = stats. Homogeneity(1,m) + s4;
    m = m + 1;
end
s5 = 0. 000001 * (energya1 + energya2 + energya3 + energya4);
temp = [s1 s2 s3 s4 s5];
temp2 = temp2 + temp;
end
temp2 = 1/4 * (temp2)
% 输入 e
temp3 = [0 0 0 0 0];
for k = 1:4
    jpg = strcat('e',num2str(k),'. jpg');
    RGB = imread(jpg); % temp1 = im2bw(temp1);temp1 = temp1(:);
    R = RGB(:,:,1);G = RGB(:,:,2);B = RGB(:,:,3);
    HSI = rgb2hsv(RGB);
    HSIG = rgb2gray(HSI); % figure,imshow(HSIG)
    % 计算 S 分量的共生矩阵
    glcms1 = graycomatrix(HSIG,'numlevels',64,'offset',[0 1;-1 1;-1 0;-1 -1]);
        % 纹理特征统计值(对比度、相关性、熵、平稳度、二阶矩也叫能量)
    stats = graycoprops(glcms1,{'contrast','correlation','energy','homogeneity'});
ga1 = glcms1(:,:,1); % 0 度
ga2 = glcms1(:,:,2); % 45
```

```
ga3 = glcms1(:,:,3); % 90
ga4 = glcms1(:,:,4); % 135
energya1 = 0; energya2 = 0; energya3 = 0; energya4 = 0;
for i = 1:64
    for j = 1:64
            energya1 = energya1 + sum(ga1(i,j)^2);
            energya2 = energya2 + sum(ga2(i,j)^2);
                energya3 = energya3 + sum(ga3(i,j)^2);
                energya4 = energya4 + sum(ga4(i,j)^2);
            j = j + 1;
    end
i = i + 1;
end
s1 = 0; s2 = 0; s3 = 0; s4 = 0; s5 = 0;
for m = 1:4
    s1 = stats. Contrast(1,m) + s1;
    m = m + 1;
end
for m = 1:4
    s2 = stats. Correlation(1,m) + s2;
    m = m + 1;
end
for m = 1:4
    s3 = stats. Energy(1,m) + s3;
    m = m + 1;
end
for m = 1:4
    s4 = stats. Homogeneity(1,m) + s4;
    m = m + 1;
end
s5 = 0. 000001 * (energya1 + energya2 + energya3 + energya4);
temp = [s1 s2 s3 s4 s5];
temp3 = temp + temp3;
end
temp3 = 1/4 * (temp3)
% 输入 m
temp4 = [0 0 0 0 0];
for k = 1:4
    jpg = strcat('m',num2str(k),'. jpg');
    RGB = imread(jpg); % temp1 = im2bw(temp1); temp1 = temp1(:);
    R = RGB(:,:,1); G = RGB(:,:,2); B = RGB(:,:,3);
    HSI = rgb2hsv(RGB);
    HSIG = rgb2gray(HSI); % figure,imshow(HSIG)
```

```matlab
    % 计算 S 分量的共生矩阵
    glcms1 = graycomatrix(HSIG,'numlevels',64,'offset',[0 1; -1 1; -1 0; -1 -1]);
    % 纹理特征统计值(对比度、相关性、熵、平稳度、二阶矩也叫能量)
    stats = graycoprops(glcms1,{'contrast','correlation','energy','homogeneity'});
ga1 = glcms1(:,:,1); % 0 度
ga2 = glcms1(:,:,2); % 45
ga3 = glcms1(:,:,3); % 90
ga4 = glcms1(:,:,4); % 135
energya1 = 0; energya2 = 0; energya3 = 0; energya4 = 0;
for i = 1:64
    for   j = 1:64
            energya1 = energya1 + sum(ga1(i,j)^2);
            energya2 = energya2 + sum(ga2(i,j)^2);
             energya3 = energya3 + sum(ga3(i,j)^2);
             energya4 = energya4 + sum(ga4(i,j)^2);
            j = j + 1;
    end
i = i + 1;
end
s1 = 0;s2 = 0;s3 = 0;s4 = 0;s5 = 0;
for m = 1:4
    s1 = stats. Contrast(1,m) + s1;
    m = m + 1;
end
for m = 1:4
    s2 = stats. Correlation(1,m) + s2;
    m = m + 1;
end
for m = 1:4
    s3 = stats. Energy(1,m) + s3;
    m = m + 1;
end
for m = 1:4
    s4 = stats. Homogeneity(1,m) + s4;
    m = m + 1;
end
s5 = 0. 000001 * (energya1 + energya2 + energya3 + energya4);
temp = [s1 s2 s3 s4 s5];
temp4 = temp4 + temp;
end
temp4 = 1/4 * (temp4)
% 输入 g
temp5 = [0 0 0 0 0];
```

```matlab
for k = 1:4
    jpg = strcat('g',num2str(k),'.jpg');
    RGB = imread(jpg); % temp1 = im2bw(temp1);temp1 = temp1(:);
    R = RGB(:,:,1);G = RGB(:,:,2);B = RGB(:,:,3);
    HSI = rgb2hsv(RGB);
    HSIG = rgb2gray(HSI); % figure,imshow(HSIG)
% 计算 S 分量的共生矩阵
    glcms1 = graycomatrix(HSIG,'numlevels',64,'offset',[0 1; -1 1; -1 0; -1 -1]);
% 纹理特征统计值(对比度、相关性、熵、平稳度、二阶矩也叫能量)
    stats = graycoprops(glcms1,{'contrast','correlation','energy','homogeneity'});
ga1 = glcms1(:,:,1); % 0 度
ga2 = glcms1(:,:,2); % 45
ga3 = glcms1(:,:,3); % 90
ga4 = glcms1(:,:,4); % 135
energya1 = 0; energya2 = 0; energya3 = 0; energya4 = 0;
for i = 1:64
    for  j = 1:64
            energya1 = energya1 + sum(ga1(i,j)^2);
            energya2 = energya2 + sum(ga2(i,j)^2);
              energya3 = energya3 + sum(ga3(i,j)^2);
              energya4 = energya4 + sum(ga4(i,j)^2);
            j = j + 1;
    end
i = i + 1;
end
s1 = 0;s2 = 0;s3 = 0;s4 = 0;s5 = 0;
for m = 1:4
    s1 = stats. Contrast(1,m) + s1;
    m = m + 1;
end
for m = 1:4
    s2 = stats. Correlation(1,m) + s2;
    m = m + 1;
end
for m = 1:4
    s3 = stats. Energy(1,m) + s3;
    m = m + 1;
end
for m = 1:4
    s4 = stats. Homogeneity(1,m) + s4;
    m = m + 1;
end
s5 = 0. 000001 * (energya1 + energya2 + energya3 + energya4);
```

```
temp = [s1 s2 s3 s4 s5];
temp5 = temp5 + temp;
end
temp5 = 1/4 * (temp5)
% 输入 h
temp6 = [0 0 0 0 0];
for k = 1:4
    jpg = strcat('h',num2str(k),'.jpg');
    RGB = imread(jpg); % temp1 = im2bw(temp1);temp1 = temp1(:);
    R = RGB(:,:,1);G = RGB(:,:,2);B = RGB(:,:,3);
    HSI = rgb2hsv(RGB);
    HSIG = rgb2gray(HSI); % figure,imshow(HSIG)
    % 计算 S 分量的共生矩阵
    glcms1 = graycomatrix(HSIG,'numlevels',64,'offset',[0 1; -1 1; -1 0; -1 -1]);
    % 纹理特征统计值(对比度、相关性、熵、平稳度、二阶矩也叫能量)
    stats = graycoprops(glcms1,{'contrast','correlation','energy','homogeneity'});
ga1 = glcms1(:,:,1); % 0 度
ga2 = glcms1(:,:,2); % 45
ga3 = glcms1(:,:,3); % 90
ga4 = glcms1(:,:,4); % 135
energya1 = 0; energya2 = 0; energya3 = 0; energya4 = 0;
for i = 1:64
  for  j = 1:64
        energya1 = energya1 + sum(ga1(i,j)^2);
        energya2 = energya2 + sum(ga2(i,j)^2);
         energya3 = energya3 + sum(ga3(i,j)^2);
         energya4 = energya4 + sum(ga4(i,j)^2);
        j = j + 1;
  end
i = i + 1;
end
s1 = 0;s2 = 0;s3 = 0;s4 = 0;s5 = 0;
for m = 1:4
    s1 = stats. Contrast(1,m) + s1;
    m = m + 1;
end
for m = 1:4
    s2 = stats. Correlation(1,m) + s2;
    m = m + 1;
end
for m = 1:4
    s3 = stats. Energy(1,m) + s3;
    m = m + 1;
```

```
end
for m = 1:4
    s4 = stats. Homogeneity(1,m) + s4;
    m = m + 1;
end
s5 = 0. 000001 * (energya1 + energya2 + energya3 + energya4);
temp = [s1 s2 s3 s4 s5];
temp6 = temp6 + temp;
end
temp6 = 1/4 * (temp6)
% 判别
d1 = 0;
for n = 1:5
  d0 = [temp0(1,n) - temp1(1,n)]^2;
    d1 = d1 + d0;
end
d1 = sqrt(d1)
d2 = 0;
for n = 1:5
  d0 = [temp0(1,n) - temp2(1,n)]^2;
    d2 = d2 + d0;
end
d2 = sqrt(d2)
d3 = 0;
for n = 1:5
  d0 = [temp0(1,n) - temp3(1,n)]^2;
    d3 = d3 + d0;
end
d3 = sqrt(d3)
  d4 = 0;
for n = 1:5
  d0 = [temp0(1,n) - temp4(1,n)]^2;
    d4 = d4 + d0;
end
d4 = sqrt(d4)
  d5 = 0;
for n = 1:5
  d0 = [temp0(1,n) - temp5(1,n)]^2;
    d5 = d5 + d0;
end
d5 = sqrt(d5)
  d6 = 0;
for n = 1:5
```

```
    d0 = [temp0(1,n) - temp6(1,n)]^2;
       d6 = d6 + d0;
    end
d6 = sqrt(d6)
    dm = [d1 d2 d3 d4 d5 d6]
    [dm,i] = min(dm)
    switch i
        case 1
            disp('a,');figure,imshow(a),title('小叶黎');
        case 2
            disp('b');  figure,imshow(a),title('打碗碗花');
        case 3
            disp('e');figure,imshow(a),title('播娘蒿');
        case 4
            disp('m');figure,imshow(a),title('小麦');
        case 5
            disp('g');figure,imshow(a),title('独荇菜');
        case 6
            disp('h');figure,imshow(a),title('马鞭草');
        otherwise
            disp('error 无法识别');
    end
```

2. 实验及实验结果分析

试验数据结果如图 8.2.9、图 8.2.10 和表 8.2.5 所列。其中图表中 a 表示小叶藜、b 表示打碗碗花、c 表示播娘蒿、d 表示独荇菜、e 表示马鞭草、f 表示小麦。

表 8.2.5　4 个方向上的特征参数之和

种　类	对比度	相关性	熵	平稳度	二阶矩/能量
小叶藜	19.75372	3.574304	0.117287	2.596583	30.78095
打碗碗花	27.10696	3.294021	0.304866	2.662463	79.98601
播娘蒿	121.07170	2.796139	0.098535	2.446524	25.86965
小麦	32.94541	3.032386	0.457598	2.731789	120.04980
独荇菜	149.41550	2.374789	0.194766	2.418704	51.11983
马鞭草	70.54062	3.000935	0.058171	2.312132	15.27126

注:为了统计方便对二阶矩做了降阶处理(10^{-6})。

从图表数据中分析可见,播娘蒿与独荇菜的对比度远高于其他几种杂草;独荇菜与播娘蒿的相关性相近,且显著低于小叶藜与打碗碗花的值;小麦的熵值最大且与最小的马鞭草相距甚远,可以将小麦、打碗碗花区分开;小麦的能量值要显著高于杂草的能量值。由此可见,这些值对于识别作物与杂草以及杂草的种类都有积极的作用,可作为模

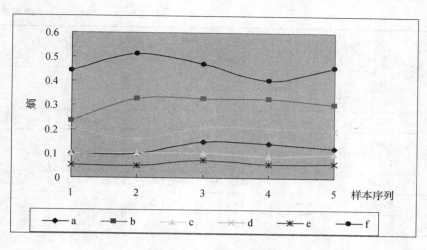

图 8.2.9　小麦和杂草的熵

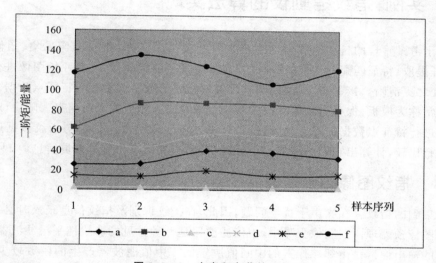

图 8.2.10　小麦和杂草的二阶矩

式识别的特征输入量。试验中通过输入小叶藜、打碗碗花、小麦、独荇菜、马鞭草、小麦共计 120 幅图像进行识别,初步达到较好的效果,表 8.2.6 给出部分识别结果。但这是在实验室条件下进行的,在今后的实际应用中,由于外界因素的影响,在算法的可靠性及稳定性上还须进一步的改进和完善。

表 8.2.6　系统识别结果

小样本	识别结果					
	小叶藜	打碗碗花	播娘蒿	独荇菜	马鞭草	小麦
1	Truer	Truer	Truer	Truer	Truer	Truer
2	Truer	Truer	Truer	Truer	Truer	truer

小样本	识别结果					
	小叶黎	打碗碗花	播娘蒿	独荇菜	马鞭草	小麦
3	Truer	Truer	Not	Truer	Truer	Truer
4	Truer	Truer	Truer	Truer	Truer	Not
5	Truer	Not	Not	Truer	Truer	Truer
6	Truer	Not	Truer	Not	Truer	Truer
7	Truer	Truer	Truer	Truer	Not	Truer
8	Not	Truer	Truer	Truer	Not	Truer
9	Truer	Truer	Truer	Truer	Truer	Truer
10	Truer	Not	Truer	Truer	Truer	Truer

8.3 实例:指纹考勤仪的算法实现

基于考勤管理的自动指纹识别系统主要涉及 4 个步骤:指纹图像采集、图像预处理、特征提取、特征匹配。一开始,通过指纹读取设备取得图像,并对原始图像进行初步处理,使之更清晰。接下来,指纹识别软件提取指纹的数字表示——特征点数据。这些数据通常称为模板,保存为数据库中的一条记录并录入相应的人员信息。随后,对新录入指纹进行特征点数据的提取,并通过计算机模糊比较的方法把它与指纹数据库中的模板进行比较,计算出它们的相似程度,最终得到匹配结果并显示人员信息。

8.3.1 指纹图像的预处理

采集到的指纹存在噪声干扰等问题,因此,在指纹识别及指纹信息录入时必须进行必要的图像预处理。在图像去噪中,中值滤波器是一种常见的非线性平滑滤波器,中值滤波器的输出像素是由邻域像素的中间值决定的。中值滤波器产生的模数较少,适合于消除图像的孤立噪声点,直接调用 MATLAB 工具箱中的 medfilt2() 函数。在图像增强方面,进行直接灰度调整以增强指纹图像的对比度,调用 MATLAB 工具箱中的 imadjust() 函数。处理结果如图 8.3.1 及图 8.3.2 所示,程序如下:

```
A = imread('a. bmp');
j = medfilt2(A);
figure,imshow(j);
B = imadjust(A,[0.2 0.8]);
figure;
subplot(2,2,1);imshow(A);
subplot(2,2,2)imhist(A);
subplot(2,2,3);imshow(B);
subplot(2,2,4);imhist(B);
```

(a)原始图像　　　　　(b)中值滤波结果

图 8.3.1　去噪处理

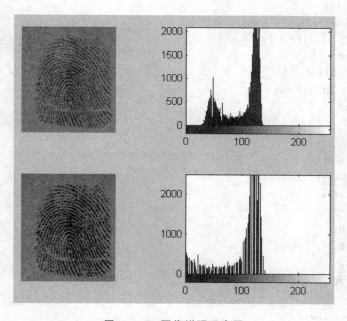

图 8.3.2　图像增强示意图

在图像二值化方面,采用迭代法求最佳阈值的分割算法,具体步骤如下:

①求出图像中的最大和最小灰度值 S_1、S_h,令初始阈值为:

$$T_0 = \frac{S_1 + S_h}{2} \tag{8.3.1}$$

②根据阈值 T_k 将灰度图像分成目标和背景两部分(第一次分割时 $T_k = T_0$),然后求出目标和背景两部分的平均灰度值 S_1、S_2:

$$S_1 = \frac{\displaystyle\sum_{S(i,j) p T_k} S(i,j) \times N(i,j)}{\displaystyle\sum_{Z(i,j) p T_k} N(i,j)}, S_2 = \frac{\displaystyle\sum_{S(i,j) f T_k} S(i,j) \times N(i,j)}{\displaystyle\sum_{Z(i,j) f T_k} N(i,j)} \tag{8.3.2}$$

式中,$S(i,j)$ 是图像上 (i,j) 点的灰度值,$N(i,j)$ 是 (i,j) 点的权重系数,一般

$N(i,j)=1,0$。

③求出新的阈值:

$$T_{k+1} = \frac{S_1 + S_2}{2} \tag{8.3.3}$$

具体程序如下,二值化结果如图 8.3.3 所示。

```
[x,y] = size(B);
m = double(B);
N = sqrt(100) * randn(x,y);
I = m + N;
for i = 1:x
    for j = 1:y
        if (I(i,j)>255)
            I(i,j) = 255;
        end
        if (I(i,j)<0)
            I(i,j) = 0;
        end
    end
end
z0 = max(max(I));
z1 = min(min(I));
T = (z0 + z1)/2;
TT = 0;
s0 = 0;n0 = 0;
s1 = 0;n1 = 0;
allow = 0.5;
d = abs(T - TT);
count = 0;
while(d >= allow)
    count = count + 1;
    for i = 1:x
        for j = 1:y
            if(I(i,j) >= T)
                s0 = s0 + I(i,j);
                n0 = n0 + 1;
            end
            if(I(i,j)<T)
                s1 = s1 + I(i,j);
                n1 = n1 + 1;
            end
        end
    end
```

```
        T0 = s0/n0;
        T1 = s1/n1;
        TT = (T0 - T1)/2;
        d = abs(T - TT);
        T = TT;
end
seg = zeros(x,y);
for i = 1:x
    for j = 1:y
        if(I(i,j)> = T)
            seg(i,j) = 1;
        end
    end
end
figure;
imshow(seg);
```

此时所获得图像为二值化图像。二值图像形态学滤波对其进行进一步的滤波增强,程序如下,滤波结果如图 8.3.4 所示。

```
BW1 = bwmorph(seg,'spur');
BW2 = bwmorph(BW1,'fill');
BW3 = bwmorph(BW2,'clean');
figure;
imshow(BW3);
```

图 8.3.3　二值化图像

图 8.3.4　形态学滤波图像

8.3.2　指纹图像的特征提取

纹理特征提取指的是通过一定的图像处理技术抽取出图像的纹理特征,从而获得纹理的定性或定量描述的处理过程。因此,纹理特征提取应包括两方面的内容:检测出纹理基元和获得有关纹理基元排列分布方式的信息。纹理分析方法大致分为统计方法和结构方法。统计方法适用于分析像木纹、森林、山脉、草地那样的纹理细而且不规则的物体,结构方法则适用于像布料的印刷图案或砖花样等一类纹理基元排列较规则的图像。针对指纹图像,这里选用灰度共生矩阵法提取指纹纹理特征。

从灰度共生矩阵抽取出的纹理特征参数有角二阶矩、对比度、相关和熵,这 4 个统计参数为应用灰度共生矩阵进行纹理分析的主要参数,可以组合起来成为纹理分析的特征参数使用。下面对基于 MATLAB 的灰度共生矩阵的生成及特征的提取做具体介绍:

```
glc = graycomatrix(I,param1,val1,param2,val2)
```

其中,I 是输入图像,param1、val1、param2、val2 是可选参数,glc 是返回的灰度共生矩阵。

```
stats = graycoprops(glc,properties)
```

其中,glcm 是输入的灰度共生矩阵;properties 是需要计算的统计量,分别为 contrast、correlation、energy 和 homogeity,依次对应为对比度、相关性、能量和熵;stats 为返回的统计量。

8.3.3 考勤仪算法实现

研究指出指纹即指尖表面的纹路,其中突起的纹线称为脊,脊之间的部分称为谷,它们的形成依赖于胚胎发育时的环境。指纹具有下面两个突出的特点:

①稳定性:指纹具有很强的相对稳定性。指纹纹线类型、结构、统计特征的总体分布等始终没有明显变化。尽管随着年龄的增大,指纹在外型大小、纹线粗细上会产生一些变化,局部纹线上也可能出现新的特征,但从总体上看,指纹是相对稳定的。

②独特性:指纹具有明显的独特性。至今仍找不出两个指纹完全相同的人。皮肤表皮上的纹路是在胎儿六个月的时候形成的,因此,同卵双胞胎的指纹也是不相同的,不仅人与人之间,同一个人的 10 个指纹也有明显的区别。指纹的这些特点为指纹用于身份识别提供了客观依据。

因此,本书选取指纹纹路的纹理距离作为指纹识别与匹配的主要依据。应用 MATLAB 编程求取数据库内一幅标准指纹图像纹理间距离特征的过程如下,提取结果显示如图 8.3.5 所示,员工数据库内标准图像数目可根据实际情况自行扩展:

```
glcms1 = graycomatrix(BW3,'numlevels',2,'offset',[0 1;-1 1;-1 0; -1 -1]);%
stats = graycoprops(glcms1,{'contrast','correlation','energy','homogeneity'});
ga1 = glcms1(:,:,1);%0 度方向共生矩阵
ga2 = glcms1(:,:,2);%45 度方向
ga3 = glcms1(:,:,3);%90 度方向
ga4 = glcms1(:,:,4);%135 度方向
energya1 = 0; energya2 = 0; energya3 = 0; energya4 = 0;
for i = 1:2
  for   j = 1:2
```

```
        energya1 = energya1 + sum(ga1(i,j)^2);
        energya2 = energya2 + sum(ga2(i,j)^2);
          energya3 = energya3 + sum(ga3(i,j)^2);
          energya4 = energya4 + sum(ga4(i,j)^2);
        j = j + 1;
    end
i = i + 1;
end
s1 = 0;s2 = 0;s3 = 0;s4 = 0;s5 = 0;
for m = 1:4 % 对比度计算
    s1 = stats.Contrast(1,m) + s1;
    m = m + 1;
end
for m = 1:4 % 相关性计算
    s2 = stats.Correlation(1,m) + s2;
    m = m + 1;
end
for m = 1:4 % 能量计算
    s3 = stats.Energy(1,m) + s3;
    m = m + 1;
end
for m = 1:4 % 熵计算
    s4 = stats.Homogeneity(1,m) + s4;
    m = m + 1;
end
s5 = 0.000001 * (energya1 + energya2 + energya3 + energya4); % 均值计算
temp0 = [s1 s2 s3 s4 s5] % 构成特征向量
figure;
plot(temp0);
```

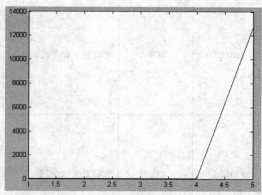

图 8.3.5　纹理距离特征提取结果图示

同样,以此方法求出录入员工的待核准指纹图像即可求出新录入图像的纹理特征,与数据库内指纹的这一特征一一比较,并以最小距离分类器的原理进行比较判断即可得出准确的员工信息并标注显示,如图 8.3.6 所示。最小距离分类首先需要度量不同特征间的距离,设 X、Y 为空间中的两个特征向量,$X = (x_1, x_2, \cdots, x_n)^{\mathrm{T}}$,$Y = (y_1, y_2, \cdots, y_n)^{\mathrm{T}}$,则两向量之间的距离 $d(X, Y)$ 为:

$$d(X, Y) = \left[\sum_{i=1}^{n} (x_i - y_i)^2 \right]^{\frac{1}{2}} \tag{8.3.9}$$

定义了距离后就可以根据最小距离的原则进行分类,设有 M 个已录入(已注册)员工的指纹特征 Ω_1、Ω_2、L、Ω_M,现有一待识员工的指纹特征 X,则 X 应该属于与其距离最小的标准样本代表的那一类,即如果 $i_0 = \underset{i}{\operatorname{argmin}} d(X, T_i)$,则判别 $X \in \Omega_{i_0}$。

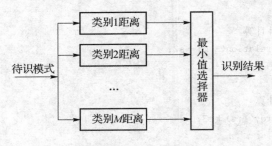

图 8.3.6　分类过程

下面以数据库中已注册 4 名员工指纹数据为例,说明待识别指纹身份识别过程,实际数据库员工指纹数量数可自行扩展,表 8.3.1 为员工的注册信息。其 MATLAB 源程序如下,需要说明程序中的 temp0 为待识别指纹纹理特征,temp1、temp2、temp3、temp4 为已注册员工指纹纹理特征,这些纹理特征求取方法与图 8.3.5 中的方法相同。

表 8.3.1　注册信息

注册指纹	指纹编号	员工姓名	所在单位	员工号
	123522	赵平	信息工程学院	a
	123523	钱安	信息工程学院	b

注册指纹	指纹编号	员工姓名	所在单位	员工号
	123524	孙宁	信息工程学院	c
	123525	李乐	信息工程学院	d

```
d1 = 0;
for n = 1:5 % 计算纹理特征 temp0 与 temp1 之间的距离
    d0 = [temp0(1,n) - temp1(1,n)]^2;
    d1 = d1 + d0;
end
d1 = sqrt(d1)
d2 = 0;
for n = 1:5 % 计算纹理特征 temp0 与 temp2 之间的距离
    d0 = [temp0(1,n) - temp2(1,n)]^2;
    d2 = d2 + d0;
end
d2 = sqrt(d2)
d3 = 0;
for n = 1:5 % 计算纹理特征 temp0 与 temp2 之间的距离
    d0 = [temp0(1,n) - temp3(1,n)]^2;
    d3 = d3 + d0;
end
d3 = sqrt(d3)
    d4 = 0;
for n = 1:5 % 计算纹理特征 temp0 与 temp4 之间的距离
    d0 = [temp0(1,n) - temp4(1,n)]^2;
    d4 = d4 + d0;
end
d4 = sqrt(d4)
dm = [d1 d2 d3 d4];
[dm,i] = min(dm)
switch i
    case 1
```

```
        disp('a,赵平');figure,imshow('注册 a.bmp');
   case 2
        disp('b');   figure,imshow('注册 b.bmp');
   case 3
        disp('c');figure,imshow('注册 c.bmp');
   case 4
        disp('d');figure,imshow('注册 d.bmp');
           otherwise
        disp('error 无法识别');figure,imshow('待识别图像.BMP'),title('未注册人员');
end
datestr(now,31);
```

图 8.3.7 为注册员工的指纹,处理这些指纹图像后可以得到指纹特征。图 8.3.8 为待识别指纹识别结果,即显示出员工 b 的指纹图像,待识别指纹为员工 b 的指纹及考勤时间。图 8.3.10 为未注册的任意指纹图像,图 8.3.11 为此指纹的识别结果,由于未注册,识别结果显示为"未注册人员"。至此,达到了身份识别、考勤记录的目的。

(a)注册员工a   (b)注册员工b   (c)注册员工c   (d)注册员工d

图 8.3.7　已注册员工指纹图像

2014-01-18 16:54:15

图 8.3.8　待识别指纹(一)   图 8.3.9　考勤结果(员工 b)

 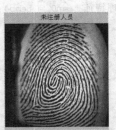

2014-01-18 16:56:18

图 8.3.10　待识别指纹(未注册人员)   图 8.3.11　考勤结果(未注册人员)

第 9 章

数字图像处理在检测领域中的应用

利用图像处理进行检测就是把检测对像的图像当作检测和传递信息的手段或载体加以利用的技术，是一种结合视频图像和计算机识别的图像处理技术，目的是从图像中提取有用的信号；在智能交通、安防、工业中应用广泛，可以代替人来完成一系列具有高度重复性和有一定风险性的工作，具有速度快、精度高、可靠性好、无接触无损、性价比高和功能容易扩充等特点，大大提高了生产效率，实现了生产自动化。并且随着计算机技术和信息技术的发展，其实现方法和手段也日新月异。

本章以 PCB 缺陷检测技术、人脸检测、红外微小目标检测为例，讲述数字图像处理在检测领域中的应用。

9.1　实例：印刷电路板缺陷检测

在现代电子设备中，印刷电路板占有重要的地位，其质量直接影响到产品的性能。自动检测系统基于图像处理与分析、计算机和自动控制等多种技术，对生产中遇到的缺陷进行检测和处理。由于编程简单、操作容易、生产成本低和缺陷覆盖率高，用于印刷电路板装配的自动检测系统成为计算机图像分析技术的典型应用。

9.1.1　印刷电路板主要缺陷及检测方法

印刷电路板上的常见缺陷有多种，如短路、断路、多线、少线、焊盘缺失、焊盘堵塞、凸起、凹陷、铜斑等，它们对板子性能的影响程度不尽相同。

印刷电路板缺陷检测系统首先要存储一个标准的印刷电路板图像作为参考标准；然后将待检测图像进行预处理，去除图像中的干扰以利于后续处理。由于待检测印刷电路板与标准印刷电路板相比存在各种差异，预处理后须根据标准印刷电路板对待检测印刷电路板配准。在检测过程中，将被测的印刷电路板输入图像和标准模板进行比较，若相差大于一定值，就认为此印刷电路板板有安装质量缺陷，并根据相关算法判定缺陷类型。印刷电路板缺陷检测方法流程图如图 9.1.1 所示。

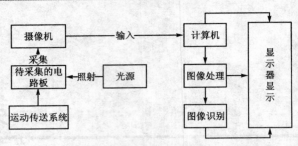

图 9.1.1　印刷电路板缺陷检测方法流程

9.1.2　印刷电路板图像的预处理

　　任何一幅未经处理的原始图像都存在着一定程度的噪声干扰,噪声恶化了图像质量使图像模糊,甚至淹没特征,给分析带来困难。目前,已经有许多成熟的方法可以用来对图像进行滤波处理,比如均值滤波、中值滤波、低通滤波、高通滤波、自适应滤波等。为了达到更好的去噪效果,这里采用了一些形态学的处理手段。由于其中有些操作在图像处理中非常有用,所以在图像处理工具箱中,MATLAB 将其作为预定义的操作。通过 bwmorph 函数可以访问这些预定义的形态操作。经形态学处理后的图像质量较处理前有了很大改善,基本满足后续图像配准所需的图像质量要求,如图 9.1.2 所示。下面给出了待检测印刷电路板图像预处理程序:

```
dc 印刷电路板 rgb = imread('dcpcbrgb2.bmp');% 读入待检测印刷电路板图像
figure()
imshow(dcpcbrgb);
title('待检测 pcb');
t = rgb2gray(dcpcbrgb);% 待检测印刷电路板图像灰度化
lvbo = medfilt2(t);% 中值滤波
uu = im2bw(lvbo);% 二值化
u = bwmorph(uu,'spur',8);% 去除物体小的分支
p = bwmorph(u,'fill');% 填充孤立黑点
dc = bwmorph(p,'clean');% 去除孤立亮点
figure()
imshow(dc);
title('预处理后待检测印刷电路板图像');
```

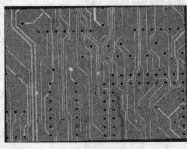

(a) 待检测PCB

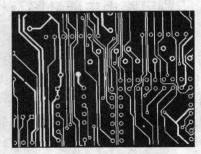

(b) 预处理后待检测PCB图像

图 9.1.2　待检测的印刷电路板图像及预处理结果

9.1.3 印刷电路板图像的配准

图像配准是图像处理的基本任务之一,用于将不同时间、不同传感器、不同视角及不同拍摄条件下获取的两幅或多幅图像进行匹配。考虑到缺陷检测系统的具体实际,采集到的待测板图像与标准板图像之间的差别多为刚性形变,因此可以采用基于灰度信息的配准方法。

假设标准参考图像为 R,待配准图像为 S,R 大小为 $m \times n$,S 大小为 $M \times N$,如图 9.1.3 所示。基于灰度信息的图像配准方法的基本流程是:以参考图像 R 叠放在待配准图像 S 上平移,参考图像覆盖被搜索图的那块区域叫子图 S_{ij},其中,i、j 为子图左上角在待配准图像 S 上的坐标。搜索范围是:

$$\begin{cases} 1 \leqslant i \leqslant M-m \\ 1 \leqslant j \leqslant N-n \end{cases} \tag{9.1.1}$$

通过比较 R 和 S_{ij} 的相似性完成配准过程。

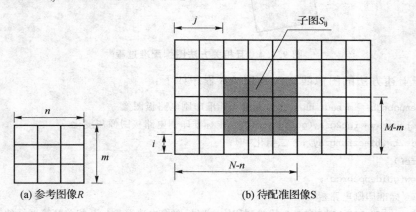

图 9.1.3 基于灰度信息的图像配准

根据采用的相似性度量函数不同,基于灰度信息的配准算法又可分为互相关配准方法、最大互信息配准法等多种不同的方法,本书采用互相关算法实现对两幅印刷电路板图像的配准。互相关配准方法是最基本的基于灰度统计的图像配准方法,要求参考图像和待匹配图像具有相似的尺度和灰度信息,利用待匹配图像上选取的区域在参考模板上进行遍历,计算每个位置处参考图像和待匹配图像的互相关系数。之所以选择这种方法,是由于待测板在与参考模板进行互相关系数计算前,先要进行旋转操作,目的是保证互相关系数的最大值在两板的轴向达到平行时取得。保持标准板方向的不变,只改变待测板,可以减小误差,提高配准的精确度。配准的基本过程如图 9.1.4 所示。

①待测板图像按设定的步进值在一定角度范围内旋转(应包含正向旋转和负向旋转),每一次旋转后都对两幅图中选取的区域进行互相关计算。

②选择互相关系数最大时对应的旋转角度,待测板图像按该角度进行修正后,两幅

图像的轴向达到平行。

③在修正后的待测板图像上选取区域,再进行互相关系数的计算,此时主要为了得到系数最大值对应的位置。

④由系数最大值的位置可以推导出两幅图像对应点的像素值关系,通过平移、裁剪等操作,进而实现配准。

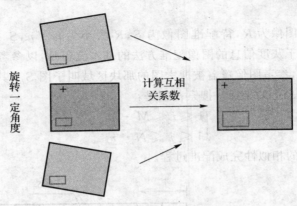

图 9.1.4　互相关方法图像配准过程

基于上述方法的图像匹配 MATLAB 程序如下:

```
goldenpcbrgb = imread('hh.bmp'); % 读入标准印刷电路板图像
biaozhungray = rgb2gray(goldenpcbrgb); % 标准印刷电路板图像灰度化
bj = im2bw(biaozhungray); % 二值化
figure()
imshow(goldenpcbrgb);
title('标准印刷电路板');
dc_rect = [80 370 150 130]; % 待检测印刷电路板图像中选取参与互相关计算区域的矩阵
bj_rect = [40 320 200 190]; % 标准印刷电路板图像中选取参与互相关计算区域的矩阵
bj_sub = imcrop(bj,bj_rect); % 剪裁标准印刷电路板图像
max_c = 0; % 初始化互相关最大值
for rr = -2:1:2 % 待检测印刷电路板图像依次旋转的角度(步进值可调)
    dc_rot = imrotate(dc,rr,'nearest'); % 待检测印刷电路板图像旋转,使用邻近插值法
    dc_sub = imcrop(dc_rot,dc_rect); % 裁剪带检测印刷电路板图像
    c = normxcorr2(dc_sub,bj_sub); % 计算互相系数
[max_c1,imax1] = max(abs(c(:))); % max_c1 为系数最大值,imax1 为系数最大值对应的位置
                              % 下标
    if(max_c1>max_c) % 每一次循环的最大值进行比较
        max_c = max_c1; % 取最大的值
        angle = rr; % 把取得最大值时对应的旋转角度赋给 angle
    end
end
dc_tz = imrotate(dc,angle,'nearest'); % 按 angle 角,对待检测印刷电路板图像进行旋转修正
```

```
dc_tz_sub = imcrop(dc_tz,dc_rect);%此时两幅图像的轴向已平行,重新计算互相关系数
cc = normxcorr2(dc_tz_sub,bj_sub);%
[max_cc,imax] = max(abs(cc(:)));%
[ypeak,xpeak] = ind2sub(size(cc),imax);%将下标转化为行列的表示形式
yd = [ypeak - (dc_rect(4) + 1) xpeak - (dc_rect(3) + 1)];%子图需移动的量
bj_dc = [yd(1) + bj_rect(2) yd(2) + bj_rect(1)];%标准印刷电路板图像在调整后的待检测图
                                              %像中的坐标
xz = [bj_dc(1) - dc_rect(2) bj_dc(2) - dc_rect(1)];%像素修正值
dc_qu_rect = [1 - xz(2) 1 - xz(1) size(bj,2) - 1 size(bj,1) - 1];%调整后的待检测图像中
                                                               %选取与标准图像同等大
                                                               %小的区域矩阵
dc_qu = imcrop(dc_tz,dc_qu_rect);%裁剪调整后的待检测印刷电路板图像
figure()
imshow(dc_qu)
title('匹配后的待检测印刷电路板图像')
```

程序运行结果如图 9.1.5 所示。

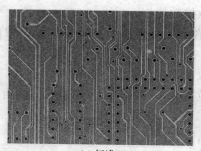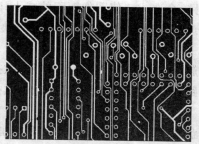

(a) 标准PCB　　　　　　　　(b) 匹配后的待检测PCB图像

图 9.1.5　标准印刷电路板图像及配准后的待检测印刷电路板图像

9.1.4　印刷电路板缺陷的识别与缺陷类型的判断

经过配准后的待测板图像与标准板二值图像进行异或运算,就可以得到缺陷的大致轮廓,再经过一些形态学的处理,能得到较为满意的缺陷标注图像。缺陷标注程序如下:

```
yihuo = xor(bj,dc_qu);%图像异或运算
MN = [3 3];
se = strel('rectangle',MN);%定义结构元素
imr = imerode(yihuo,se);%腐蚀运算
imd = imdilate(imr,se);%膨胀运算
rgb = label2rgb(imd,@autumn,'g');%标注对象变为彩色,采用 autumn 映射表,背景为绿色
biaoji = imlincomb(.6,rgb,.4,goldenpcbrgb);%将两幅图像按比例线性组合
figure()
imshow(biaoji);
```

title('缺陷标注');

程序运行结果如图 9.1.6 所示。

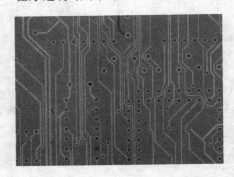

图 9.1.6　待检测印刷电路板缺陷标准结果

印刷电路板缺陷的类型主要有短路、断路、多线、少线、焊盘缺失、焊盘堵塞、凸起、凹陷、铜斑等，它们在二值图像特征上存在一定差异，可以据此对它们进行分类。各种缺陷的特征做一下分析：

①多线和少线：这两种缺陷属于非常严重的缺陷，特点是缺陷图像的面积较大，并且是远远大于其他类型缺陷，因此可以据此将这两种类型的缺陷分离出来。

②焊盘缺失：会造成二值图像面积的减小，单独一个焊盘图像的欧拉数为零，因此欧拉数保持不变。

③凹陷：会造成二值图像面积的减小，欧拉数不变。

④断路：会造成二值图像面积的减小，欧拉数增加。

⑤铜斑：会造成二值图像面积增加，缺陷所在对象面积和缺陷差影图像面积基本相同。

⑥凸起：会造成二值图像面积增加，欧拉数不变。

⑦短路：会造成二值图像面积增加，欧拉数减小（或由于对象数增加，或由于空洞数增加）。

⑧焊盘堵塞：会造成二值图像面积增加，欧拉数减小。

根据以上的分析可以得出缺陷类型的判断流程图，如图 9.1.7 所示。

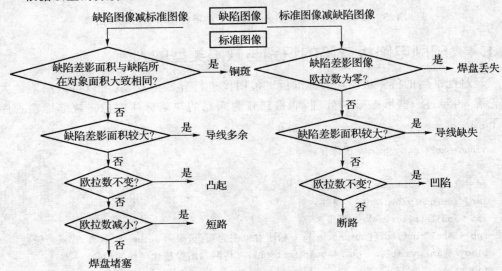

图 9.1.7　缺陷类型判断流程图

缺陷类型判断程序如下：

```
a1 = bj; % 标准印刷电路板
b1 = dc_qu; % 配准后的缺陷印刷电路板(简称缺陷印刷电路板)
c1 = a1 - b1; % 标准印刷电路板减缺陷印刷电路板
c2 = b1 - a1; % 缺陷印刷电路板减标准印刷电路板
MN = [5 3];
se = strel('rectangle',MN); % 定义结构元素
h1 = imerode(c1,se); % 腐蚀运算 c1
h2 = imerode(c2,se); % 腐蚀运算 c2
[i,j] = find(h1 == 1); % 选取特点坐标
p1 = bwselect(c1,j,i,8); % 选择图像中特定点
[q1,mu1] = bwlabel(p1); % 标记图像中特定点
num1 = 0;
num1 = mu1
hpqs = 0; % 焊盘缺失数初始化
dxqs = 0; % 导线缺失数初始化
aoxian = 0; % 凹陷数初始化
duan4lu = 0; % 断路数初始化
for k1 = 1:num1 % 循环寻找缺陷
r1 = zeros(size(q1)); % 欧拉数
ij1 = find(q1 == k1);
r1(ij1) = 1;
[i1,j1] = find(q1 == k1);
f1 = bwselect(a1,j1,i1,8);
if bweuler(r1) == 0; % 根据欧拉数判定是否焊盘缺失
    hpqs = hpqs + 1;
else
    if bwarea(r1)>500 % 根据面积判定是否导线缺失
        dxqs = dxqs + 1;
    else
      s1 = f1 - r1;
      if bweuler(s1) == bweuler(f1) % 判断是否凹陷
          aoxian = aoxian + 1;
      else bweuler(s1)>bweuler(f1) % 判定是否断路
        duan4lu = duan4lu + 1;
      end
    end
end
end
[i0,j0] = find(h2 == 1);
p2 = bwselect(c2,j0,i0,8);
[q2,mu2] = bwlabel(p2);
```

```
num2 = 0;
num2 = mu2;
hpds = 0;  % 焊盘阻塞数初始化
dxdy = 0;  % 导线多余数初始化
tuqi = 0;  % 凸起数初始化
duan3lu = 0;  % 短路数初始化
tongban = 0;  % 铜斑数初始化
for k2 = 1:num2  % 循环寻找缺陷
r2 = zeros(size(q2));
ij2 = find(q2 == k2);
r2(ij2) = 1;
[i2,j2] = find(q2 == k2);
f2 = bwselect(b1,j2,i2,8);
if bwarea(f2) - bwarea(r2) < = 10  % 判断是否存在铜斑
    tongban = tongban + 1;
else
    if bwarea(r2) > 300  % 判断是否导线多余
        dxdy = dxdy + 1;
    else
        s2 = f2 - r2;
        if bweuler(s2) == bweuler(f2)  % 判断是否凸起
            tuqi = tuqi + 1;
        elseif bweuler(s2) > bweuler(f2)  % 判断是否短路
            duan3lu = duan3lu + 1;
            else bweuler(s2) < bweuler(f2)  % 判断是否焊盘阻塞
            hpds = hpds + 1;
        end
    end
end
end
hpqs  % 显示焊盘缺失数
dxqs  % 显示导线缺失数
aoxian  % 显示凹陷数
duan4lu  % 显示断路数
hpds  % 显示焊盘堵塞数
dxdy  % 显示导线多余数
tuqi  % 显示凸起数
duan3lu  % 显示短路数
tongban  % 显示铜斑数
```

程序运行结果为:hpqs=1,dxqs=1,aoxian=1,duan4lu=1,hpds=1,dxdy=1,tuqi=1,duan3lu=1,tongban=1。即待检测的印刷电路板中存在 9 种缺陷,分别是短路、断路、多线、少线、焊盘缺失、焊盘堵塞、凸起、凹陷、铜斑,且每种缺陷在待检测的印刷电路板图像中存在一处。

9.2 实例:人脸检测

人脸检测技术是近年来随着图像处理技术、计算机技术、模式识别等技术而出现的一种生物特征识别技术。相对于指纹、虹膜等其他生物特征识别技术,人脸识别具有直接、友好、方便的特点,尤其是对于个人来说,几乎无任何心理障碍,因此在商业、司法、监控和视频检索等众多领域有着广泛的应用前景。近年来各国都投入大量物力、人力研究并发展各类识别技术,使得人脸检测技术受到了前所未有的重视。本节主要介绍基于肤色分割的彩色图像人脸检测技术。

9.2.1 人脸图像的预处理

在图像采集的过程中,受光照影响,会造成照片偏暗、偏亮,受采集设备的影响图像也会产生偏黄、偏绿等情况,这些现象都会严重影响肤色分割。而且光照对人脸的影响要高于不同人脸之间的差别。因此,光照和色彩还会影响到人物识别步骤中关键的人脸识别部分。在人脸检测前,进行光线和色彩补偿必不可少。

光线补偿方法参考"参考白"法,原理是利用光线补偿系数将图像的亮度进行线性放大,即将整张图像像素 RGB 值做相应的调整,具体算法为:将图像中所有像素点的亮度按从高到低排序后,若前 5% 的像素数量足够多,则将之作为"参考白"。然后把这些"参考白"像素点的 R、G、B 这 3 种分量值调整为 255,再根据参考白亮度的平均值与255 相除得到光线补偿系数,图像中其他像素点的亮度值也据此变换。

如果计算出光线补偿系数超过一定的范围,则对图像进行光线补偿后得到的效果不是很好,甚至可能出现适得其反的情况。所以本节采用了定光线补偿系数门限值的方法,即将计算出光线补偿系数与门限值相比较,若补偿系数的值在限定的条件范围内,则对图像进行光线补偿;反之,则跳过此步骤,直接进行下一步处理。图 9.2.1 为图像原始图,图 9.2.2 为光线补偿后的结果。MATLAB 程序如下:

```
function segment = guangzhaobuchang(m)
I = m;
I = double(I);
Y = 0.299 * I(:,:,1) + 0.587 * I(:,:,2) + 0.114 * I(:,:,3);
avmY = mean(mean(Y));
if avmY <= 175

    I(:,:,1) = log(I(:,:,1) + 1) * 255 * log(1.2)/log(255);
    I(:,:,2) = log(I(:,:,2) + 1) * 255 * log(1.2)/log(255);
    I(:,:,3) = log(I(:,:,3) + 1) * 255 * log(1.2)/log(255);
else
```

```
I(:,:,1) = 255.^(I(:,:,1)/255) + 1;
I(:,:,2) = 255.^(I(:,:,2)/255) + 1;
I(:,:,3) = 255.^(I(:,:,3)/255) + 1;

end
segment = I;
```

图 9.2.1　原始照片　　　　　　图 9.2.2　光照补偿后的照片

色彩补偿采用色彩均衡方法消除彩色偏移,具体思路如下:

①计算图像的 RGB 这 3 个分量的各自平均值 $\overline{R}$、$\overline{G}$、$\overline{B}$,令 $\text{avg} = \dfrac{(\overline{R} + \overline{G} + \overline{B})}{3}$。

②调整每一个像素的 R、G、B 值,令 $a_R = \dfrac{\text{avg}}{\overline{R}}$,$a_G = \dfrac{\text{avg}}{\overline{G}}$,$a_B = \dfrac{\text{avg}}{\overline{B}}$ 使得每一个像素 C 的 R、G、B 分量为 $C(R) = a_R \times C(R)$,$C(G) = a_G \times C(G)$,$C(B) = a_B \times C(B)$。

③将图像的各个分量调整到可显示范围。令 K 为图像中 R、G、B 这 3 个分量的最大值,令 $k = \dfrac{K}{255}$;若 $k > 1$,则对于图像中每个像素 C 有 $C(R) = \dfrac{C(R)}{k}$、$C(G) = \dfrac{C(G)}{k}$、$C(B) = \dfrac{C(B)}{k}$。

原图如图 9.2.3 所示,色彩补偿后的图像如图 9.2.4 所示。基于上述过程的色彩补偿的 MATLAB 程序如下:

```
function g = buchang(m)
I1 = m;
I = double(I1);
r = I(:,:,1);
g = I(:,:,2);
b = I(:,:,3);
sum1 = 0;
sum2 = 0;
sum3 = 0;
[w,h] = size(I(:,:,1));
```

```
for i = 1:w
    for j = 1:h
        sum1 = sum1 + r(i,j);
    end
end
r1 = sum1/(w * h);
for i = 1:w
    for j = 1:h
        sum2 = sum2 + g(i,j);
    end
end
g1 = sum2/(w * h);
for i = 1:w
    for j = 1:h
        sum3 = sum3 + b(i,j);
    end
end
b1 = sum3/(w * h);
aver = (r1 + g1 + b1)/3;
if (r1>136)
    rmax = max(r);
    gmax = max(g);
    bmax = max(b);
    factor1 = rmax/255;
    factor2 = gmax/255;
    factor3 = bmax/255;
    for i = 1:w
        for j = 1:h
            r(i,j) = (aver/r1) * r(i,j);
        end
    end
    for i = 1:w
        for j = 1:h
            g(i,j) = (aver/g1) * g(i,j);
        end
    end
    for i = 1:w
        for j = 1:h
            b(i,j) = (aver/b1) * b(i,j);
        end
    end
    if(factor1>1)
        for i = 1:w
```

```
            for j = 1:h
                r(i,j) = r(i,j)/factor1;
            end
        end
    end
    if(factor2>1)
        for i = 1:w
            for j = 1:h
                g(i,j) = g(i,j)/factor2;
            end
        end
    end
    if(factor3>1)
        for i = 1:w
            for j = 1:h
                b(i,j) = b(i,j)/factor3;
            end
        end
    end
    g = cat(3,r,g,b);
else
    g = I1;
end
```

图 9.2.3 原始图像　　　　　　　　图 9.2.4 色彩补偿后图像

9.2.2 色彩空间及肤色分割

人类的眼睛对于不同波长的光有不同的感知,在大脑中就形成了不同的颜色,但无论多少种颜色都是由 3 种基本色红、蓝、绿构成的。根据光度学和色度学原理,这 3 种基色正如色彩空间的 3 根基轴,按不同比例混合可以得到其他任何颜色。应用到计算机中,每一种颜色都可以有不同的表达法,造就了多样的色彩空间。每种色彩空间都有独特的背景及适用领域。

YCbCr 色彩空间是在 JPEG 标准下，由 RGB 图像转换到色度-亮度空间的一种非绝对色彩空间，由 YUV 色彩空间经过缩放和偏移得到的。Y 代表了亮度信息，Cb 和 Cr 代表色度信息，Cr 代表的是红色分量与亮度的差异，Cb 代表的是蓝色分量与亮度的差异。RGB 到 YCbCr 转换关系如下：

$$\begin{bmatrix} Y \\ Cb \\ Cr \end{bmatrix} = \begin{bmatrix} 16 \\ 128 \\ 128 \end{bmatrix} + \begin{bmatrix} 65.481 & 128.553 & 24.966 \\ -37.797 & -74.203 & 112.000 \\ 112.000 & -93.786 & -18.214 \end{bmatrix} \cdot \begin{bmatrix} R \\ G \\ B \end{bmatrix} \quad (9.2.1)$$

YCbCr 色彩空间其他色彩空间相比，具有与人类视觉感知过程类似的构成原理。白种人和黄种人的皮肤颜色相差很大，但肤色在色度上的差异远远小于在亮度上的差异，不同人的肤色在色度上往往很相近，只是在亮度上差异较大。因此，通常在 YCrCb 色彩空间中进行肤色的聚类，建立肤色模型判断肤色区域和非肤色区域。

本节采用 Anil K. Jain 提出的基于 YCbCr 颜色空间的肤色模型进行肤色分割。Anil K. Jain 等从 Heinrich–Hertz–Institute(HHI)图像库的 137 幅人脸图像中手工选取了 853 571 个肤色像素点，在 YCbCr 色彩空间内对肤色进行了建模发现，肤色聚类区域在 Cb-Cr 子平面上的投影将缩减，与中心区域显著不同。将这种投影到 Cb'-Cr'二维子空间，可以用一个特征椭圆来表示肤色像素的聚集区域。该特征椭圆的解析式为：

$$\frac{(x - e \cdot cx)^2}{a^2} + \frac{(y - e \cdot cy)^2}{b^2} = 1 \quad (9.2.2)$$

这里面 x 及 y 计算方法如下：

$$\begin{bmatrix} x \\ y \end{bmatrix} = \begin{bmatrix} \cos\theta & \sin\theta \\ -\sin\theta & \cos\theta \end{bmatrix} \begin{bmatrix} Cb' - cx \\ Cr' - cx \end{bmatrix} \quad (9.2.3)$$

解析式中常量分别如下：$cx = 109.38, cy = 152.02, \theta = 2.53, e \cdot cx = 1.60, e \cdot cy = 2.41, a = 25.39, b = 14.03$。采用这种方法的图像分割已经能够较为精确的将人脸和非人脸区域分割开来，其 MATLAB 程序如下：

```
function result = skin(Y,Cb,Cr)
% 参数
a = 25.39;
b = 14.03;
ecx = 1.60;
ecy = 2.41;
sita = 2.53;
cx = 109.38;
cy = 152.02;
xishu = [cos(sita) sin(sita); - sin(sita) cos(sita)];
% 如果亮度大于 230,则将长短轴同时扩大为原来的 1.1 倍
if(Y > 230)
    a = 1.1 * a;
    b = 1.1 * b;
```

```
end
% 根据公式进行计算
Cb = double(Cb);
Cr = double(Cr);
t = [(Cb - cx);(Cr - cy)];
temp = xishu * t;
value = (temp(1) - ecx)^2/a^2 + (temp(2) - ecy)^2/b^2;
% 大于 1 则不是肤色,返回 0;否则为肤色,返回 1
if value > 1
    result = 0;
else
    result = 1;
end
```

下面是人脸检测的主程序,为进一步增加人脸检测的准确程度,根据"人脸中存在双眼"这一先验知识进行了人脸筛选,这样程序将在后面给出。人脸检测主程序 MAT-LAB 代码如下:

```
I = imread('4.jpg');
gray = rgb2gray(I);
YCbCr = rgb2ycbcr(I); % 将图像转化为 YCbCr 颜色空间
heigth = size(gray,1); % 读取图像尺寸
width = size(gray,2);
for i = 1:heigth % 利用肤色模型二值化图像
    for j = 1:width
        Y = YCbCr(i,j,1);
        Cb = YCbCr(i,j,2);
        Cr = YCbCr(i,j,3);
        if(Y < 80)
            gray(i,j) = 0;
        else
            if(skin(Y,Cb,Cr) = = 1) % 根据色彩模型进行图像二值化
                gray(i,j) = 255;
            else
                gray(i,j) = 0;
            end
        end
    end
end
SE = strel('arbitrary',eye(5)); % 二值图像形态学处理
gray = imopen(gray,SE); % 开运算
imshow(gray); % 显示二值图像
[L,num] = bwlabel(gray,8); % 采用标记方法选取出图中的白色区域
STATS = regionprops(L,'BoundingBox'); % 度量区域属性
```

```
n = 1;    % 存放经过筛选以后得到的所有矩形块
result = zeros(n,4);
figure,imshow(I);
hold on;
for i = 1:num    % 开始筛选特定区域
    box = STATS(i).BoundingBox;
    x = box(1);    % 矩形坐标 x
    y = box(2);    % 矩形坐标 y
    w = box(3);    % 矩形宽度 w
    h = box(4);    % 矩形高度 h
    ratio = h/w;    % 宽度和高度的比例
    ux = uint8(x);
    uy = uint8(y);
    if ux > 1
        ux = ux - 1;
    end
    if uy > 1
        uy = uy - 1;
    end
    if w < 20 || h < 20 || w * h < 400    % 矩形的长宽的范围及矩形面积可自行设定
        continue
    elseif ratio < 2 && ratio > 0.6 && findeye(gray,ux,uy,w,h) = = 1
    % 根据"三庭五眼"规则高度和宽度比率应该在(0.6,2)内;
        result(n,:) = [ux uy w h];    % 存储人脸的矩形区域
        n = n + 1;
    end
end
if   size(result,1) = = 1 && result(1,1) > 0    % 对可能是人脸的区域进行标记
    rectangle('Position',[result(1,1),result(1,2),result(1,3),result(1,4)],'EdgeCol-
or','r');
else
    % 如果满足条件的矩形区域大于 1,则再根据其他信息进行筛选
    for m = 1:size(result,1)
        m1 = result(m,1);
        m2 = result(m,2);
        m3 = result(m,3);
        m4 = result(m,4);
        % 标记最终的人脸区域
        if m1 + m3 < width && m2 + m4 < heigth
            rectangle('Position'',[m1,m2,m3,m4],'EdgeColor','r');
        end
    end
end
```

下面这个函数用于人脸的确认,当区域内有眼睛存在时,才认为此区域为人脸区域:

```
function eye = findeye(bImage,x,y,w,h)
part = zeros(h,w);
%  二值化
for i = y:(y + h)
    for j = x:(x + w)
        if bImage(i,j) = = 0
            part(i − y + 1,j − x + 1) = 255;
        else
            part(i − y + 1,j − x + 1) = 0;
        end
    end
end
[L,num] = bwlabel(part,8);
%  如果区域中有两个以上的矩形则认为有眼睛
if num < 2
    eye = 0;
else
    eye = 1;
end
```

图 9.2.5 为待检测人脸的原始图像,图中有两个检测目标。图 9.2.6 为程序的运行结果。从图像二值化的结果可以看出,图像二值化正确检测出了人脸区域,虽然其中包含非人脸区域,但是这样根据肤色进行图像分割的方法能够很好地反映出脸部区域中的双眼。从最后人脸的标记结果看,本节给出的根据肤色进行人脸检测的方法准确可靠。

图 9.2.5　原始图像

图 9.2.6　人脸检测结果

9.3　实例:红外微小目标检测

在现代的高科技战争中,预警系统及武器系统能否更早地、在更远的距离上发现并跟踪敌方来袭的导弹、飞机、军舰等目标,对取得战争的主动性有着重要的意义。红外微小目标检测问题已成为红外预警及红外制导的核心技术,该法直接关系到整个系统的性能。多特征融合是一种先检测后跟踪的多帧检测技术,这种算法选择多个图像特征进行融合然后对多帧图像进行能量积累,有效地抑制噪声干扰,提高了检测能力。

9.3.1　红外图像预处理

在海天背景的图像中背景分为天空和海面两部分,天空背景的灰度值高于海面背景的灰度值,而且与目标的灰度值接近,海天线往往是目标检测的重大威胁。为了突出目标,采用高通滤波将变化缓慢的海面和天空背景滤除,使海、天灰度趋于一致,弱化海天线。图 9.3.1 为海天线倾斜 10°的海天背景红外图像,图 9.3.2 为空域高通滤波结果,可以看出海天背景已经趋于一致,海天线被弱化。但是高通滤波明显削弱了目标灰度,凸显了点状噪声。目前,红外成像系统的噪声主要成分是高斯噪声,因此,在高通滤波前先对图像进行高斯滤波,抑制图像中的高斯噪声。这样高通滤波后图像中噪声明显减少,既保护了目标,又抑制了图像中的高斯噪声。

图 9.3.1　原始图像　　　　　图 9.3.2　高通滤波后的图像

灰度变换应用在高通滤波之后,这样可以避免天空背景在灰度变换后得到强化而无法在高通滤波中滤除的弊端。由图 9.3.2 可见,高通滤波后图像中背景灰度值很低,且目标与背景的对比度不够强。因此,采用直方图非线性灰度变换进行背景区域压缩、目标区域拉伸,使目标灰度值和图像对比度得到提高。图 9.3.3 为灰度变换结果,灰度变换后目标灰度得到明显增强,但也不难看出在强化目标灰度的同时图像中与目标灰度相近的残余点状噪声灰度也得到了增强。中值滤波对脉冲噪声和点状噪声有良好的抑制作用,虽然目标这时也是点状的,但目标区域经过高通滤波(大于 2×2 像素)后明显大于噪声区域。因此,只要选择合适大小的中值滤波模板就能抑制噪声而不会滤除目标。采用 5×5 中值滤波模板(目标点无法通过该模板),最后滤波结果如图 9.3.4 所示。

图 9.3.3 灰度变换后的图像   图 9.3.4 中值滤波后的图像

由于图像预处理方法较为简单,整个过程只须按照"高通滤波–灰度变化–中值滤波"的过程进行即可,这样便可达到弱化背景强化目标的目的,图像预处理程序本节不再具体给出,读者参考其他章节。

9.3.2   微小目标特征提取及特征融合

背景抑制后目标的特征已得到明显增强,无须提取过多特征进行融合就能检测出微小目标。在多特征融合中主要用到的特征有局部灰度最大值、局部熵、局部对比度均值反差、形态学特征、局部变化量和局部平均梯度强度。考虑到算法实时性问题,选择计算量最小的两个特征:局部灰度最大值、局部对比度均值反差。

在红外图像中,目标的发动机、羽烟或排气管等其灰度值一般高于背景,那么可用局部灰度最大值来描述微小目标特征。局部灰度最大值定义为:

$$F_{ij}^1 = \max\{f(k,l) \mid (k,l) \in \mathbf{N}_{in}\} \tag{9.3.1}$$

式中,N_{in} 表示以像素 (i,j) 为中心大小与目标相近的模板,$f(k,l)$ 指的是第 k 行第 l 列像素的灰度值。

局部对比度均值反差用于度量目标区域的平均灰度值与其相邻背景的平均灰度值的差异,由于目标灰度高于背景灰度值,那么可以用局部对比度均值反差来描述微小目标特征。局部对比度均值反差表示为:

$$F_{ij}^2 = \frac{1}{n_{in}} \sum_{(k,l)\in N_{in}} f(k,l) - \frac{1}{n_{out}} \sum_{(k,l)\in N_{out}} f(k,l) \tag{9.3.2}$$

式中，N_{out} 表示以像素(i,j)为中心比 N_{in} 更大的模板，n_{out}、n_{in} 表示模板 N_{out}、N_{in} 中的像素数。

机场或是军舰这样的红外目标通常是人造目标对象，与自然目标相比更容易暴露出清晰的内部细节。局部平均梯度强度特征不会相同，即便是彼此之间的平均强度相似。这一特征用下面的公式计算：

$$F_{ij}^3 = \frac{1}{n_{in}} \sum_{(k,l)\in N_{in}} G_{in}(k,l) - \frac{1}{n_{out}} \sum_{(k,l)\in N_{out}} G_{out}(k,l) \tag{9.3.3}$$

式中，$G_{in}(k,l) = G_{in}^h + G_{in}^v$，$G_{in}^h = |f(k,l)-f(k,l+1)|$，$G_{in}^v = |f(k,l)-f(k+1,l)|$。

局部变化量(LV)与局部平均梯度强度特征不同，LV 由于检测局部区域微弱强度变化。LV 特征可以用下面的方法计算：

$$F_{ij}^4 = \frac{1}{n_{in}} \sum_{(k,l)\in N_{in}} L_{in}(k,l) - \frac{1}{n_{out}} \sum_{(k,l)\in N_{out}} L_{out}(k,l) \tag{9.3.4}$$

其中，$L_{in}(k,l) = |f(k,l)-\mu_{in}|$，$\mu_{in} = \frac{1}{n_{in}} \sum_{(k,l)\in n_{in}} f(k,l)$。式(9.3.3)及式(9.3.4)中 N_{in}、n_{in}、N_{out}、n_{out} 及 $f(k,l)$与式(9.3.1)及式(9.3.2)中的意义相同。下面给出各个特征的 MATLAB 程序：

```
function z = LMGL(mbin) % 局部灰度最大值
z1 = max(mbin);
z = max(z1);
function z = LCMD(mbin,mbout) % 局部对比度均值反差
z = sum(sum(mbin))/9 - (sum(sum(mbout)) - sum(sum(mbin)))/(81 - 9);
function z = LAGS(mbin,mbout) % 局部平局梯度强度
Gin = 0;Gout = 0;
for (k = 1:4)
    for(l = 1:4)
        Ginh = abs(double(mbin(k,l)) - double(mbin(k,l + 1)));
        Ginv = abs(double(mbin(k,l)) - double(mbin(k + 1,l)));
        Gin = Ginh + Ginv + Gin;
    end
end
for (k = 1:8)
    for(l = 1:8)
        if(1<k<8&1<l<8)
            continue
        else
        Gouth = abs(mbout(k,l) - mbout(k,l + 1));
        Goutv = abs(mbout(k,l) - mbout(k + 1,l));
        Gout = Gouth + Goutv + Gout;
```

```
            end
        end
end
z = Gin/25 - Gout/(81 - 25);
function z = LV(mbin,mbout) % 局部变化量
uin = sum(sum(mbin))/9;
uout = sum(sum(mbout))/(81 - 9);
lins = 0;louts = 0;
for(k = 1:3)
    for(l = 1:3)
        lin = abs(double(mbin(k,l)) - uin);
        lins = lin + lins;
    end
end
for (k = 1:6)
    for(l = 1:8)
        if(1<k<6&1<l<6)
            continue
        else
            lout = abs(mbout(k,l) - uout);
            louts = lout + louts;
        end
    end
end
z = lins/9 - louts/(81 - 9);
```

上面介绍了 4 个特征,在微小目标检测时可选择的特征有多种,这涉及检测的速度、硬件要求等问题。假设(i,k)为原始图像中的像素点,那么通过式(9.3.1)~式(9.3.4)就可以得到该点的 4 个特征值,进而形成该点的特征向量,统计所有特征向量便能到的平均特征向量。通过特征向量与平均向量间的算术运算来实现特征的融合,融合方法定义如下:

$$F'_{ij} = \sqrt{\sum_{T=1}^{4}(F_{ij}^T - \mathrm{avr}_i^T)^2} \tag{9.3.5}$$

式中,F_{ij}^T分别由式(9.3.1)~式(9.3.4)计算得到,avr_i^T为特征向量的第i行的均值,其计算方法如下:

$$\mathrm{avr}_i^T = \sum_{j=1}^{C} F^T(i,j) \tag{9.3.6}$$

特征融合算法的 MATLAB 程序如下:

```
function z = MFDM(F,avr)
global R;
global C;
```

```
for(i = 1:R) % 行
    for(j = 1:C) % 列
    z1(i,j) = sqrt((double(F{i,j}) - avr(:,i))' * (double(F{i,j}) - avr(:,i)));
end
end
z = z1;
function z = LCMD(mbin,mbout)
z = sum(sum(mbin))/9 - (sum(sum(mbout)) - sum(sum(mbin)))/(81 - 9);
```

9.3.3 自适应目标分割

在通过自适应加权融合后获得的特征图中,目标区域灰度值已明显高于其他区域。因此,采用简单的阈值分割就能将目标检测出来,这里选择简单的阈值分割方法:

$$M_{out} = \begin{cases} 255, & F > \text{THRESH} \\ 0, & \text{其他} \end{cases}$$
(9.3.7)

式中,$\text{THRESH} = u + k * \delta$,$u$ 和 δ 代表特征图的均值和方差。k 与虚警率有关,这里取值 $k = 5$。自适应目标分割的 MATLAB 程序如下:

```
function z = FG(mfdm)
global R;
global C;
Gmax = max(max(mfdm))
Gav = sum(sum(mfdm))/(R * C)
hi2t = 0;f = 0;lo2t = 0;g = 0;m = 1;
for(t = Gav:Gmax)
  for(j = 1:C) % 列
    for(i = 1:R) % 行
        if(mfdm(i,j)>t)
            hi2t = hi2t + mfdm(i,j);
            f = f + 1;
        elseif(mfdm(i,j)<t)
            lo2t = lo2t + mfdm(i,j);
            g = g + 1;
        else
            iiii = 1;
        end
    end
  end
  c(m) = min(abs(t - hi2t/f),abs(t - lo2t/g));
  m = m + 1;
end
cmax = max(c);
for(k = 1:(m-1))
```

```
        if(c(k) = = cmax)
            zg = Gav + k − 1
            break
        end
    end
end
for(j = 1:C) % 对原始图像分割
    for(i = 1:R) % 对原始图像分割
        if(mfdm(i,j) > = zg)
            mfdm(i,j) = 255;
        else
            mfdm(i,j) = 0;
        end
    end
end
z = mfdm;
```

整个红外微小目标检测算法就是由上面介绍的 4 大模块组成,即图像预处理模块、多特征提取模块、多特征融合模块及自适应目标分割模块。算法流程如图 9.3.5 所示。

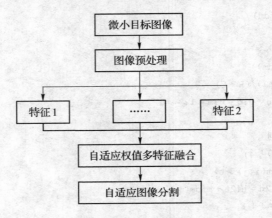

图 9.3.5　算法流程图

算法主程序调用主要模块的 M 文件及其他运算程序如下:

```
im = imread('ht.jpg');
im = TOGRAY(im); % 图像二值化
a = size(im); % 读取图像尺寸
global R;
R = a(1) − 4;
global C;
C = a(2) − 4;
r1 = im(1,:); % 扩展矩阵
r127 = im(R + 4,:);
im1 = [r1;r1;im;r127;r127];
```

```
        c1 = im1(:,1);
        c128 = im1(:,C + 4);
        im2 = [c1 c1 im1 c128 c128];
        avr = zeros(4,R);
for(i = 1:R) % 行
    for(j = 1:C) % 列
        I = [i i + 1 i + 2 i + 3 i + 4];
        J = [j j + 1 j + 2 j + 3 j + 4];
        I1 = [i i + 1 i + 2 i + 3 i + 4 i + 5 i + 6 i + 7 i + 8];
        J1 = [j j + 1 j + 2 j + 3 j + 4 j + 5 j + 6 j + 7 j + 8];
        mbin = im(I,J); % 模板生成
        mbout = im2(I1,J1); % 模板生成
        lmgl = LMGL(mbin); % 最大局部灰度值 M 文件
        lcmd = LCMD(mbin,mbout); % 局部均值反差 M 文件
        lags = LAGS(mbin,mbout); % 局部平均梯度强度 M 文件
        lv = LV(mbin,mbout); % 局部变化 M 文件
        F(i,j) = {[double(lmgl);double(lcmd);double(lags);double(lv)]}; % 生成特征向量
        avr(:,i) = avr(:,i) + F{i,j};
    end
    avr(:,i) = avr(:,i)/C; % 第 I 行均值
end
mfdm = MFDM(F,avr); % 调用特征融合 M 文件
fgim = FG(mfdm); % 调用自适应目标分割 M 文件
imshow(fgim);
```

程序运行结果图 9.3.6 给出了微小目标检测结果。

图 9.3.6　检测结果

第 10 章

MATLAB 和 C/C++ 混合编程实现图像处理

MATLAB 具有丰富的图像处理函数库,但是不适合直接应用于工程当中。如果能把 MATLAB 和另一种适合工程的编程语言结合到一起运用到数字图像处理领域,则会更加促进图像处理领域的进一步发展。MATLAB 和 C/C++ 的混合编程既继承了 MATLAB 的优点,又拥有了 C/C++ 更便于管理、更适合工程应用的特点。

本章在简单介绍 C/C++ 数字图像处理的基础上着重讲述如何在数字图像处理领域使用 C/C++ 和 MATLAB 的混合编程,并给出了应用实例。

10.1　C/C++ 数字图像处理

10.1.1　C/C++ 编程语言的简介

C 语言是 1972 年由美国贝尔实验室的 Ritchie 研制成功的。它不是为初学者设计的,而是为计算机专业人员设计的。大多数系统软件和许多应用软件都是用 C 语言编写的。C 语言是当今最流行的程序设计语言之一,功能丰富、表达力强、使用灵活方便、应用面广、目标程序高、可植入性好,同时兼备高级语言和低级语言的许多特点,适合作为系统描述语言,既可以用来编写系统软件,也可以用来编写应用软件。C 语言诞生后,许多原来用汇编语言编写的软件,现在都可以用 C 语言编写了,而学习和使用 C 语言要比学习和使用汇编语言容易得多。由于 C 语言的强大功能和各方面的优点逐渐为人们认识,到了 20 世纪 80 年代,C 开始进入 Windows 操作系统,并很快在各类计算机上得到了广泛的使用。

C 语言是一种结构化语言,层次清晰,便于按模块化方式组织程序,易于调试和维护。C 语言的表现能力和处理能力极强,不仅具有丰富的运算符和数据类型,便于实现各类复杂的数据结构;还可以直接访问内存的物理地址,进行位级的操作。由于 C 语言实现了对硬件的编程操作,因此,C 语言集高级语言和低级语言的功能于一体,即可进行纯软件的编程,也可进行基于硬件的编程。

但是随着软件规模的增大,用 C 语言编写程序渐渐显得有些吃力了。在 C 基础上,1983 年由贝尔实验室推出了 C++,进一步扩充和完善了 C 语言,成为一种面向对象的程序设计语言。C++提出了一些更为深入的概念,所支持的这些面向对象的概念容易将问题空间直接地映射到程序空间,为程序员提供了一种与传统结构程序设计不同的思维方式和编程方法,因而也增加了整个语言的复杂性,掌握起来有一定难度。

C++是由 C 发展而来的,与 C 兼容。用 C 语言写的程序基本上可以不加修改地用于 C++。从 C++的名字可以看出它是 C 的超越和集中,是一种面向对象的程序设计语言。C++对 C 的增强表现在 6 个方面:①类型检查更为严格;②增加了面向对象的机制;③增加了泛型编程的机制;④增加了异常处理;⑤增加了运算符重载;⑥增加了标准模板库(STL)。

学习 C++既要会利用其进行面向过程的结构化程序设计,也要会利用其进行面向对象的程序设计,更要会利用模板进行泛型编程。面向对象程序设计是针对开发较大规模的程序而提出来的,目的是提高软件开发的效率。不要把面向对象和面向过程对立起来,二者不是矛盾的,而是各有用途、互为补充的。

10.1.2 C/C++在数字图像处理方面的应用

MATLAB 由于其丰富的矩阵运算、强大的扩展能力和可靠性,已经广泛用于图像处理、信号处理、系统辨识、系统仿真当中。相对于理论方案研究,MATLAB 具有强大的数据处理能力和丰富的工具箱,且编程极为简单,可以极大地缩短解决方案开发周期,提高编程效率。

对于纯理论方案来说,MATLAB 编程语言具有很大优势。但是由于 MATLAB 采用的是类似 BASIC 一样解释型机制的语言,所以 MATLAB 语言执行效率很低,只有 C 语言的 1/10。在对实时性或速度要求较高的场合来说,MATLAB 就会显得力不从心。MATLAB 是一种高级语言,对底层硬件的控制能力很差,所以对于半实物仿真和倾向工程化的产品来说并不是一个很好的语言。对于软件公司来说,也希望发布的是一个可直接使用的应用程序,而不是一个只有源代码的产品。所以把 MATLAB 从代码转换成可直接使用的应用程序,具有较强的工程实用价值。微软公司风靡全球的 Visual C++自面世以来,其强大的硬件控制能力和系统集成功能使无数程序员对它一见倾心。C/C++编程语言适合开发较大规模的程序,同时容易生成可执行程序,比较适合应用于实际工程当中。但是纯粹的基于 C/C++的图像处理方法起步比较晚,目前尚且不成熟,不足以在实际工程中大规模地应用。同时,以 C/C++为基础的图像处理库尚不完善,用户无法像使用 MATLAB 一样在 C/C++上方便地进行图像处理,这无疑给图像处理工作带来了极大的不便。

将 MATLAB 和 C/C++两种编程语言结合到一起,既保证了代码的丰富性,也保证了代码的实际性,非常适合将数字图像处理应用于实际中,如面部识别、表面缺陷检测、运动物体监测、医学成像分析等。MATLAB 在它的后续版本当中逐渐增加了对 C/C++的支持。

10.2　MATLAB 引擎及运行环境设置

　　如何在 C/C++语言中使用 MATLAB 的函数进行数字图像处理,需要解决的首要问题就是了解实现这一功能的桥梁——MATLAB 引擎。外部语言需要使用 MATLAB 引擎来调用 MATLAB 内部的函数,下面详细介绍一下 MATLAB 引擎以及在 C/C++中如何使用这一引擎进行编程。

10.2.1　MATLAB 引擎

　　MATLAB 引擎包含了所需要的运行库,允许外部语言(比如 C/C++)来调用 MATLAB 内的函数进行编程。MATLAB 引擎是一种独立的 C/C++程序,可以通过相应的接口在 Windows 系统上使用;是在一个单独的进程里运行的,不会拖慢主进程的运行速度。MATLAB 引擎提供了一系列函数,允许用户在程序里启动或者结束调用 MATLAB 的进程,给 MATLAB 进程发送指令以及给 MATLAB 发送数据或者从 MATLAB 得到数据。

　　通过 MATLAB 引擎,用户可以在 C/C++程序里调用 MATLAB 内的数学处理函数,比如傅立叶变换函数,也可以通过 plot 函数进行绘图等。更为重要的是,MATLAB 引擎的出现使得 MATLAB 算法更容易融入到大型软件工程当中,拓展了 MATLAB 的使用面。

10.2.2　MATLAB 引擎的一些重要函数

　　在 C/C++程序中使用 MATLAB 函数,首先需要包含 MATLAB 引擎头文件 engine.h,只有这样,C/C++程序才能正确的识别 MATLAB 引擎函数。

　　下面对其中一些重要函数的使用方法进行说明。

　　(1)Engine ＊ engOpen(const char ＊ startcmd)

　　这个函数用于启动 MATLAB 引擎,如果启动成功,则返回 True。参数 startcmd 用于设置启动参数,一般为 NULL。

　　(2)mxArray ＊ mxCreateDoubleMatrix(mwSize m,mwSize n,mxComplexity flag)

　　这个函数用于生成 MATLAB 空间内矩阵,返回 mxArray 型数据。参数 m、n 代表欲生成的 m×n 阶矩阵;参数 flag 用于设置矩阵的类型,一般为实双精度型 mxREAL。

　　(3)int engPutVariable(Engine ＊ ep,const char ＊ var_name,const mxArray ＊ ap)

　　这个函数用于向 MATLAB 空间中传递变量数据。参数 ep 代表已定义的 MATLAB 引擎指针;参数 var_name 代表 MATLAB 空间中用来接收数据的变量名称;参数 ap 代表被传递的数据指针。

　　(4)int engEvalString(Engine ＊ ep,const char ＊ string)

　　这个函数用于调用 MATLAB 空间内的函数。参数 ep 代表已定义的 MATLAB 引擎指针,参数 string 用来指明需要调用的函数。

（5）void mxDestroyArray(mxArray * pa)

这个函数用于消除 MATLAB 空间中创建的矩阵,释放内存空间。参数 pa 代表需要被释放的矩阵指针。

（6）int engClose(Engine * ep)

这个函数用来关闭已启动的 MATLAB 引擎。参数 ep 代表已启动的 MATLAB 引擎指针。

在 10.3 节中将结合完整的程序说明上述函数的具体用法。

10.2.3　C/C++ 调用 MATLAB 引擎的准备工作

要想在 C/C++ 中使用 MATLAB 引擎,需要对 MATLAB 和操作系统运行环境进行一些相应的配置,主要有 3 个步骤:

1. 安装 MATLAB 软件

确保欲使用 MATLAB 引擎的 PC 上安装有最新完整版的正版 MATLAB 软件,读者可按照 MATLAB 官方提供的方法进行安装。

2. MATLAB 的 C/C++ 编译链配置

C/C++ 编译链的配置是为了给 MATLAB 软件指定一个 C/C++ 编译链,让它可以提供正常的 C/C++ 接口。只有配置了正确的 C/C++ 编译链,才能让 MAT-LAB 引擎正常工作,才能让 C/C++ 程序正常调用 MATLAB 函数。下面介绍下详细的配置步骤。

打开 MATLAB 软件,在命令行窗口中输入 mex - setup,选择当前系统可用的编译链作为 MATLAB 的 C/C++ 编译链,这里选择 Microsoft Visual C++ 2008,如图 10.2.1 所示;同理,输入 mbuild - setup,选择与上面相同的编译链,如图 10.2.2 所示。

配置结束后关闭 MATLAB 软件即可。

3. 配置 PC 操作系统的系统环境变量

在 C/C++ 程序中调用 MATLAB 函数需要操作系统层面的支持,因此需要将用到的 MATLAB 文件的绝对路径添加到 PC 系统的系统环境变量中,这样 C/C++ 程序才能正确地找到 MATLAB 函数的具体位置。下面介绍详细的配置步骤。

以 Widows 7 系统为例,右击桌面,在弹出的级联菜单中选择"属性",再在弹出对话框的"高级"选项卡中单击环境变量。将外部需要用到的 MATLAB 库文件路径、可执行文件路径添加系统变量 PATH 中,同理将同样的路径添加到管理员变量中的 PATH 变量中。添加完毕之后单击"确定"按钮即可。

例如,MATLAB 的安装目录为 D:\Program Files\MATLAB R2012a,则需要在 PATH 中添加(引号内内容注意中间的";"):"D:\Program Files\MATLAB R2012a\bin;D:\Program Files\MATLAB R2012a\bin\win32;D:\Program Files\MATLAB R2012a\extern \lib\win32\ microsoft",如图 10.2.3 所示。

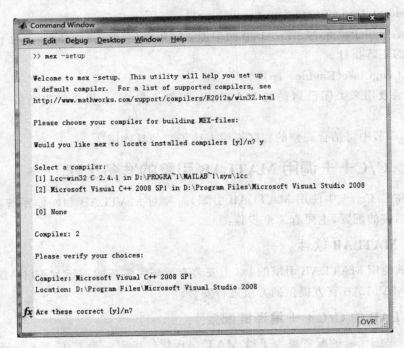

图 10.2.1 配置 mex 编译链

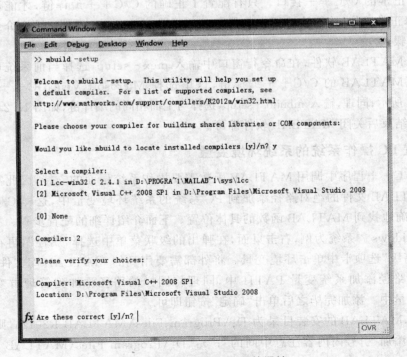

图 10.2.2 配置 mbuild 编译链

图 10.2.3　配置操作系统的环境变量

至此,MATLAB 引擎的运行环境设置完成,C/C++程序具备了调用 MATLAB 引擎的条件。下一节将结合具体的代码进行 C/C++与 MATLAB 混合编程的具体使用说明。

10.3　MATLAB 和 C/C++的混合编程实例

本节通过一系列完整的例子来说明 MATLAB 和 C/C++的混合编程过程及效果。系统开发环境为:硬件环境:CPU:Intel Core i3 330M,内存:3 GB DDR3,硬盘:320 GB 5400 转,显卡:Nvidia Geforce 310M。软件环境:Windows 7 SP1 32 bit,Microsoft Visual Studio 2008 SP1,MATLAB 2012a。

在正式介绍例子之前,需要创建新的 Microsoft Visual Studio 2008(以下简称 VS2008)工程,并对开发环境做一些相应的配置,使其可以正确地找到并识别 MATLAB 的可执行程序、头文件和库文件。下面介绍一下 VS2008 工程的建立和开发环境的配置。

10.3.1　创建新的 VS2008 工程

假设工程名称为 vc_MATLAB。首先启动 VS2008 开发环境。在 Windows 系统桌面上依次选择:“开始→所有程序→Microsoft Visual Studio 2008→Microsoft Visual Studio 2008”,正确启动后则弹出 VS2008 起始界面,如图 10.3.1 所示。

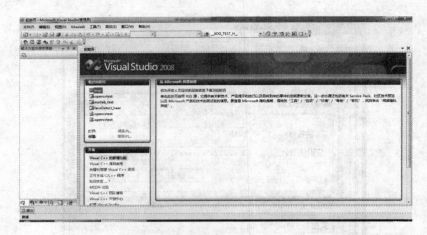

图 10.3.1 VS2008 开发环境欢迎页

然后建立一个空的项目。选择"文件→新建→项目",在弹出的新建项目界面左侧项目类型中选择 Visual C++,右侧选择空项目,在下方的名称中输入 vc_MATLAB,单击"确定"按钮。至此完成 VS2008 新项目的创建,如图 10.3.2 所示。

图 10.3.2 VS2008 新建项目界面

10.3.2 VS2008 开发环境的配置

在 VS2008 开发环境主界面的工具栏中依次选择"选项→配置"。在选项对话框中左侧依次选择"项目和解决方案→VC++目录",在右侧分别添加 MATLAB 的可执行文件目录、包含文件目录、库文件目录。例如,可执行文件目录(引号内内容):"D:\

Program Files\MATLAB　R2012a\ bin\win32";包含文件目录(引号内内容):"D:\
Program Files\MATLAB R2012a\extern\include\win32";库文件目录(引号内内容):
"D:\Program Files\MATLAB R2012a\extern\lib\win32\microsoft",如图 10.3.3
所示。

图 10.3.3　VS2008 环境配置界面

在 VS2008 开发环境主界面左侧的解决方案栏里右击上面新建的项目,选择"属性"。依
次选择"配置属性→链接器→输入",在右侧的附加依赖项一栏中输入需要用到的 MATLAB
库文件,这里需要用到 libeng. lib、libmat. lib、libmex. lib、libmx. lib,如图 10.3.4 所示。

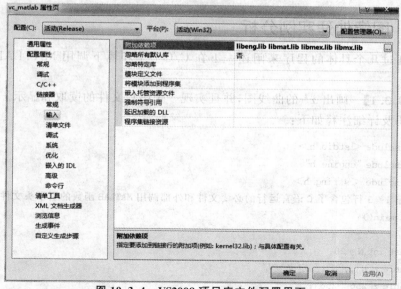

图 10.3.4　VS2008 项目库文件配置界面

在 VS2008 开发环境主界面左侧的解决方案栏里右击上面新建的项目,选择"属性"。依次选择"配置属性→C/C++→常规",在右侧的附加包含目录文本框中输入需要用到的 MATLAB 头文件所在目录,如(引号内内容)"D:\Program Files\MATLAB R2012a\extern\include",如图 10.3.5 所示。

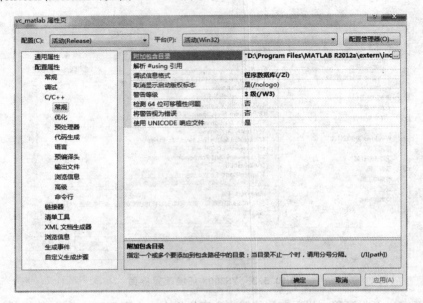

图 10.3.5　VS2008 项目头文件配置界面

至此,VS2008 开发环境设置完毕,已经可以正确地进行 C/C++ 与 MATLAB 的混合编程了。

10.3.3　图像处理实例分析

下面通过几个具体的程序来阐述一下在 C/C++ 环境下调用 MATLAB 函数的方式。

【例 10.3.1】　画出 x^2 的曲线图,并且实现一张图片文件的读取和显示。

源代码及详细注释如下:

```
1   # include <stdio. h>
2   # include "engine. h"
3   # include <string. h>
4   //第 1~3 行包含了 C 语言运行的必要文件和外部调用 MATLAB 函数的引擎头文件 engine. h
5   int main()
6   {
7   const int N = 20;
8   double x[N],y[N];//定义变量
9   double z[256][256];
10  //第 7~9 行:创建初始化变量,这里需要根据实际情况给出变量的维数和大小
```

```
11    for (int i = 0;i<N; i + +)
12    {
13    x[i] = i + 1;
14    y[i] = x[i] * x[i];
15    }
16    //第 12～16 行:得到 x² 的 20 个点坐标,用于之后绘图
17    Engine * ep;
18    if (! (ep = engOpen(NULL)))
19    {
20    printf("Cannot open MATLAB Engine. ");
21    }
22    //第 19～23 行:定义 MATLAB 外部调用引擎的指针,并判定引擎指针创建是否成功
23    mxArray * xx = mxCreateDoubleMatrix(1,N,mxREAL);//1 行 N 列
24    mxArray * yy = mxCreateDoubleMatrix(1,N,mxREAL);//1 行 N 列
25    mxArray * zz = mxCreateDoubleMatrix(256,256,mxREAL);//256 行 256 列
26    //第 26～28 行:创建需要传递给 MATLAB 的实数变量指针,并根据上面创建的初始化变量指
      //定该指针的维度和大小
27    memcpy(mxGetPr(xx),x,N * sizeof(double));
28    memcpy(mxGetPr(yy),y,N * sizeof(double));
29    memcpy(mxGetPr(zz),z,256 * 256 * sizeof(double));
30    //第 31～33 行:将 MATLAB 的变量指针指向初始化变量地址
31    engPutVariable(ep,"xx",xx);
32    engPutVariable(ep,"yy",yy);
33    engPutVariable(ep,"zz",zz);
34    //第 36～38 行:将矩阵写入 MATLAB 空间,并为其在 MATLAB 空间中命名
35    //调用 MATLAB 中 plot 函数,绘制曲线
36    engEvalString(ep,"plot(xx,yy)");
37    //调用 MATLAB 中的 imread 函数,读取一张图片
38    engEvalString(ep,"zz = imread('cameraman. tif')");
39    //调用 MATLAB 中的 figure 函数及 imshow 函数显示这张图片
40    engEvalString(ep,"figure");
41    engEvalString(ep,"imshow(zz)");
42    printf("press any key to exit!");
43    getchar();
44    mxDestroyArray(xx);
45    mxDestroyArray(yy);
46    mxDestroyArray(zz);
47    engClose(ep);
48    // 第 52～55 行:释放内存空间,并关闭 MATLAB 引擎
49    return 0;
50    }
```

下面将代码复制到已经建立的并配置好的工程中进行编译、运行。

向工程中添加源代码。在 VS2008 开发环境左侧解决方案资源管理器栏里右击 vc_matlab 项目内的源文件文件夹,依次选择"添加→新建项"。在弹出的添加新项界面中选择 C++文件(.cpp),并命名为 main,单击"确定"按钮。然后将上述代码完整地复制到 main.cpp 文件中,如图 10.3.6 所示。

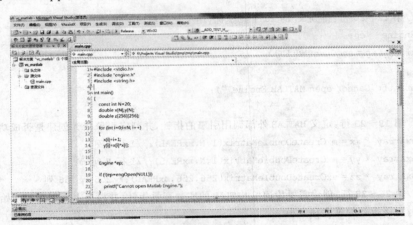

图 10.3.6　添加示例代码

生成解决方案。在 VS2008 开发环境界面上方的菜单栏依次选择"生成→生成解决方案",对整个工程进行编译、链接并生成解决方案。也可使用快捷键 F7 对整个工程进行编译,效果相同。编译过程输出如图 10.3.7 所示。

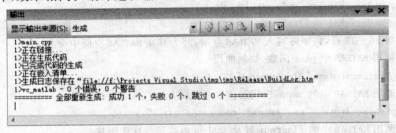

图 10.3.7　编译过程

运行程序。编程成功之后,在 VS2008 开发环境界面上方的菜单栏依次选择"调试→开始执行"即可运行程序。也可使用快捷键 Ctrl+F5,效果相同。运行效果如图 10.3.8 所示。

【例 10.3.2】　将一幅图像进行对数变换,并显示原图像和变换之后的图像。

源代码及详细注释如下:

```
1    # include <stdio. h>
2    # include "engine. h"
3    # include <string. h>
4    int main()
5    {
```

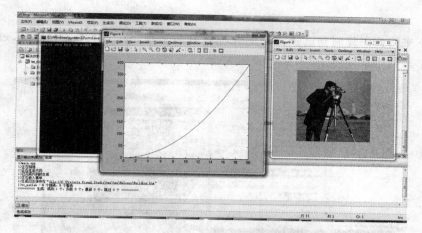

图 10.3.8　MATLAB 和 C/C++混合编程运行结果

```
6    Engine * ep;
7    if (! (ep = engOpen(NULL)))
8    {
9        printf("Cannot open MATLAB Engine. ");
10   }
11   // mxCreateDoubleMatrix 函数生成矩阵,本则例子需要创建 3 个 256×256 的矩阵
12   mxArray * I = mxCreateDoubleMatrix(256,256,mxREAL);//256 行列
13   mxArray * J = mxCreateDoubleMatrix(256,256,mxREAL);//256 行列
14   mxArray * H = mxCreateDoubleMatrix(256,256,mxREAL);//256 行列
15   //下面通过 MATLAB 引擎调用 MATLAB 算法
16   engPutVariable(ep,"I",I);
17   engPutVariable(ep,"J",J);
18   engPutVariable(ep,"H",H);
19   //第 18~20 行:将 3 个矩阵写入 MATLAB 空间,并为其在 MATLAB 空间中命名
20   engEvalString(ep,"I = imread('cameraman.tif')");
21   engEvalString(ep,"J = double(I)");
22   //进行对数变换
23   engEvalString(ep,"J = 40 * (log(J + 1))");
24   engEvalString(ep,"H = uint8(J)");
25   engEvalString(ep,"subplot(1,2,1), imshow(I)");
26   engEvalString(ep,"subplot(1,2,2), imshow(H)");
27   printf("press any key to exit!");
28   getchar();
29   mxDestroyArray(I);
30   mxDestroyArray(J);
31   mxDestroyArray(H);
32   engClose(ep);
33   return 0;
```

34　}

接下来将代码复制到已经建立的并配置好的工程当中进行编译、运行,过程同例 10.3.1。运行结果如图 10.3.9 所示。

图 10.3.9　MATLAB 和 C/C++混合编程运行结果

【例 10.3.3】　用空域高通滤波法对图像进行锐化。

源代码及详细注释如下:

```
1   # include <stdio. h>
2   # include "engine. h"
3   # include <string. h>
4   int main()
5   {
6   Engine * ep;
7   if(! (ep = engOpen(NULL)))
8   {
9   printf("Cannot open MATLAB Engine. ");
10  }
11  // mxCreateDoubleMatrix 函数生成矩阵
12  mxArray * I = mxCreateDoubleMatrix(256,256,mxREAL);//256 行列
13  mxArray * J = mxCreateDoubleMatrix(256,256,mxREAL);//256 行列
14  mxArray * A = mxCreateDoubleMatrix(256,256,mxREAL);//256 行列
15  mxArray * B = mxCreateDoubleMatrix(256,256,mxREAL);//256 行列
16  mxArray * C = mxCreateDoubleMatrix(256,256,mxREAL);//256 行列
17  engPutVariable(ep,"I",I);
18  engPutVariable(ep,"J",J);
19  engPutVariable(ep,"A",A);
20  engPutVariable(ep,"B",B);
21  engPutVariable(ep,"C",C);
22  //下面通过 MATLAB 引擎调用 MATLAB 算法
```

```
23   engEvalString(ep,"I = imread('cameraman. tif')");
24   engEvalString(ep,"J = im2double(I)");
25   engEvalString(ep,"subplot(2,2,1),imshow(J,[ ])");
26   //采用的高通滤波方阵模板为 h1,h2,h3
27   engEvalString(ep,"h1 = [ 0   -1  0,-1  5  -1,0  -1  0]");
28   engEvalString(ep,"h2 = [-1   -1   -1,-1  9  -1,-1   -1   -1]");
29   engEvalString(ep,"h3 = [ 1   -2  1,-2  5  -2,1  -2  1]");
30   engEvalString(ep,"A = conv2(J,h1,'same')");
31   engEvalString(ep,"subplot(2,2,2),imshow(A,[ ])");
32   engEvalString(ep,"B = conv2(J,h2,'same')");
33   engEvalString(ep,"subplot(2,2,3),imshow(B,[ ])");
34   engEvalString(ep,"C = conv2(J,h3,'same')");
35   engEvalString(ep,"subplot(2,2,4),imshow(C,[ ])");
36   printf("press any key to exit!");
37   getchar();
38   mxDestroyArray(I);
39   mxDestroyArray(J);
40   mxDestroyArray(A);
41   mxDestroyArray(B);
42   mxDestroyArray(C);
43   engClose(ep);
44   return 0;
45   }
```

接下来将代码复制到已经建立的并配置好的工程中进行编译、运行,过程同例 10.3.1。运行结果如图 10.3.10 所示。

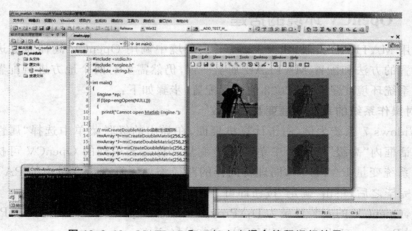

图 10.3.10　MATLAB 和 C/C++混合编程运行结果

10.4 OpenCV 与 MATLAB 的混合编程

10.3 节介绍了在 C/C++程序中调用 MATLAB 函数的方法,实现了 C/C++和 MATLAB 的混合编程。这一节介绍一种基于 C/C++语言的计算机视觉库_OpenCV。

OpenCV 的全称是 Open Source Computer Vision Library(开源计算机视觉库),是一个基于开源协议发行的跨平台计算机视觉处理库,可以运行在 Linux、Windows 和 Mac OS 等操作系统上。它由一系列 C 函数和少量 C++类构成,不依赖于其他的外部库,轻量且高效。同时它提供了 Python、Ruby 等语言的接口,实现了图像处理和计算机视觉方面的很多通用算法,拥有 500 多个 C 函数的跨平台的 API(应用程序编程接口)。OpenCV 用 C/C++语言编写,主要接口是 C 语言,但是所有新的开发和算法都是用 C++接口。OpenCV 已经广泛应用于人机互动、图像分割、人脸识别、运动分析、机器视觉、结构分析等领域。

OpenCV 与 MATLAB 相比,其优势在于先进的开源性和出色的运算速度。OpenCV 的开源性使其具有非常快的更新速度,紧跟行业潮流添加删除自己的功能;OpenCV 出色的运算速度在于它是基于 C/C++编写的,所以运行效率要比 MAT-LAB 高得多,这一点可以很好地弥补 MATLAB 运行慢的缺点。

由于 OpenCV 是基于 C/C++编写的,所以它可以非常轻松地在 Microsoft Visual Studio 开发环境上使用。OpenCV 和 MATLAB 的结合可以进一步达到功能和效率的平衡。本节将简单介绍一下 OpenCV 在 Windows 平台下的使用,并通过一个简单的例子来实现 OpenCV、MATLAB 和 C/C++的三者混合编程。

10.4.1 OpenCV 环境的搭建

和调用 MATLAB 类似,在 VS2008 开发环境中调用 OpenCV 同样需要进行一些配置。配置的方法和配置 MATLAB 基本一致,仍然需要对两个地方进行配置:PC 操作系统的系统环境变量和 VS2008 的工程配置,步骤如下:

(1)对操作系统的系统环境变量的修改

以 Widows 7 系统为例,右击计算机桌面,在弹出的级联菜单中选择"属性",再在弹出的对话框内"高级"选项卡中单击环境变量。将需要用到的 OpenCV 可执行文件路径添加系统变量 PATH 中,同理将同样的路径添加到管理员变量中的 PATH 变量中。添加完毕之后,单击"确定"按钮即可。

例如,OpenCV 的安装目录为 D:\Program Files\OpenCV2.0,则需要在 PATH 中添加:"D:\Program Files\OpenCV2.0\vc2008\bin"。

(2)对 VS2008 开发环境的配置

在 VS2008 开发环境主界面的工具栏中依次选择"选项→配置"。在选项对话框中左侧依次选择"项目和解决方案→VC++"目录,在右侧分别添加 OpenCV 的可执行文件目录、包含文件目录、库文件目录。

　　在 VS2008 开发环境主界面左侧的解决方案栏里右击上面新建的项目,选择"属性"。依次选择"配置属性→链接器→输入",在右侧的附加依赖项一栏中输入 OpenCV 库文件名称,cxcore200d. lib cv200d. lib highgui200d. lib。

　　至此,OpenCV 开发环境设置完毕,下面通过一个例子来解释 OpenCV、MATLAB 和 C/C++三者的混合编程。

10. 4. 2　OpenCV、MATLAB 和 C/C++混合编程实例分析

　　下面通过一个具体的实例来介绍 OpenCV、MATLAB 和 C/C++三者的混合编程。

　　【例 10. 4. 1】　使用 OpenCV 读取一张彩色图片,并将该图片转换为灰度图像,最后用 MATLAB 来显示转换后的灰度图像。

　　本例题使用的开发环境和 10. 3 节使用的开发环境基本相同,唯一不同之处在于增加了 OpenCV 2.0。首先新建一个 VS2008 空项目,并按照本章之前内容对 MAT-LAB、OpenCV 开发环境进行配置,然后将程序源代码复制到主函数中。源代码如下:

```
1    # include <stdio. h>
2    # include "engine. h"
3    # include <string. h>
4    # include <cv. h>
5    # include <highgui. h>
6    # include <cxcore. h>
//4～5 行为添加的 OpenCV 的头文件
7    int main(){
8      IplImage * img;
9      IplImage * gray;
10     if(! (img = cvLoadImage("office. jpg",1)))
11       printf("can't load image");
12     gray = cvCreateImage(cvSize(903,600),8,1);
13     cvCvtColor(img,gray,CV_BGR2GRAY);
14     Engine * ep;
15     if (! (ep = engOpen(NULL)))
16     {
17       printf("Can't open MATLAB Engine. ");
18     }
19     //定义 903×600 大小的 mxREAL 实双精度矩阵
20     mxArray * gray_MATLAB = mxCreateDoubleMatrix(903,600,mxREAL);
21     //给 gray_MATLAB 赋值
22     memcpy(mxGetPr(gray_matlab),gray,903 * 600 * sizeof(double));
23     engPutVariable(ep,"img_matlab",gray_matlab);
24     //engEvalString(ep,"zz = imread('cameraman. tif')");
```

```
25      engEvalString(ep,"figure");
26      engEvalString(ep,"imshow(img_matlab)");
27      printf("press any key to exit!");
28      getchar();
29      mxDestroyArray(gray_matlab);
30      engClose(ep);
31      cvReleaseImage(&img);
32      cvReleaseImage(&gray);
33      cvDestroyWindow("gray_matlab");
34      return 0;
35  }
```

程序运行结果如图 10.4.1 所示。

图 10.4.1　OpenCV、MATLAB 和 C/C++混合编程运行结果

　　OpenCV 是一款较新的计算机视觉库,具有非常大的发展潜力,目前世界上也有许多大的公司在支持这一项目。本节简要介绍了开源计算机视觉库 OpenCV 及其当前应用的领域,并比较了 OpenCV 相比 MATLAB 的优势所在。同时,通过一则简单的例子介绍了 OpenCV、MATLAB 和 C/C++三者的混合编程的过程,其目的在于为数字图像处理开辟一条功能和效率平衡的开发之路。

MATLAB 图像处理工具箱函数

图像显示：

函　　数	功　　能	语　　法
colorbar	显示颜色条	colorbar('vert') colorbar('horiz') colorbar(h) colorbar h= colorbar(…)
getimage	从坐标轴取得图像数据	A= getimage(h) [x,y,A]= getimage(h) […,A,flag]= getimage(h) […]= getimage
imshow	显示图像	imshow(I,n) imshow(I,[low high]) imshow(BW) imshow(X,map) imshow(RGB) imshow(…,display_option) imshow(x,y,A,…) imshow filename h= imshow(…)
montage	在矩形框中同时显示多幅图像	montage(I) montage(BW) montage(X,map) montage(RGB) h= montage(…)

续表

函　　数	功　　能	语　　法
immove	创建多帧索引图的电影动画	mov= immove(X,map)
subimage	在一幅图中显示多个图像	subimage(X,map) subimage(I) subimage(BW) subimage(RGB) subimage(x,y,…) h=subimage(…)
truesize	调整图像显示尺寸	truesize(fig,[mrows mcols]) truesize(fig)
warp	将图像显示到纹理映射表面	warp(X,map) warp(I,n) warp(BW) warp(RGB) warp(z,…) warp(x,y,z,…) h= warp(…)
zoom	缩放图像	zoom on zoom off zoom out zoom reset zoom zoom xon zoom yon zoom(factor) zoom(fig,option)

图像文件 I/O：

函　　数	功　　能	语　　法
imfinfo	返回图形文件信息	info= imfinfo(filename,fmt) info= imfinfo(filename)
imread	从图形文件中读取图像	A=imread(filename,fmt) [X,map]= imread(filename,fmt) […]= imread(filename) […]= imread(…,idx)(TIFF only) […]= imread(…,idx)(HDF only) […]= imread(…,'BackgroundColor',BG) (PNG only) [A,map,alpha]=imread(…)(PNG only)

续表

函　　数	功　　能	语　　法
imwrite	把图像写入图形文件中	imwrite(A,filename,fmt) imwrite(X,map,filename,fmt) imwrite(…,filename) imwrite(…,Param1,Vsl1,Param,Val2…)

几何操作：

函　　数	功　　能	语　　法
imcorp	剪切图像	I2＝imcorp(I) X2＝imcorp(X,map) RGB2＝imcorp(RGB) I2＝imcorp(I,rect) X2＝imcorp(X,map,rect) RGB2＝imcorp(RGB,rect) […]＝imcrop(x,y,…) [A,rect]＝imcrop(…) [x,y,A,rect]＝imcrop(…)
imresize	改变图像大小	B＝imresize(A,m,method) B＝imresize(A,[mrows ncols],method) B＝imresize(…,method,n) B＝imresize(…,method,h)
imrotate	旋转图像	B＝imrotate(A,angle,method) B＝imrotate(A,angle,method,'crop')

像素和统计处理

函　　数	功　　能	语　　法
corr2	计算两个矩阵的二维相关系数	r＝corr2(A,B)
imcontour	创建图像数据的轮廓图	imcontour(I,n) imcontour(I,v) imcontour(x,y,…) imcontour(…,LineSpec) [C,h]＝imcontour(…)

函　　数	功　　能	语　　法
imfeature	计算图像区域的特征尺寸	stats＝imfeature(L,measurements) stats＝imfeature(L,measurements,n)
imhist	显示图像数据的柱状图	imhist(I,n) imhist(X,map) [counts,x]＝imhist(…)
impixel	确定像素颜色值	P＝ impixel(I) P＝ impixel(X,map) P＝ impixel(RGB) P＝ impixel(I,c,r) P＝ impixel(X,map,c,r) P＝ impixel(RGB,c,r) [c,r,P]＝impixel(…) P＝ impixel(x,y,I,xi,yi) P＝ impixel(x,y,X,map,xi,yi) P＝ impixel(x,y,RGB,xi,yi) [xi,yi,P]＝impixel(x,y,…)
improfile	沿线段计算剖面的像素值	c＝ improfile c＝ improfile(n) c＝ improfile(I,xi,yi) c＝ improfile (I,xi,yi,n) [cx,cy,c]＝ improfile(…) [cx,cy,c,xi,yi]＝ improfile(…) […]＝ improfile(x,y,I,xi,yi) […]＝ improfile(x,y,I,xi,yi,n) […]＝ improfile(…,method)
mean2	计算矩阵元素的平均值	b＝mean2(A)
pixval	显示图像像素信息	pixval on pixval off pixval pixval(fig,option)
std2	计算矩阵元素的标准偏移	b＝std2(A)

图像分析：

函　　数	功　　能	语　　法
edge	识别强度图像中的边界	BW＝edge(I,'sobel') BW＝edge(I,'sobel',thresh) BW＝edge(I,'sobel'thresh,direction) [BW,thresh]＝edge(I,'sobel',…) BW＝edge(I,'prewitt') BW＝edge(I,'prewitt',thresh) BW＝edge(I,'prewitt',thresh,direction) [BW,thresh]＝edge(I,'prewitt',…) BW＝edge(I,'robert') BW＝edge(I,'robert',thresh) [BW,thresh]＝edge(I,'robert',…) BW＝edge(I,'log') BW＝edge(I,'log',thresh) BW＝edge(I,'log',thresh,sigma) [BW,threshold]＝edge(I,'log',…) BW＝edge(I,'zerocross',thresh,h) [BW,thresh]＝edge(I,'zerocross',…) BW＝edge(I,'canny') BW＝edge(I,'canny',thresh) BW＝edge(I,'canny',thresh,sigma) [BW,threshold]＝edge(I,'canny',…)
qtdecomp	进行四叉树分解	S＝ qtdecomp(I) S＝ qtdecomp(I,threshold) S＝ qtdecomp(I,threshold,mindim) S＝ qtdecomp(I,threshold,[mindim maxdim]) S＝ qtdecomp(I,fun) S＝ qtdecomp(I,fun,P1,P2,…)
qtgetblk	获取四叉树分解中的块值	[vals,r,c]＝ qtgetblk(I,S,dim) [vals,idx]＝ qtgetblk(I,S,dim)
qtsetblk	设置四叉树分解中的块值	J＝ qtsetblk(I,S,dim,vals)

图像增强：

函　　数	功　　能	语　　法
histeq	用柱状图均等化增强对比	J＝ histeq(I,hgram) J＝ histeq(I,n) [J,T]＝ histeq(I,…)

函　数	功　能	语　法
imadjust	调整图像灰度值或颜色映像表	J＝imadjust(I,[low high],[bottom top],gamma) Newmap＝imadjust(map,[low high],[bottom top],gamma) GRB2＝imadjust(RGB1,…)
imnoise	增强图像的渲染效果	J＝imnoise(I,type) J＝imnoise(I,type,parameters)
medfilt2	进行二维中值过率	B＝medfilt2(A,[m n]) B＝medfilt2(A) B＝medfilt2(A,'indexed',…)
ordfilt2	进行二维统计顺序过滤	B＝ordfilt2(A,order,domain) B＝ordfilt2(A,order,domain,S) B＝ordfilt2(…,padopt)
wiener2	进行二维适应性去噪过滤处理	J＝wiener2(I,[m n],noise) [J,noise]＝wiener2(I,[m n])

线性滤波：

函　数	功　能	语　法
conv2	进行二维卷积操作	C＝conv2(A,B) C＝conv2(hcol,hrow,A) C＝conv2(…,shape)
convmtx2	计算二维卷积矩阵	T＝convmtx2(H,m,n) T＝convmtx2(H,[m,n])
convn	计算 n 维卷积	C＝convn(A,B) C＝convn(A,B,shape)
filter2	进行二维线性过滤操作	B＝filter2(h,A) B＝filter2(h,A,shape)
fspecial	创建预定义过滤器	h＝fspecial(type) h＝fspecial(type,parameters)

线性二维滤波设计：

函　数	功　能	语　法
freqspace	确定二维频率响应的频率空间	$[f1,f2]=$ freqspace(n) $[f1,f2]=$ freqspace$([m\ n])$ $[x1,y1]=$ freqspace$(\cdots,'meshgrid')$ $f=$ freqspace(N) $f=$ freqspace$(N,'whole')$
freqz2	计算二维频率响应	$[H,f1,f2]=$ freqz2$(h,n1,n2)$ $[H,f1,f2]=$ freqz2$(h,[n2,n1])$ $[H,f1,f2]=$ freqz2$(h,f1,f2)$ $[H,f1,f2]=$ freqz2(h) $[\cdots]=$ freqz2$(h,\cdots,[dx\ dy)$ $[\cdots]=$ freqz2$(h,\cdots,dx)$ freqz2$(\cdots)$
fsamp2	用频率采样法设计二维 FIR 过滤器	$h=$ fsamp2(Hd) $h=$ fsamp2$(f1,f2,Hd,[m\ n])$
ftrans2	通过频率转换设计二维 FIR 过滤器	$h=$ ftrans2(b,t) $h=$ ftrans2(b)
fwind1	用一维窗口方法设计二维 FIR 过滤器	$h=$ fwind1(Hd,win) $h=$ fwind1$(Hd,win1,win2)$ $h=$ fwind1$(f1,f2,Hd,\cdots)$
fwind2	用二维窗口方法设计二维 FIR 过滤器	$h=$ fwind2(Hd,win) $h=$ fwind2$(f1,f2,Hd,win)$

图像变换：

函　数	功　能	语　法
dct2	进行二维离散余弦变换	$B=$ dct2(A) $B=$ dct2(A,m,n) $B=$ dct2$(A,[m\ n])$
dctmtx	计算离散余弦变换矩阵	$D=$ dctmtx(n)
fft2	进行二维快速傅立叶变换	$B=$ fft2(A) $B=$ fft2(A,m,n)
fftn	进行 n 维快速傅立叶变换	$B=$ fftn(A) $B=$ fftn(A,siz)

续表

函　　数	功　　能	语　　法
fftshift	把快速傅立叶变换的 DC 组件移到光谱中心	B= fftshift(A)
idct2	计算二维离散反余弦变换	B= idct2(A) B= idct2(A,m,n) B= idct2(A,[m n])
iff2	计算二维快速傅立叶反变换	B= iff2(A) B= iff2(A,m,n)
ifftn	计算 n 维快速傅立叶反变换	B= ifftn(A) B= ifftn(A,siz)
iradon	进行反 radon 变换	I= iradon(P,theta) I= iradon(P,theta,interp,filter,d,n) [I,h]= iradon(…)
phantom	产生一个头部幻影图像	P= phantom(def,n) P= phantom(E,n) [P,E]= phantom(…)
radon	计算 radon 变换	R= radon(I,theta) R= radon(I,theta,n) [R,xp]= radon(…)

边沿和块处理:

函　　数	功　　能	语　　法
bestblk	确定进行块操作的块大小	siz=bestblk([m n],k) [mb,nb]= bestblk([m n],k)
blkproc	实现图像的显示块操作	B= blkproc(A,[m n],fun) B= blkproc(A,[m n],fun,P1,P2,…) B= blkproc(A,[m n],[mborder nborder]fun,…) B= blkproc(A,'indexed',…)
col2im	将矩形的列重新组织到块中	A= col2im(B,[m n],[mm nn],block_type) A= col2im(B,[m n],[mm nn])
colfilt	利用列相关函数进行边沿操作	B= colfilt(A,[m n],block_type,fun) B= colfilt(A,[m n],block_type,fun,P1,P2,…) B= colfilt(A,[m n],[mblock nblock]block_type,fun…) B= colfilt(A,'indexed',…)

续表

函　数	功　能	语　法
im2col	重调图像块为列	B= im2col(A,[m n], block_type) B= im2col(A,[m n]) B= im2col(A,'indexed',…)
nlfilter	进行边沿操作	B= nlfilter(A,[m n],fun) B= nlfilter(A,[m n],fun,P1,P2,…) B= nlfilter(A, 'indexed',…)

二进制图像操作：

函　数	功　能	语　法
applylut	在二进制图像中利用 lookup 表进行边沿操作	A= applylut(BW,lut)
bwarea	计算二进制图像对象面积	total= bwarea(BW)
bweuler	计算二进制图像的欧拉数	eul= bweuler(BW,n)
bwfill	填充二进制图像的背景色	BW2= bwfill(BW1,c,r,n) BW2= bwfill(BW1,n) [BW2,idx]= bwfill(…) BW2= bwfill(x,y,BW1,xi,yi,n) [x,y,BW2,idx,xi,yi]= bwfill(…) BW2= bwfill(BW1,'hole',n) [BW2,idx]= bwfill(BW1,'hole',n)
bwlabel	标注二进制图像中与已连接的部分	L= bwlabel(BW,n) [L,num]= bwlabel(BW,n)
bwmorph	提取二进制图像的轮廓	BW2= bwmorph(BW1,operation) BW2= bwmorph(BW1,operation,n)
bwperirm	计算二进制图像中对象的周长	BW2= bwperirm(BW1,n)
bwdelect	在二进制图像中选取对象	BW2= bwdelect(BW1,c,r,n) BW2= bwdelect(BW1,n) [BW2,idx]= bwdelect(…)
dilate	放大二进制图像	BW2= dilate(BW1,SE) BW2= dilate(BW1,SE,alg) BW2= dilate(BW1,SE,…,n)

续表

函 数	功 能	语 法
erode	弱化二进制图像的边界	BW2＝erode(BW1,SE) BW2＝erode(BW1,SE,alg) BW2＝erode(BW1,SE,…,n)
makelut	创建一个用于 applylut 函数的 lookup 表	lut＝makelut(fun,n) lut＝makelut(fun,n,P1,P2,…)

区域处理：

函 数	功 能	语 法
roicolor	选择感兴趣的颜色区	BW＝roicolor(A,low,high) BW＝roicolor(A,v)
roifill	在图像的任意区域中进行平滑插补	J＝roifill(I,c,r) J＝roifill(I) J＝roifill(I,BW) [J,BW]＝roifill(…) J＝roifill(x,y,I,xi,yi) [x,y,J,BW,xi,yi]＝roifill(…)
roifilt2	过滤敏感区域	J＝roifilt2(h,I,BW) J＝roifilt2(I,BW,fun) J＝roifilt2(I,BW,funP1,P2)
roipoly	选择一个敏感的多边形区域	BW＝roipoly(I,c,r) BW＝roipoly(I) BW＝roipoly(x,y,I,xi,yi) [BW,xi,yi]＝roipoly(…) [x,y,BW,xi,yi]＝roipoly(…)

颜色映像处理：

函 数	功 能	语 法
brighten	增加或降低颜色映像的亮度	brighten(beta) newmap＝brighten(beta) newmap＝brighten(map,beta) brighten(fig,beta)
cmpermute	调正颜色映像表中的颜色	[Y,newmap]＝cmpermute(X,map) [Y,newmap]＝cmpermute(X,map,index)

函　　数	功　　能	语　　法
cmunique	查找颜色映像表中特定的颜色及相应的图像	$[Y,newmap] = cmunique(X,map)$ $[Y,newmap] = cmunique(RGB)$ $[Y,newmap] = cmunique(I)$
imapprox	对索引图像进行近似处理	$[Y,newmap] = imapprox(X,map,n)$ $[Y,newmap] = imapprox(X,map,tol)$ $Y = imapprox(X,map,newmap)$ $[\cdots] = imapprox(\cdots,dither\_option)$
rgbplot	划分颜色映像表	$Rgbplot(map)$

颜色空间转换：

函　　数	功　　能	语　　法
hsv2rgb	转换 HSV 值为 RGB 颜色空间	$rgbmap = hsv2rgb(hsvmap)$ $RGB = hsv2rgb(HSV)$
ntsc2rgb	转换 NTSC 的值为 RGB 颜色空间	$rgbmap = ntsc2rgb(yiqmap)$ $RGB = ntsc2rgb(YIQ)$
rgb2hsv	转换 RGB 值为 HSV 颜色空间	$hsvmap = rgb2hsv(rgbmap)$ $HSV = rgb2hsv(RGB)$
rgb2ntsc	转换 RGB 的值为 NTSC 颜色空间	$yiqmap = rgb2ntsc(rgbmap)$ $YIQ = rgb2ntsc(RGB)$
rgb2ycbcr	转换 RGB 的值为 YcbCr 颜色空间	$ycbcrmap = rgb2ycbcr(rgbmap)$ $YCBCR = rgb2ycbcr(RGB)$
ycbcr 2rgb	转换 YcbCr 值为 RGB 颜色空间	$rgbmap = ycbcr 2rgb(ycbcrmap)$ $RGB = ycbcr 2rgb(YCBCR)$

图像类型和类型转换：

函　　数	功　　能	语　　法
dither	通过抖动增加外观颜色分辨率,转换图像	$X = dither(RGB,map)$ $BW = dither(I)$
gray2ind	转换灰度图像为索引图像	$[X,map] = gray2ind(I,n)$
grayslice	从灰度图像创建索引图像	$X = grayslice(I,n)$ $X = grayslice(I,v)$
im2bw	转换图像为二进制图像	$BW = im2bw(I,level)$ $BW = im2bw(X,map,level)$ $BW = im2bw(RGB,level)$

函　　数	功　　能	语　　法
im2double	转换图像矩阵为双精度型	I2＝im2double(I2) RGB＝im2double(GRB1) BW2＝im2double(BW1) X2＝im2double(X1,'indexed')
double	转换数据为双精度型	B＝double(A)
uint8	转换数据为 8 位无符号整型	B＝uint8(A)
im2uint8	转换图像阵列 8 位无符号整型	I2＝im2uint8(I1) RGB＝im2uint8(RGB1) BW2＝im2uint8(BW1) X2＝im2uint8(X1,'index')
im2unit16	转换图像阵列 16 位无符号整型	I2＝im2uint16(I1) RGB＝im2uint16(RGB1) X2＝im2uint16(X1,'index')
unit16	转换数据为 16 位无符号整型	B＝uint16(X)
ind2gray	把索引图像转换为灰度图	I＝ind2gray(X,map)
ind2rgb	把索引图像转换为 RGB 真彩图像	RGB＝ind2rgb(X,map)
isbw	判断是否为二进制图像	flag＝isbw(A)
isgray	判断是否为灰度图	flag＝isgray(A)
isind	判断是否为索引图	flag＝isind(A)
isrgb	判断是否为 RGB 真彩图像	flag＝isrgb(A)
mat2gray	转化矩阵为灰度图像	I＝mat2gray(A,[amin amax]) I＝mat2gray(A)
rgb2gray	转换 RGB 图像或颜色映像表为灰度图像	I＝rgb2gray(RGB) I＝rgb2gray(A)
rgb2ind	转换 RGB 图像为索引图像	[X,map]＝rgb2ind(RGB,tol) [X,map]＝rgb2ind(RGB,n) X＝rgb2ind(RGB,map) […]＝rgb2ind(…,dither_option)

工具箱参数设置：

函　数	功　能	语　法
ipgetpref	获取图像处理工具箱参数设置	value＝ ipgetpref(prefname)
iptsetpref	设置图像处理工具箱参数	Iptsetpref(prefname,value)

附录 B

图像处理技术常用英汉术语(词汇)对照

A

Accuracy factor 准确度因子
Adaptive encoding 自适应编码
Algebraic operation 代数运算
Algebraic approach restoration 代数法复原
Aliasing 走样(混叠) 交叠,混淆
Arc 弧
Artificial language 人工语言
Atomic region 原子区
Autocorrelation 自相关

B

Band – limited function 有限带宽函数
Band – pass filter 带通滤波器
Band – reject filter 带阻滤波器
Bayes classifier 贝叶斯分类器
Binary image 二值图像
Bit 比特
Bit error 比特误差
Bit reduction 比特压缩
Bit reversal 比特倒置
Blackboard system 黑板系统
Block circulant matrix 分块循环矩阵
Blur 模糊
Border 边框

Boundary 边界

Boundary chain code 边界链码

Boundary pixel 边界像素

Boundary tracking 边界跟踪

Brightness 亮度

Brightness adaptation 亮度适应

Brightness discrimination 亮度鉴别

Brightness level 亮度级

Butterworth filter 巴特沃思滤波器

Butterworth high – pass filtering 巴特沃思高通滤波

Butterworth low – pass filtering 巴特沃思低通滤波

C

Chain code 链码

Change detection 变化检测

Character recognition 文字识别

Charge coupled devices CCD 电荷耦合器

Chromaticity diagram 色度图

Chromosome grammar 染色体文法

Circulant matrix 循环矩阵

Circulant matrix diagonalization 循环矩阵对角化

Circulant matrix eigenvectors 循环矩阵特征向量

Class 类

Classification rule 规则

Closed curve 封闭曲线

Cluster 聚类、集群

Cluster analysis 聚类分析

Clustering analysis 聚类分析

Code 码

Code transform 码变换

Coherent noise 相干噪声

Color 彩色

Color hue 彩色色度

Colorimetry 色度学

Color matching 色匹配

Color primaries 基色

Color saturation 色饱和度

Deblurring 去模糊

Decision function 决策函数

Decision rule 决策规则

Deconvolution 去卷积

Degradation model 退化模型

Degradation model restoration 退化模型复原

Delta modulation 增量调制

Density slicing 密度分层

Diagonalization 对角化

Differential encoding 微分编码

Differential mapping 差分映射

Differential pulse code 微分脉冲码

Digital Audio Broadcasting(DAB)数字音频广播

Digital Audio Tape(DAT)数字录音带

Digital Compact Cassette DCC 数字盒式录音机

Digital image 数字图像

Digital image processing 数字图像处理

Digital versatile Disc(DVD)数字化视频光盘

Digitization 数字化

Digitizer 数字化器

Discrete convolution 离散卷积

Discrete correlation 离散相关

Discrete cosine transform 离散余弦变换

Discrete Fourier transform (DFT)离散傅立叶变换

Distance measure 距离测度

DPCM(differential pulse code Modulation)微分脉冲编码调制

E

Edge 边缘,棱

Edge detection 边缘检测

Edge enhancement 边缘增强

Edge image 边缘图像

Edge linking 边缘连接

Edge operator 边缘算子

Edge pixel 边缘像素

Enhance 增强

Eigen value 特征值

Eigenvector 特征矢量

Encoding 编码

Encoding model 编码模型

Enhance 增强

Entropy 熵

Equal length code 等长度码

Error 误差

Error – free encoding 无误差编码

Estimate 估计

Euler 欧拉

Euler formula 欧拉公式

Euler number 欧拉数

Exponential filter 指数滤波器

Exponential high – pass filtering 指数高通滤波器

Exponential low – pass filtering 指数低通滤波器

Extended function 延伸函数，扩展函数

Exterior pixel 外像素

F

False negative 负误识

False positive 正误识

False contouring 假轮廓

Feature 特征

Feature extraction 特征检测

Feature extraction 特征提取

Feature selection 特征选择

Feature space 特征空间

Filter 滤波器

Filter transfer function 滤波传递函数

Flying spot scanner 飞点扫描器

Formal language 形式语言

Forward kernel 前向核

Forward looking infrared 远红外线

Fourier descriptor 傅立叶描绘子

Fourier kernel 傅立叶核

Fourier transform 傅立叶变换

Fourier transform pair 傅立叶变换对

Fourier transform centering 傅立叶变换对中

Fourier Transform diagonalization property 傅立叶变换对角性质

Fourier transform shifting 傅立叶变换移位

Fourier transform spectrum 傅立叶变换谱

Fast Fourier transform(FFF)快速傅立叶变换

Fredholm integral 弗雷德霍尔姆积分

Freeman's Chain code 弗里曼链码

Frequency variable 频率变量

Fuzzy logic 模糊逻辑

Fuzzy set 模糊集

G

Gaussian noise 高斯噪声

Geometric correction 几何校正

Gradient 梯度

Gradient template 梯度模板

Grammar 文法

Granular noise 散粒噪声

Graph grammar 图形文法

Gray code 格雷码

Gray level 灰度级

Gray level thresholding 灰度级阈值化

Gray level transformations 灰度级变换

Gray scale 灰度,灰度等级

Gray-scale transformation 灰度变换

H

Hadamard kernel 哈达玛核

Hadamard transform 哈达玛变换

Hadamard transform encoding 哈达玛变换编码

Hadamard transform matrix 哈达玛变换矩阵

Hermite function Hermite 函数

Harmonic signal 谐波信号

High frequency emphasis 高频加重

High-pass filtering 高通滤波

Histogram 直方图

Histogram equalization 直方图均衡化

Histogram linearization 直方图线性化

Image – processing operation 图像处理运算

Image quality 图像质量

Image rotation 图像旋转

Image sharpening 图像尖锐化

Image smoothing 图像平滑

Image transforms 图像变换

Image understanding 图像理解

Impulse 冲激

Impulse due to sine 正弦冲激

Impulse response 冲激响应

Information preserving encoding 信息保持编码

Instantaneous code 瞬时码

Intensity 强度,亮度

Interior pixel 内像素

Interpolation 插值

Inverse FFT 快速傅立叶反变换

Inverse filter 反向滤波器

Inverse filtering 反向滤波器

Inverse filter restoration 反向滤波复原

Interactive restoration 会话复原

Inverse kernel 逆核

Isopreference curves 等优曲线

Integrated Services Digital Network(ISDN)综合业务数字网

K

Kernel 核

Karhunen – Loeve transform K – L 变换

L

Labeled graph 标记图

LANDSAT 地球卫星

Laplacian 拉普拉斯算子

Least – squares filter restoration 最小二乘滤波复原

Likelihood function 似然函数

Line 行

Line detection 线检测

Line pixel 直线像素

Line template 线模板

Noise 噪声，噪音

Noise reduction 噪声抑制

Non – supervisory classification 非监督分类

Nonuniform quantization 非均匀量化

Nonuniform sampling 非均匀取样

Norm 模方，范数

O

Object 目标，物体

Occlusiona 遮蔽

One – dimensional Fourier transform 一维傅立叶变换

One – dimensional sampling 一维取样

Optical Character Reader(OCR)光学文字识别

Optical image 光学图像

Optimum thresholding 最佳阈值

Ordered Hadamard transform 有序哈达玛变换

Orthogonality condition 正交条件

Orthogonal template 正交模板

P

Pattern 模式

Pattern class 模式类

Pattern classification 模式分类

Pattern recognition 模式识别

Parametric Wiener filter 参变维纳滤波器

Perception 感知器

Perimeter 周长

Photopic vision 亮视觉，白昼视觉

Phrase structure grammar 短语结构文法

Picture 图片，图像

Picture element 图像元素，像素

Picture description language 图像描绘语言

Pixel ，Pel 像素

Point operation 点运算

Point – dependent segmentation 点分割

Point spread function 点扩展函数

Point template 点模板

Polygonal network 多角网络

Registration 配准

Remote sensing 遥感

Resolution 分辨率

Resolution element 分辨单元

Restoration 复原

Reversible encoding 可逆编码

Ringing 振铃

Roberts gradient 罗伯特梯度

Run 行程

Run length 行程长度,行程

Run length encoding 行程编码

S

Sampling 采样,抽样

Sampling grid size 取样点阵大小

Sampling interval 取样间隔

Sampling theorem 取样定理

Scene 景物

Scotopia vision 暗视觉,夜视觉

Segmentation 分割

Sentence 句子

Separable kernel 可分核

Sharp 清晰

Sharpening 锐化,尖锐化

Shift code 移位码

Sigmoid function S 函数,Sigmoid 函数

Signal - to - noise ratio 信噪比

Sinusoidal 正弦型的

Sinusoidal interference 正弦干扰

Smoothing 平滑

Smoothing matrix 平滑矩阵

Source encoding 信源编码

Space invariance 空间不变

Spatial 空间的

Spatial coordinates 空间座标

Spatial domain 空间域

Spectral band 谱带

Spectral density 谱密度

Spectrum 谱

Starting symbol 起始符号

String grammar 串文法

Structural pattern recognition 结构模式识别

Statistical pattern recognition 统计模式识别

Superposition integral 叠加积分

Super VCD 超级 VCD (SVCD)

Supervisory classification 监督分类

Symmetric kernel 对称核

Syntactic pattern recognition 句法模式识别

System 系统

T

Template ,Mask 模板

Texture 纹理

Thinning 细化

Threshold 阈值,门限

Thresholding 二值化

Thresholded gradient 阈值梯度

Topological descriptor 拓扑描绘子

Transfer function 传递函数

Trapezoidal filter 梯度滤波

Trapezoidal high - pass filtering 梯形高通滤波

Trapezoidal low - pass filtering 梯型低通滤波

Tree 树

Tree grammar 树文法

TV camera 电视摄像机

Two - dimensional convolution 二维卷积

Two - dimensional correlation 二维相关

Two - dimensional Fourier transform 二维傅立叶变换

U

Unconstrained restoration 非约束复原

Uncorrelated variables 非相关变量

Uniform linear motion 均匀直线运动

Uniform quantization 均匀量化

Uniform sampling 均匀取样

Uniquely decodable code 唯一可解码

USA scale 美国标准协会标度

V

Vector formulation template 矢量公式化模板

Vertex 顶点

Video Compact Disc(VCD)视频高密光盘

Video－On－Demand(VOD) 视频点播

Visible spectrum 可见光谱

Visual perception 视觉

W

Walsh－Hadamard transform 沃尔什-哈达玛变换

Walsh kernel 沃尔什核

Walsh transform 沃尔什变换

Wavelet 小波

Web 幅条

Weber ratio 韦伯比

Web grammar 网络文法

Weighting function. 加权函数

Wiener filter 维纳滤波器

Wiener filter restoration 维纳滤波复原

Window 窗口

World Wide Web 万维网,简称 3W,或 WWW

Wraparound error 交叠误差

Z

Zero transfer function 零传递函数

参考文献

[1] 冈萨雷斯.数字图像处理的 MATLAB 实现[M].阮秋琦,译.北京:清华大学出版社,2013.

[2] 杨帆.数字图像处理与分析[M].第 2 版.北京:北京航空航天大学出版社,2010.

[3] 许国根.模式识别与智能计算的 MATLAB 实现[M].北京:北京航空航天大学出版社,2012.

[4] 张强.精通 MATLAB 图像处理》[M].第 2 版.北京:电子工业出版社,2012.

[5] 杨帆.数字图像处理及应用[M].北京:化学工业出版社,2013.

[6] 阮秋琦.数字图像处理[M].第 3 版.北京:电子工业出版社,2011.

[7] 黄爱民.数字图像处理分析基础[M].北京:中国水利水电出版社,2005.

[8] 赵小川.现代数字图像处理技术提高及应用案例详解(MATLAB 版)[M].北京:北京航空航天大学出版社,2012.

[9] 刘直芳,王运琼.数字图像处理与分析[M].北京:清华大学出版社,2006.

[10] 史峰.MATLAB 智能算法 30 个案例分析[M].北京:北京航空航天大学出版社,2011.

[11] 杜颜颜.PCB 版元器件检测系统的研究[D].天津:河北工业大学,2011.

[12] 王世亮,杨帆.基于目标红外特征与 SIFT 特征相结合的目标识别算法[J].红外技术,2012,34(9):503-507.

[13] 乔运伟,杨帆.基于特征融合的 Mean-shift 算法在目标跟踪中的研究[J].电视技术,2011,35(23):153-156.

[14] Yang fan, Liu minghui. Research on a new method of preprocessing and speech synthesis pitch detection[J]. 2010 International Conference on Computer Design and Applications, ICCDA,2010:1399-1401.

[15] 李靖,杨帆.基于背景位平面向低位位移 ROI 压缩算法[J].光电子激光,2010,21(2):307-311.

[16] Yang fan, Wei linlin. Image Mosaic based on phase correlation and harris operator [J]. Journal of computational information systems,2012,8(6):2647-2655.